● 马　娟　马书林　白欣洁　主编

肉牛养殖四季管理精要

中国农业科学技术出版社

图书在版编目（CIP）数据

肉牛养殖四季管理精要 / 马娟，马书林，白欣洁主编 .—北京：中国农业科学技术出版社，2023.7

ISBN 978-7-5116-6157-9

Ⅰ . ①肉… Ⅱ . ①马… ②马… ③白… Ⅲ . ①肉牛－饲养管理 Ⅳ . ① S823.9

中国版本图书馆 CIP 数据核字（2022）第 247210 号

责任编辑 张国锋
责任校对 贾若妍 李向荣
责任印制 姜义伟 王思文

出 版 者 中国农业科学技术出版社
　　　　　北京市中关村南大街 12 号　　邮编：100081
电　　话 （010）82106625（编辑室）（010）82109702（发行部）
　　　　　（010）82109709（读者服务部）
网　　址 https://castp.caas.cn
经 销 者 各地新华书店
印 刷 者 北京富泰印刷有限责任公司
开　　本 170 mm×240 mm　1/16
印　　张 13.75
字　　数 300 千字
版　　次 2023 年 7 月第 1 版　2023 年 7 月第 1 次印刷
定　　价 48.00 元

编者名单

主　编　　马　娟　　马书林　　白欣洁

副主编　　杨祥启　　赵丽娟　　曹中赞

　　　　　党娜娜　　欧四海　　赵文娟

编　者　　王从辉　　王雪莲　　徐爱芹

　　　　　闫　同　　师瑞梅　　高生强

　　　　　王金菊　　许　杰　　龙木措

　　　　　张晓艳

前　言

近年来，随着生活水平的提高，居民对高蛋白、低脂肪的牛肉产品消费需求量不断增加。肉牛产业稳步发展，规模化程度逐渐提高。中国肉牛存栏量及牛肉产量均居世界第三，发展潜力巨大。但当前肉牛养殖也存在很多问题，如生产方式落后、牛舍规划不合理、饲料营养补充不足、管理不当、疾病控制不到位等。基于此，我们针对肉牛养殖的现状及存在的问题，以肉牛养殖四季管理所需的关键技术为切入点编写了此书。

为了帮助肉牛养殖者提高养殖技术水平，更好地管理肉牛，提高牛肉产量，我们组织了一批具有较强理论水平、实践经验丰富的专家，在总结许多养殖场户经验的基础上，吸纳其他科研院所及技术推广站专家的技术，结合编者多年的实践经验，编写了《肉牛养殖四季管理精要》这本书。本书从实际出发，理论联系实际，从肉牛养殖现状、品种与繁育、饲料及营养需要、饲养管理要点、牛场建设、规划与环境控制和肉牛常见病及防治技术等方面，比较系统地介绍了肉牛养殖的新理念、新知识和新技术，内容全面，重点突出，贴近生产，服务一线。本书既可作为肉牛养殖技术人员的自学用书，也可作为养殖专业场户在生产上的技术参考和指导用书。

本书的出版得到北京市教委一般科技项目（KM201912448002）的资助，在此表示感谢。由于编者水平和掌握的资料有限，书中难免存在缺点、不足之处，恳请广大读者和同仁批评指正。

编　者

2022 年 12 月

目 录

第一章　肉牛养殖现状

第一节　全球肉牛养殖现状

21 世纪以来，消费者对牛肉质量的需求发生了变化，除少数国家（如日本）外，多数国家的人们喜食瘦肉多、脂肪少的牛肉。与此同时，国外肉牛的饲养规模不断扩大，大型饲养场可以达到 30 万～ 50 万头。

一、存栏量

由于国际市场对牛肉的需求量日益增加、牛肉行情持续紧俏等原因，世界活牛饲养数量呈增长趋势。据美国农业部（USDA）统计数据显示，2017年以来，全球肉牛存栏量呈现平稳增长的发展态势，到 2020 年，全球肉牛存栏量为 9.83 亿头，随着全球疫情的逐步控制，经 USDA 初步估算，2021 年全球肉牛存栏量为 9.96 亿头，同比增长 1.33%。

从地区结构来看，目前全球肉牛养殖地主要集中在印度、巴西、美国、中国以及欧盟等地，据 USDA 统计数据显示，2020 年，印度肉牛存栏量为3.03 亿头，排名全球第一，占全球肉牛总存栏量的 30.83%；巴西和中国紧随其后，肉牛存栏量分别为 2.44 亿头和 0.96 亿头，分别占全球肉牛总存栏量的24.83% 和 9.72%。

二、出栏量

从出栏量方面来看，得益于肉牛养殖数量及下游牛肉及相关制品需求的不断增长，近年来全球肉牛出栏量整体呈上升趋势。2017 年以来，全球肉牛出栏量也呈现平稳增长的发展态势，到 2020 年，全球肉牛出栏量为 2.92亿头，随着全球疫情的逐步控制，据资料显示，2021 年全球肉牛出栏量为293 141 千头，同比增长 0.39%。

从地区结构来看，目前全球肉牛养殖出栏核心地区与存栏一致，主要集中在印度、巴西、美国、中国以及欧盟等地，据 USDA 统计数据显示，2020年，印度肉牛出栏量为 6 940 万头，排名全球第一，占全球肉牛总出栏量的23.77%；巴西和中国紧随其后，肉牛出栏量分别为 5 150 万头和 4 565 万头，分别占全球肉牛总出栏量的 17.64% 和 15.63%。

三、进出口贸易

从进出口贸易情况来看，全球肉牛贸易主要以出口为主，近年来全球肉牛进出口数量整体呈先升后降的趋势。据资料显示，2021 年全球肉牛进口总量为 2 893 千头，出口总量为 4 642 千头。

四、国外肉牛产业发展趋势

世界发达国家经济的高度发展和技术的不断进步，带动了肉牛产业向优质、高产、高效方向发展。

（一）肉牛品种趋向大型化

因多数国家的人们喜食瘦肉多、脂肪少的牛肉，这些国家不仅从牛肉的价格上加以调整，而且从原来饲养体型小、早熟、易肥的英国肉牛品种转向饲养欧洲的大型肉牛品种，如法国的夏洛莱、利木赞和意大利的契安尼娜、罗曼诺拉、皮埃蒙特等，因为这些牛种体型大、增重快、瘦肉多、脂肪少、优质肉比例大、饲料报酬高，故深受国际市场欢迎。

（二）肉牛生产向集约化、工厂化方向发展

国外肉牛的饲养规模不断扩大，大型饲养场可以养到 30 万～50 万头。美国北部科罗拉多州芒弗尔特肉牛公司育肥 40 万～50 万头，产值 3 亿美元，肉牛生产从饲料的加工配合、清粪、饮水到疫病的诊断全面实现了机械化、自动化和科学化，把动物育种、动物营养、动物生产和机械、电子学科的最新成果有机地结合起来，创造出肉牛生产惊人的经济效益。

（三）利用杂交优势提高肉牛生产水平

利用杂交优势可提高肉牛的产肉性能，扩大肉牛来源。近年来，在国外肉牛业中广泛采用轮回杂交、终端公牛杂交、轮回杂交与终端公牛杂交相结合 3 种杂交方法。据报道，两品种的轮回杂交可使犊牛的初生重平均提高15%，三品种轮回杂交可使犊牛的初生重提高 19%，两品种轮回与终端杂交公牛杂交相结合可使犊牛初生重提高 21%，三品种轮回与终端公牛杂交相结合可使犊牛初生重提高 24%。

（四）利用奶牛群发展牛肉生产

欧共体国家生产的牛肉有 45% 来自奶牛。美国是肉牛业最发达的国家，仍有 30% 的牛肉来自奶牛。日本肉牛饲养量比奶牛多，但所产牛肉 55% 来

自奶牛群，利用奶牛群生产牛肉一方面是利用奶牛群生产的奶公犊进行育肥，过去奶公犊多用来生产小牛肉，随着市场需求的变化和经济效益的提高，目前小牛肉生产有所下降，大部分奶公犊被用来育肥生产牛肉；另一方面是发展奶肉兼用品种来生产牛肉，欧洲国家多采用此种方法进行牛肉生产。利用奶牛群及奶肉兼用牛群生产牛肉经济效益较高，在能量和蛋白质的转化效率上奶牛是最高的，奶肉兼用品种也是比较高的。例如，肉牛的热能和蛋白质转化效率分别为 3% 和 9%，而奶肉兼用牛分别为 14% 和 20%，奶牛分别为 17% 和 37%。在发达国家奶牛的数量较多，其中可繁殖母牛的比例高达 70%，欧洲最高达 90%。

（五）充分利用青贮饲料和农副产品进行肉牛育肥

肉牛在利用粗饲料的比例上仅次于绵羊和山羊，占 82.8%，国外在肉牛饲养中精料主要用在育肥期和繁殖母牛的分娩前后。架子牛主要靠放牧或喂以粗饲料，但粗饲料大部分是优质人工牧草。为了生产优质粗饲料，英国用 59% 的耕地栽培苜蓿、黑麦草和三叶草，美国用 20% 的耕地、法国用 9.5% 的耕地种植人工牧草，耕地十分紧缺的日本 1983 年用于栽培饲料作物的面积仍然达到 18.6%。国外对秸秆作了大量研究，利用氨化、碱化秸秆饲养的肉牛在英国、挪威等国家也有一定规模。

五、国外肉牛标准化养殖的借鉴

国外肉牛养殖基本上不使用标准化养殖这个概念，但产业发达的国家和地区如欧盟、美国、澳大利亚、新西兰等，由于起步早，发展速度快，早已形成了完善的产业体系。即使起步与我国差不多的巴西、阿根廷等牛肉生产大国，其产业体系也初见规模。这些国家的共同特点是在整个产业体系的每个环节都贯彻着标准化养殖的精髓，即使是小规模大群体养殖的繁殖母牛养殖也是如此。

第一，基本实现了肉牛饲养品种的标准化。在目前的牛肉主要生产国中，肉牛生产一般都以 2～3 个品种为主，如英国的海福特牛和安格斯牛，法国的利木赞牛和夏洛莱牛，德国的西门塔尔牛，荷兰的荷斯坦奶牛公犊，法国的夏洛莱牛和海福特牛，巴西的瘤牛，日本的和牛。而我国虽然列入品种志的黄牛品种多达 50 个以上，同时还引进了世界上主要的肉牛品种，并育成了一些自己的肉牛品种，但至今却没有一个能在生产中大规模推广应用的专用肉牛品种，肉牛生产的主体为地方黄牛及其与国外肉牛品种的杂交后代。在肉牛品种的选育方面，国外一直持之以恒地进行着本品种的选育提高和杂交组合的筛选，并形成了一整套完善的规范化、标准化的选种、育种和杂交配套生产的技术体系和组织体系。

第二，国外发达国家在肉牛生产中全面应用营养与饲料标准，有系统的饲料原料营养价值评价体系和不断完善的饲料原料数据库等，并普遍由专业化的饲料公司按照肉牛的营养需要提供标准化饲料，或由专业的营养配方师进行技术指导，实现了饲料生产和供给的标准化。例如，美国、日本、法国、英国等国家都有自己的肉牛饲养标准，并定期进行更新。在肉牛育肥中，普遍将生产过程划分为不同的阶段，按照每个阶段的特点和营养需求建立了标准化的饲养程序，提供配套的饲料和饲养管理技术。同时，根据消费者的需要和生产目的将育肥细分，进行标准化养殖。严格禁止同源性动物饲料应用在肉牛生产中，有效根除了疯牛病的发生。我国虽然也建立了自己的饲养标准，但基础研究少，多数直接借鉴国外的标准，而且更新速度慢，在肉牛养殖中应用少，绝大多数养殖场仍停留在凭经验配制饲料的阶段。对不同生产目的的细分刚刚起步，缺乏配套的营养与饲料技术。

第三，国外发达国家在卫生防疫方面对主要重大疫病普遍采取净化技术，建有一套规范的标准化控制程序，目前已经基本根除了牛口蹄疫、牛布鲁氏菌病、牛结核等重大疫病。所有的肉牛养殖场都在官方兽医的指导下建立疫病防控程序和疫苗接种程序，并根据生产实际进行完善。有专门的兽医技术人员对各种疫病进行及时诊断和治疗。对于病死牛建有标准化的无害化处理程序，以防止疾病的传播。国外发达国家高度重视集"灵敏、快速、准确"为一体的疫病快速诊断技术的研发和应用，以降低疾病诊断的时间。这些标准化防控程序的应用不仅有效控制了肉牛疾病的发生，还使养殖场的疾病控制成本大幅降低到可忽略不计的水平。

第四，国外肉牛养殖场的设施和设备完备，牛舍设计和设施充分考虑牛的舒适性，不盲目追求高标准和高档次，有的大规模的围栏放牧场甚至只设置简易的荫棚。但不论哪种形式的肉牛养殖场，其设施和设备都非常齐全，这些设施和设备设计先进、实用性强。围栏育肥一般有专门的补饲槽，由专业公司提供或在专门营养师的指导下自行生产补饲用的全混合日粮（TMR）。自有或由专业公司提供专用的肉牛运输车辆。舍饲集约化育肥的牛舍建筑与配套设施设计合理，炎热和寒冷的地区往往安装有各种环境控制设施。在环境保护和粪尿处理方面，国外高度重视对环境的保护，通常采用种养结合的生态养殖模式，强制要求养殖场根据牛的存栏数量和粪尿产量确定相应比例的耕地面积，用于消纳产生的粪尿等废弃物。对于牛粪的处理，除部分采用沼气处理和生产有机肥外，多数养殖场采用成熟的腐熟堆肥技术，并开发和应用系列的专门化堆肥配套机械以加快堆肥进度。对堆肥场的要求严格，必须做到雨水不渗入、污水不溢出。

第五，国外肉牛养殖场基本上都是家族产业，虽然没有专业的经营管理人才，但所有者都具有长期的、丰富的管理实践经验，加上国家有完善的协会组织提供技术服务。这些协会组织在每个养殖环节都有专业人员给予养殖场技术和管理指导，同时通过多年的积累建立了完善的肉牛产业数据库，能够及时为养殖场提供活牛和牛肉市场价格和需求信息、产业预警预测等全方位的服务，可有效弥补养殖场在经营管理方面的不足。

第六，国外肉牛产业发达国家都有完善的社会服务体系提供支撑，肉牛养殖场一般仅需从事简单的饲养管理即可。如有各个品种的专门协会协调进行肉牛育种；有专门的养殖场进行优秀种牛的培育和扩繁；有专门的牧草育种企业、饲料生产企业与大学、科研机构联合进行研究，并承担牧草、饲料、饲料添加剂的技术推广工作；小规模养殖场或草场放牧进行繁殖母牛养殖和犊牛繁育，肉牛育肥则专门化肉牛集中育肥场和中小型养殖场并存；屠宰则交由专业屠宰场进行；只有极少数采用全程一体化养殖，从而实现了肉牛养殖的专业化分工和高效生产。

第二节　我国肉牛业发展现状

近年来，我国肉牛产业不断发展，牛肉产量及需求量不断上升，牛肉价格呈上升趋势。但是，肉牛养殖主体仍然是小规模养殖户，大型养殖场市场份额较低。

一、我国肉牛产业现状及热点透析

（一）优势产区的变化

20 世纪 80 年代以来，中国肉牛生产的区域布局发生了很大的变化，肉牛生产逐渐从牧区向农区转移，根据各地区的资源、市场、区位、肉牛产业发展基础及未来发展基础等多方面因素，已经形成中原、东北、西北、西南 4 个明显的优势区域。传统的以养殖为特征的安徽、山西、山东、河北等省份已失去肉牛主产区的地位，成为以外购活牛、屠宰产肉为特征的牛肉主产区。河南、东北、西南和南部成为养殖主产区，其中，西南和南部最具发展潜力。

（二）存栏量与养殖方式的变化

总体看来，在 2011 年，位于整个肉牛产业链上游的肉牛养殖业形势相对稳定。养殖以母牛分散饲养和异地育肥为主，存栏量和牛肉产量明显下降，预测实际存栏不足 7 000 万头。

近年来，各地通过建设肉牛优势区域，加大了规模化养殖和品种改良的扶持力度，全国范围内启动了标准化养殖小区鼓励措施，促进了肉牛养殖业的发展。但受饲料、劳动力价格上涨以及近两年来母牛存栏严重下滑的影响，肉牛养殖业整体形势不乐观。母牛存栏严重下滑导致的后果已逐渐体现出来。母牛存栏减少的后果之一就是架子牛价格的上升，通过在黑龙江、吉林、辽宁、山东、河南、安徽等省份的调研，很多地区架子牛的价格与前几年相比有明显的上涨。此外，肉牛饲料的主要来源玉米的价格也呈现出连续上涨的趋势。同时，劳动力价格的上涨，一方面使得以自己饲养为主的小规模养殖户逐渐退出肉牛养殖业，另一方面也增加了规模养殖户的生产成本。架子牛、饲料价格的上涨，及劳动力成本的提高，都增加了肉牛养殖成本，导致架子牛育肥成本上升，阻碍了肉牛养殖业的发展。

（三）肉牛屠宰加工业发展特点

总的来看，中国肉牛加工业发展程度参差不齐，加工链短，粗加工产品多，对肉牛产业的带动和增值作用不明显。目前，我国肉牛屠宰加工环节主要由两部分组成，一部分是由核心屠宰企业控制的标准化（现代化）中高档价值加工链，另一部分是小规模屠宰点或者屠宰场。标准化中高档价值加工链采用现代化屠宰设备、冷库、与农户签订合约、在超市销售或者建立专卖店铺的方式，按中高端消费市场要求加工生产。该链条是在核心企业控制下完成，代表的现代肉牛加工业起步较晚，知名品牌主要有吉林皓月、内蒙古科尔沁、大连雪龙、陕西秦宝等。销售牛肉分级包装，产业链也不断延伸升级。小规模屠宰点或屠宰场大约承担了全国 2/3 的肉牛屠宰量，其设备简陋，大多以手工方式屠宰，生产工艺落后，卫生条件差，销售对象主要是中低收入阶层，屠宰的牛肉价格不足标准化屠宰加工企业的 2/3。

（四）牛肉贸易发展特点

以 2021 年为例，我国肉牛进出口数量合计达 215.94 万 t，其中，出口量为 0.55 万 t、进口量约 215.39 万 t，进口量比出口量高出 214.84 万 t。我国牛肉主要进口自巴西、阿根廷、乌拉圭、新西兰、澳大利亚、美国、白俄罗斯、哥斯达黎加、加拿大、多民族玻利维亚国、智利、俄罗斯联邦、南非等 13 个国家和地区。出口量排名前 3 的销往地依次是中国香港、日本、布隆迪。

（五）牛肉价格变化特点

牛肉价格走势，总体来看 2021 年国内牛肉产品价格呈增长趋势，2021年 12 月中国鲜牛肉集市价（腱子肉）为 82.19 元 /kg，较 2020 年同期增加了0.72 元 /kg；鲜牛肉超市价（腱子肉）为 90.71 元 /kg，较 2020 年同期增加了2.05 元 /kg；去骨牛肉市场价为 87.83 元 /kg，较 2020 年同期增加了 0.31 元 /kg。

（六）肉牛产业政策发展特点

由于我国肉牛产业起步较晚，且牛肉消费在居民肉类消费中居第 3 位，远低于猪肉在肉类消费总量中所占的比重，因此，与生猪产业政策相比，国家在肉牛产业发展上没有特别的政策支持。

以 2010 年为例，农业部颁发了《畜禽养殖标准化示范创建活动工作方案》，启动了全国畜禽养殖标准化示范创建活动，国家投入 5 亿元专项资金，采取"以奖代补"方式对达到标准的养殖场户予以扶持。分 2 批奖励年出栏量在 500～2 000 头的肉牛养殖场（户）19 个，每场（户）奖励 80 万元。创建了 50 个肉牛示范场（小区），对于年出栏量在 500 头以上、符合建设标准的小区给予补贴，每个小区补贴 25 万元。

2011 年国家继续强化支农惠农措施，特别是在财政扶持方面将会对肉牛业有所涉及，势必会对我国肉牛产业的发展产生重要影响。农业部畜牧业司在《2011 年畜牧业工作重点》中明确指出，要加强畜禽良种繁育体系建设，加快推进畜禽品种改良，落实生猪、奶牛、肉牛和绵羊良种补贴政策，做好肉用种公牛生产性能测定工作。在政策实施上主要体现在将会继续实施畜禽良种工程，加大对肉牛良种繁育体系建设的支持力度，加强肉牛原种场、资源场和种公牛站基础设施建设，加大肉牛新品种选育。扩大畜禽标准化规模养殖工程实施范围，支持肉牛优势区域发展标准化肉牛养殖场和养殖小区。扩大良种项目补贴实施范围，对选择肉牛优质冻精实施人工授精的养殖场户给予补贴。随着经济发展，肉牛养殖在一些地方经济中逐渐显示出较强的优势。一些地方政府采取积极的政策推动肉牛产业发展，部分养牛大县围绕肉牛饲养、出栏、小区（场）建设等积极实施扶持政策。

二、影响肉牛产业发展的因素分析

（一）替代品及饲料价格的变化影响牛肉价格的变化

牛肉价格的上升与其替代品猪肉、羊肉价格的不断提高有关，同时，与肉牛饲料的主要来源——玉米价格的不断攀升也有一定的关系。以 2011 年 1—12 月牛肉、猪肉、羊肉、玉米价格的变动情况为例，我国居民肉类消费中所占比重最大的猪肉价格一直呈上升趋势，由 1 月的 24.86 元 /kg 提高至 12 月的 33.42 元 /kg，上升了 34.43 个百分点，而玉米价格则由 1 月份的 2.12 元 /kg 增加至 2.34 元 /kg，上升了 10.38 个百分点。

（二）规模化屠宰加工企业开工不足影响肉牛产业的发展

我国肉牛产业屠宰加工企业近 2 000 多家，但多数规模较小。年屠宰规模在 6 000 头以上的企业有 206 家，其屠宰加工数量占全国比例不到 5%，目前没有一家实际年屠宰加工突破 30 万头。这使得企业对牛源争夺竞争激烈，目前很多屠宰加工企业处于亏损状态，既不利于牛肉产品质量控制，也不利于肉牛产业发展。

（三）质量安全问题日益突出，影响肉牛产业的发展

牛肉及食品质量安全问题是一个综合问题，它不仅局限于微生物污染、化学物质残留及物理危害，还涉及营养、食品质量、标签及安全教育等问题。目前，影响我国牛肉及食品质量安全的主要因素大致可分为兽药残留、违禁药物、重金属等有毒有害物质超标、动物疫病的流行、人为掺杂使假等，其中最为严重的就是"瘦肉精"和"注水肉"问题。这类问题主要是由于部分肉牛养殖户追求不当高额利润造成的。我国肉牛养殖大多以散养农户为主，农户市场交易上的肉牛基本属于一次性交易，即使出现问题，牛源也无法追溯，农户违法成本极低。同时，由于我国肉牛产品质量检测工作起步较晚，检测技术水平不高、设备落后、检测机构缺乏专业技术人才，甚至在某些县市根本没有配备检验检疫设施和技术人员。部分市场管理人员和检验检疫人员不作为、缺乏起码的职业素养也起到了推波助澜的作用。

（四）肉牛养殖资金短缺，规模化、专业化程度低，影响肉牛产业的发展

我国肉牛生产规模分布表现出分散和小规模的特点。肉牛业发展虽然很快，但仍然以传统养殖为主，肉牛生产集中度仍然非常低，市场高度分散，很难形成具有购买优质饲料、标准化生产工艺和雇佣牧场劳动力能力的规模化生产经营模式，也很难获得较大经济效益。由于规模化养殖水平低，不仅使许多科学的饲养技术与标准难以推广普及，也使得生产者的养殖成本因规模小而偏高，无法实现规模经济。

由于历史原因，我国肉牛产业是由役用转化发展而来的，在役肉兼用的情况下养殖情况为每户饲养 3～5 头，尽管正向规模化、专业化养殖过渡，但这一过程还比较缓慢。另外，农民自有资金积累能力较弱，贷款难，普遍存在资金短缺等问题，也严重影响了肉牛的规模化养殖。

第三节　肉牛养殖的风险与投资前景

一、肉牛养殖的主要风险

近几年，牛肉价格稳步上升，肉牛养殖效益比较稳定。但肉牛养殖投资大，养殖周期长，养殖企业和个人要注意防范以下风险。

（一）肉牛市场供求风险

受金融危机的影响，目前我国牛肉需求量减少，国际市场萎缩。近两年，我国畜禽饲养量增加，且规模饲养比率显著提高，而专业化生产、规模化饲养的一个特点就是具有较强的稳定性，不是一哄而上、一哄而下。近两年，

尽管畜禽市场形势不好，但全国畜禽饲养规模仍是惯性增长，一方面可以避免畜产品市场的大起大落，保证市场供应，另一方面在市场萎缩的情况下，仍保持一定速度的增长，必然使得竞争加剧，调整的时间和空间也会进一步增强。

（二）肉牛疫病风险

肉牛饲养在向规模化发展的同时，也在向资源丰富、养殖基础好的地区集中，一些经济发达地区和大中城市逐渐减少或退出畜牧业，畜牧业的区域化特色十分明显。在这种情况下，分工更加明确有利于畜牧业的进一步发展，另一方面，肉牛养殖规模化比率增加、集中化程度提高、养殖密度增加，养殖业面临的疫病风险加大，一旦发生疫情，造成的损失更大。同时，区域之间调运畜禽数量的增加，也加大了疫病发生流行的可能性，特别是现在交通方便，畜禽贩运范围广，疫病防控难度加大。近年来，国内先后暴发多起高致病性禽流感、牲畜口蹄疫、高致病性猪蓝耳病疫情就充分证明这一点。这些疫情的发生，不仅造成巨大的经济损失，而且还严重威胁畜牧业发展和人们的身心健康。

（三）质量安全风险

近年来，出现一些畜产品质量安全问题，其中一个重要原因，就是企业加工和农户养殖脱节，农户千方百计多挣钱，对畜产品质量无须承担责任；企业不愿建稳固的基地，哪里便宜哪里买。两者看似都有利，实则难免两败俱伤。一方面，养殖户难以获得稳定的效益，经常是效益好时规模快速膨胀，出现亏损时规模急剧萎缩，这也是导致多年来畜产品市场大起大落的原因之一；另一方面，企业难以获得稳定的原料供应，无法实现对原料质量的控制，因此产品质量安全事件时有发生。而一旦出现质量安全事件，将对畜牧业造成严重冲击。

二、投资应重点考虑的问题

（一）我国肉牛业的投资前景

我国的肉牛业还处于起步阶段，发展肉牛业潜力很大，具有广阔的投资前景。

1. 发展肉牛等草食家畜符合我国国情

1984 年以来，我国粮食年增长率在 1% 左右，增长幅度减少，同时又面临着人口增多、耕地减少的制约，粮食供求矛盾日趋突出。我国秸秆资源丰富，可收集资源量占比较高，秸秆产量近 10 年来稳定在 8 亿 t/年。利用秸秆资源，辅之以适当精料，发展牛、羊等草食家畜生产，是建立我国节粮型畜牧业结构的一条重要途径，同时也是优化我国肉类结构的有力保障。

2. 国内外市场对牛肉的需求量巨大

牛肉营养丰富，蛋白质含量比猪肉高；脂肪含量则相反，因而含热量适中，对人体健康十分有利。因此，牛肉消费量在全世界仅居猪肉之后，是第二大肉类生产。目前香港是世界上主要的活牛交易市场。国内牛肉市场容量很大，远未达到饱和，养牛不要怕卖不出去。

3. 肉牛产品深加工增值的作用不可低估

肉牛全身都是宝，能为工业提供多种原料。牛肉可制成系列熟制品，如罐头、卤制品、灌肠、牛肉干等，风味独特，营养丰富；牛内脏、牛血可以加工成食品，牛骨髓可以用于生产食品添加剂，用来强化食品营养，防治儿童、老人缺钙。牛骨可以生产骨胶、明胶、皮胶、骨油、磷酸氢铵，它们广泛应用于造纸、电影制片、照相、医药、塑料、火柴等行业。国内外利用牛的脏器已制成400多种生化药品。胆汁可用来提取胆红素，制造人工牛磺和肝素钠；其他腺体可用来提取胰岛素及一系列酶、激酶、激素等。用牛脑提取的脑下垂体促皮质素可治疗风湿病，用牛胰脏制成胰岛素注射液可治疗糖尿病，从牛睾丸中提取睾丸素可治疗神经衰弱，牛鞭作为补品滋阴壮阳。肉牛产品加工大有文章可做。

（二）肉牛产业化的投资方向

肉牛产业化是一项系统工程，包括繁殖母牛饲养、架子牛饲养、商品牛育肥、活牛的屠宰加工、牧草种植、社会化服务等一系列环节。政府部门的倾斜政策和经济扶持是产业形成的基础，科技是保障，市场是导向。

1. 繁殖母牛饲养

以一家一户饲养为宜，在素有养牛习惯的山区和半农半牧区，可充分利用当地的饲料资源和农村剩余劳动力，借助政府部门的黄牛改良、人工授精技术条件、繁殖母牛补贴、扶贫专项经费等扶持基础母牛养殖，繁殖商品牛。肉牛集约化养殖主要体现为育肥和深加工的能力，肉牛产业的兴旺发展还必须依托千家万户式的繁殖母牛散养方式。

2. 架子牛育肥

因投资额较大，可作为屠宰加工厂或有一定投资能力的个人的一种投资选择，育肥环节必须以可靠的架子牛来源和育肥牛市场作为基础。

3. 肉牛的屠宰加工

随着市场对牛肉产品要求越来越高，肉牛的屠宰加工必须标准化，因此投资屠宰加工应慎重，我国现有的屠宰加工企业已基本满足需求，投资者可采取租赁形式，对现有的生产线加以改造，不必再建新的加工厂。

4. 高档牛肉进军餐饮业

高档牛肉的消费已经成为当代餐饮业的一道靓丽风景。在国际市场上，澳大利亚和牛肉销价为 1 280 元 /kg（2011 年，RMB），日本 A4 级和牛肉销价为 1 414 元 /kg，韩国为 700 元 /kg，国内高档牛肉的价格也维持在 120 ～ 300 元 /kg，有些产品甚至标出了 3 000 元 /kg 左右的高价。市场需求将带动肉牛育种和产业向更高档次方向发展。

三、投资肉牛养殖应具备的基本条件

（一）饲草来源

饲草是养牛的物质基础。饲养肉牛之前，一定要充分考察当地的饲草资源，就近解决饲草问题。靠长途运输、高价购草来饲养肉牛将得不偿失。在条件允许的情况下，若能拿出适当的耕地进行粮草间作或轮作解决青饲料供应问题，对牛的育肥将更加有利。饲草问题还应考虑季节因素，保证均衡供应。

（二）资金情况

肉牛生产所需资金较大，尤其是短期育肥时购买架子牛需要的流动资金更大，农户应根据个人的资金情况来确定饲养规模的大小。资金雄厚者，规模可大些；资金薄弱者，宜小规模起步，滚动发展。

（三）技术条件

规模化饲养肉牛投入资金较大，追求的利润高，不掌握肉牛的生长发育规律和生理特点，不使用科学的饲养技术，就难以获得最佳效益。因此，要搞肉牛规模化育肥，建场前必须对养牛的基础知识有初步的了解，并在以后的饲养实践中不断地学习，系统地运用新的技术知识科学饲养。

（四）场地的环境与建设面积

肉牛饲养场地要选择在地势高燥，排水良好，便于防疫，远离皮革厂、肉类加工厂、屠宰场及距交通干线 1 000m 以上的地方比较理想。按每头牛所需面积与饲养规模来计算牛场建设面积，通栏育肥牛舍每头牛一般可占 2.3 ～ 4.6m²，有隔栏的牛舍每头牛可占 1.6 ～ 2.6m²。同时建牛场最好请专家设计指导，牛舍建筑宜简单不宜豪华。

（五）架子牛的来源

架子牛的来源及质量是实现规模养牛的前提条件。规模饲养肉牛应选杂交改良牛，杂交改良牛抗病力强、耐粗饲、增重快、肉质好、饲料报酬高，可选择饲养西黄一代母牛（西门塔尔牛与南阳黄牛、晋南牛、鲁西牛等地方黄牛的杂交后代）与夏洛莱牛、利木赞牛、荷斯坦牛等种公牛杂交的后代，这样的杂交后代牛育肥增重快，能获取较好的经济效益。

（六）自身的经营管理水平

像所有饲养企业一样，经营者的管理水平是决定企业盈利水平因素之一，

现实生活中有过许多因管理不当的教训。因此，搞规模饲养应考虑在自身管理水平允许的范围内确定规模大小。可由小规模起步，总结出成熟的管理经验后，再扩大饲养规模。

（七）市场需求

饲养肉牛前应选准销售市场。目前肉牛育肥的模式有3种：一是成年牛短期育肥，目的是生产普通牛肉，在国内市场销售；二是架子牛高效育肥，目的是生产出口活牛，销往国际市场；三是优质肉牛育肥，目的是生产高档牛肉和优质牛肉，其高档肉和优质肉占活重的21.86%左右，主要供应国内星级宾馆和大使馆消费，余下的肉仍作普通牛肉销售。目前国内大多数肉牛育肥场是以生产普通牛肉为主，生产出口活牛和优质肉牛的较少。在规模化饲养肉牛前，应视自身的经济实力、技术条件、管理水平等来确定生产模式，力求效益最大化。

第二章　肉牛品种与繁育

第一节　肉牛的主要品种

一、国内主要的肉牛良种

（一）晋南牛

产于山西省晋南盆地。晋南牛公牛头中等长，额宽，鼻镜粉红色，顺风角为主，角型较窄，颈较粗短，垂皮发达，肩峰不明显。蹄大而圆，质地致密。母牛头部清秀，乳头细小。毛色以枣红为主，也有红色和黄色。成年公牛平均体重660kg，体高142cm；成年母牛平均体重442.7kg，体高133.5cm。该品种公牛和母牛臀部都较发达，具有一定肉用外形。

成年牛在一般育肥条件下日增重可达851g，最高日增重可达1.13kg。在营养丰富条件下，12～24月龄公牛日增重1.0kg，母牛日增重0.8kg。育肥后屠宰率可达55%～60%，净肉率为45%～50%。母牛产乳量745kg，乳脂率为5.5%～6.1%，9～10月龄开始发情，2岁配种。产犊间隔为14～18个月，终生产犊7～9头。公牛9月龄性成熟，成年公牛平均每次射精量为4.7mL。

（二）秦川牛

秦川牛因产于陕西省关中地区的"八百里秦川"而得名。秦川牛角短而钝，多向外下方或向后稍弯，角形非常一致。毛有紫红、红、黄3种，以紫红和红色居多；鼻镜多呈肉红色，亦有黑、灰和黑斑点等色。蹄壳分红、黑和红黑相间，以红色居多。成年公牛平均体重620.9kg，体高141.7cm；成年母牛平均体重416.0kg，体高127.2cm。

在中等饲养水平下，18～24月龄成年母牛平均胴体重227kg，屠宰率为53.2%，净肉率为39.2%；25月龄公牛平均胴体重372kg，屠宰率63.1%，净肉率52.9%。母牛产奶量715.8kg，乳脂率4.70%。

（三）南阳牛

产于河南省南阳地区白河和唐河流域的广大平原地区。公牛角基较粗，以萝卜头角为主，母牛角较细。鬐甲较高，公牛肩峰8～9cm。有黄、红、草白3种毛色，以深浅不等的黄色为最多，一般牛的面部、腹下和四肢下部毛色较浅。鼻镜多为肉红色，其中部分带有黑点。蹄壳以黄蜡、琥珀色带血筋较多。成年公牛平均体重647kg，体高145cm；成年母牛平均体重412kg，体高126cm。

公牛育肥后，1.5岁的平均体重可达441.7kg，日增重813g，平均胴体重240kg，屠宰率55.3%，净肉率45.4%。3～5岁阉牛经强度育肥，屠宰率可达64.5%，净肉率达56.8%。母牛产乳量600～800kg，乳脂率为4.5%～7.5%。

（四）鲁西黄牛

主要产于山东省西南部，具有较好的役肉兼用体型。公牛头大小适中，多平角或龙门角；母牛头狭长，角形多样，以龙门角较多。鼻镜与皮肤多为淡肉红色，部分牛鼻镜有黑色或黑斑。角色蜡黄或琥珀色。骨骼细，肌肉发达。蹄质致密，但硬度较差，不适于山地使役。被毛从浅黄到棕红色都有，以黄色量多。多数牛有完全或不完全的"三粉"特征（指眼圈、口轮、腹下与四肢内侧色淡）。成年公牛平均体重644kg，体高146cm；成年母牛平均体重366kg，体高123cm。

以青草和少量麦秸为粗料。每天补喂混合精料2kg，1～1.5岁牛平均胴体重284kg，平均日增重610g，屠宰率55.4%，净肉率47.6%。

（五）延边牛

主要产于吉林省延边朝鲜族自治州的延吉、和龙、汪清、珲春及毗邻各省，分布于东北三省。公牛头方额宽，角基粗大，多向外后方伸展成一字形或倒八字角。母牛头大小适中，角细而长，多为龙门角。毛色多呈浓淡不同的黄色，鼻镜一般呈淡褐色或带有黑斑点。成年公牛平均体重465kg，体高131cm；成年母牛平均体重365kg，体高122cm。

公牛经180d育肥，屠宰率可达57.7%，净肉率47.23%，日增重813g。母牛产乳量500～700kg，乳脂率5.8%～8.6%。

（六）郏县红牛

原产于河南省郏县，毛色多呈红色，故而得名。体格中等大小，结构匀称，体质强健，骨骼坚实，肌肉发达。后躯发育较好，侧观呈长方形，具有役肉兼用牛的体型，头方正，额宽，嘴齐，眼大有神，耳大且灵敏，鼻孔大，鼻镜肉红色，角短质细，角形不一。被毛细短，富有光泽，分紫红、红、浅红3种毛色。公牛颈稍短，背腰平直，结合良好。四肢粗壮，尻长稍斜，睾丸对称，发育良好。母牛头部清秀，体型偏低，腹大而不下垂，鬐甲较低且略薄，乳腺发育良好，肩长而斜。郏县红牛成年公牛体重608kg，体高146cm，成年母牛体重460kg，体高131cm。早熟，肉质细嫩，肉的大理石纹明显，色泽鲜红。据对10头20～23月龄阉牛肥育后屠宰测定，平均胴体重为176.75kg，平均屠宰率为57.57%，平均净肉重136.6kg，净肉率44.82%。12月龄公牛平均胴体重292.4kg，屠宰率59.9%，净肉率51%。

（七）渤海黑牛

原产于山东省滨州市。被毛呈黑色或黑褐色，有些腹下有少量白毛，蹄、角、鼻镜多为黑色。低身广躯，后躯发达，体质健壮，形似雄狮，当地称为"抓地虎"。头矩形，头颈长度基本相等。角多为龙门角。胸宽深，背腰长宽、平直，尻部较宽、略显方尻。四肢开阔，肢势端正。蹄质细致坚实。公牛额平直，眼大有神，颈短厚，肩峰明显；母牛清秀，面长额平，四肢坚实，乳房呈黑色。渤海黑牛成年公牛体重487kg，体高130cm，母牛体重376kg，体高120cm。

渤海黑牛未经育肥时公牛和阉牛屠宰率53.0%，净肉率44.7%，胴体产肉率82.8%，肉骨比5.1∶1。在营养水平较好情况下，公牛24月龄体重可达350kg。在中等营养水平下进行育肥，14～18月龄公牛和阉牛平均日增重达1kg，平均胴体重203kg，屠宰率53.7%，净肉率44.4%。

（八）科尔沁牛

科尔沁牛属乳肉兼用品种，因主产于内蒙古东部地区的科尔沁草原而得名。科尔沁牛是以西门塔尔牛为父本，蒙古牛、三河牛以及蒙古牛的杂种母牛为母本，采用育成杂交方法培育而成。1990年通过鉴定，并由内蒙古自治区人民政府正式验收命名为"科尔沁牛"。

被毛为黄（红）白花，白头，体格粗壮，体质结实，结构匀称，胸宽深，背腰平直，四肢端正，后躯及乳房发育良好，乳头分布均匀。

母牛280d产奶3 200kg，乳脂率4.17%，高产牛达4 643kg。在自然放牧条件下，120d产奶1 256kg。科尔沁牛在常年放牧加短期补饲条件下，18月龄屠宰率为53.3%，净肉率41.9%。经短期强度育肥，育肥牛活重达560kg以上时，屠宰率可达61.7%，净肉率为51.9%。

（九）草原红牛

草原红牛是以乳肉兼用的短角公牛与蒙古母牛长期杂交育成，具有适应性强、耐粗饲的特点。主要分布吉林白城地区、内蒙古赤峰市、锡林郭勒盟及河北张家口地区。1985年经国家验收，正式命名为中国草原红牛。

草原红牛被毛为紫红色或红色，部分牛的腹下或乳房有小片白斑。体格中等，头较轻，大多数有角，角多伸向前外方，呈倒八字形，略向内弯曲。颈肩结合良好，胸宽深，背腰平直，四肢端正，蹄质结实。乳房发育较好。

成年公牛体重 700 ～ 800kg，母牛为 450 ～ 500kg。犊牛初生重 30 ～ 32kg。在放牧加补饲的条件下，平均产奶量为 1 800 ～ 2 000kg，乳脂率 4.0%。据测定，18 月龄的阉牛经短期育肥屠宰率可达 58.2%，净肉率达 49.5%。

（十）三河牛

三河牛是我国培育的乳肉兼用品种，主要产于内蒙古额尔古纳市三河地区，品种血缘复杂，主要由西门塔尔牛、西伯利亚牛、俄罗斯改良牛、后贝加尔土种牛、塔吉尔牛、雅罗斯拉夫牛、瑞典牛和日本北海道荷兰牛复杂杂交、横交固定和选育提高而形成。1986 年 9 月，被内蒙古自治区人民政府正式验收命名为"内蒙古三河牛"。

三河牛体格高大结实，肢势端正，四肢强健，蹄质坚实。有角，角稍向上、向前方弯曲，少数牛角向上。乳房大小中等，质地良好，乳静脉弯曲明显，乳头大小适中，分布均匀。毛色为红（黄）白花，花片分明，头白色，额部有白斑，四肢膝关节下部、腹部下方及尾尖为白色。

成年公、母牛的体重分别为 1 050kg 和 547.9kg，体高分别为 156.8cm 和 131.8cm。犊牛初生重公犊为 35.8kg，母犊为 31.2kg。6 月龄体重公牛为 178.9kg，母牛为 169.2kg。三河牛产奶性能好，年平均产奶量为 4 000kg，乳脂率在 4% 以上。

二、我国肉牛新品种的培育

我国一直面临无专门化肉牛品种的难题。随着肉牛改良工作的不断深入，在此基础上，近年陆续报道培育出了生产性能良好、适应当地环境的新型肉牛品种。但这些肉牛品种数量很少，有些还在进行进一步的生产性能测定，难以满足肉牛产业发展的需要。

（一）夏南牛

该品种于 2007 年 11 月 15 日通过了国家畜禽品种遗传资源委员会的审定，并已由农业部向社会发布公告。夏南牛由河南省畜禽改良站和驻马店市泌阳县畜牧局共同培育，是以法国夏洛莱牛为父本，以南阳牛为母本，历经 21 年，经精心选育、自群繁育而培育成的肉牛新品种。其品种特点纠正了南阳牛生长发育慢和产肉率低的缺陷，实现了肉质好、产肉率高、生长发育快的肉牛新品种的发展设想；与从国外引进的肉牛品种相比，由于其具有本地血统，因此适应性更强。

（二）延黄牛

该品种于 2008 年 1 月 14 日通过了国家畜禽品种遗传资源委员会的审定，并已由农业部向社会发布公告。延黄牛是以延边黄牛品种资源为遗传基础，通过导入 1/4 利木赞牛血液，经过 27 年培育形成的。延黄牛由吉林延边培育。

（三）辽育白牛

该品种于 2009 年通过了国家畜禽品种遗传资源委员会的审定，2010 年 1 月 15 日由农业部向社会发布公告。辽育白牛是几代畜牧科技工作者经过 30 多年的努力，培育成功的肉牛新品种，是以夏洛莱牛为父本，以辽宁本地黄牛为母本级进杂交后，在第 4 代的杂交群中选择优秀个体进行横交和有计划选育，采用开放式育种体系，坚持档案组群，形成了含夏洛莱牛血统 93.75%、本地黄牛血统 6.25% 遗传组成的稳定群体，外貌一致，该群体抗逆性强，适应当地饲养条件，耐粗饲，体型大，增重快和繁殖性能优良。

（四）正在培育的肉牛品种

1. 秦宝牛

正在培育。由西北农林科技大学、杨凌秦宝牛业现代肉牛科技示范园（秦宝牧业）组织实施。秦宝牛是用秦川牛与安格斯牛杂交配套生产的肉牛。

2. 蜀宣花牛

正在培育。蜀宣花牛属乳肉兼用牛，四川省宣汉县几代畜牧科技人员从 1978 年开始，引进世界优良乳肉兼用牛西门塔尔对宣汉黄牛进行杂交改良，并导入荷斯坦血液，历经 32 年不懈努力，培育成适应南方山地高温、高湿及农区粗放管理条件的第一个乳肉兼用牛新品种。

3. 陇东肉牛

正在培育。由甘肃省畜牧兽医研究所和平凉市、庆阳市组织实施。陇东肉牛是用南德温牛、红安格斯牛与陇东黄牛杂交配套生产的肉牛。

4. 河西肉牛

正在培育。由中国农业科学院兰州畜牧与兽药研究所和张掖市、武威市组织实施。河西肉牛是用西门塔尔牛与河西黄牛级进杂交配套生产的肉牛。

5. 华西牛

由中国农业科学院北京畜牧兽医研究所组织实施。"华西牛"是以肉用西门塔尔牛为父本，乌拉盖地区（西门塔尔牛 × 三河牛）与（西门塔尔牛 × 夏洛来 × 蒙古牛）组合的杂交后代为母本，经过 40 余年持续选育而成的专门化肉牛新品种。

三、我国引进的主要肉牛良种

（一）西门塔尔牛

原产于瑞士阿尔卑斯山西部，西门河谷的牛。毛色多为黄白花或淡红白花，头、胸、腹下、四肢、尾帚多为白色。体格高大，成年母牛体重

550～800kg，公牛1 000～1 200kg；成年母牛体高134～142cm，公牛142～150cm，犊牛初生重30～45kg。后躯较前躯发达，中躯呈圆筒形。额与颈上有卷曲毛。四肢强壮，蹄圆厚。乳房发育中等，乳头粗大，乳静脉发育良好。

肉用、乳用性能均佳，平均产乳量4 700kg以上，乳脂率4%。初生至1周岁平均日增重可达1.32kg，12～14月龄活重可达540kg以上。较好条件下屠宰率为55%～60%，育肥后屠宰率可达65%。耐粗饲、适应性强，有良好的放牧性能。四肢坚实，寿命长，繁殖力强。

与我国北方黄牛杂交，所生后代体格增大，生长加快，杂种2代公架子牛育肥效果好，精料50%时日增重达到1kg，受到群众欢迎。西杂2代牛产奶量就达到2 800kg，乳脂率4.08%。

（二）夏洛莱牛

夏洛莱牛是著名的大型肉牛品种，原产于法国中西部到东南部的夏洛莱和涅夫勒地区。夏洛莱牛体躯高大强壮，全身毛色乳白或浅乳黄色。头小而短宽，嘴端宽方，角中等粗细，向两侧或前方伸展，角色蜡黄。颈短粗，胸宽深，肋骨弓圆，腰宽背厚，臀部丰满，肌肉极发达，使体躯呈圆筒形，后腿部肌肉尤其丰厚，常形成"双肌"特征，四肢粗壮结实。公牛常有双鬐甲和凹背者。蹄色蜡黄，鼻镜、眼睑等为白色。

夏洛莱牛以生长速度快、瘦肉产量高、体型大、饲料转化率高而著称。据法国的测定，在良好的饲养管理条件下，6月龄公犊体重达234kg，母犊210.5kg，平均日增重公犊1 000～1 200g，母犊1 000g。12月龄公犊重达525kg，母犊360kg。屠宰率为65%～70%，胴体产肉率为80%～85%。母牛平均产奶量为1 700～1 800kg，个别达到2 700kg，乳脂率为4.0%～4.7%。青年母牛初次发情为13月龄，初配年龄为17～20月龄。

（三）利木赞牛

利木赞牛原产于法国中部利木赞高原，并因此而得名。利木赞牛毛色多红黄为主，腹下、四肢内侧、眼睑、鼻周、会阴等部位色较浅，为白色或草白色。头短，额宽，口方，角细，白色。蹄壳琥珀色。体躯冗长，肋骨弓圆，背腰壮实，荐部宽大，但略斜。肌肉丰满，前肢及后躯肌肉块尤其突出。在法国较好的饲养条件下，成年公牛体重可达1 200～1 500kg，公牛体高140cm，成年母牛600～800kg，母牛体高131cm。公犊初生重36kg，母犊35kg。

利木赞牛肉用性能好，生长快，尤其是幼年期，8月龄小牛就可以生产出具有大理石纹的牛肉，在良好的饲养条件下，公牛10月龄能长到408kg，12月龄达480kg。牛肉品质好，肉嫩，瘦肉含量高。利木赞牛具有较好的泌乳能力，成年母牛平均泌乳量 1 200kg，个别可达 4 000kg，乳脂率 5%。

（四）安格斯牛

安格斯牛是英国古老的肉牛品种之一，产于英国苏格兰北部的阿伯丁、安格斯和金卡丁等郡，全称阿伯丁 – 安格斯牛。无角，毛色以黑色居多，也有红色或褐色。体格低矮，体质紧凑、结实。头小而方，额宽，颈中等长且较厚，背线平直，腰荐丰满，体躯宽而深，呈圆筒形。四肢短而端正，全身肌肉丰满。皮肤松软，富弹性，被毛光泽而均匀，少数牛腹下、脐部和乳房部有白斑。成年公牛平均体重 700 ～ 750kg，母牛 500kg，犊牛初生重 25 ～ 32kg。成年公牛体高 130.8cm，母牛 118.9cm。

安格斯牛具有良好的增重性能，日增重约为 1 000g。早熟易肥，胴体品质和产肉性能均高。育肥牛屠宰率一般为 60% ～ 65%。年平均泌乳量 1 400 ～ 1 700kg，乳脂率 3.8% ～ 4.0%。安格斯牛 12 月龄性成熟，18 ～ 20 月龄可以初配。产犊间隔短，一般为 12 个月左右。连产性好，初生重小，难产极少。安格斯牛对环境的适应性好，耐粗、耐寒、性情温和，抗某些红眼病，但有时神经质，不易管理，其耐粗性不如海福特。在国际肉牛杂交体系中被认为是较好的母系。

（五）海福特牛

海福特牛是英国古老的肉用品种之一，原产于英国英格兰西部威尔士地区的海福特县、牛津县及邻近诸县，属中小型早熟肉牛品种。海福特牛体躯的毛色为橙黄、黄红色或暗红色，头、颈、腹下、四肢下部和尾帚为白色，即"六白"特征。头短宽，角呈蜡黄色或白色。公牛角向两侧伸展，向下方弯曲，母牛角尖向上挑起，鼻镜粉红。体型宽深，前躯饱满，颈短而厚，垂皮发达，中躯肥满，四肢短，背腰宽平，臀部宽厚，肌肉发达，整个体躯呈圆筒状，皮薄毛细。分有角和无角两种。

海福特牛增重快，出生到 12 月龄平均日增重达 1 400g，18 月龄体重 725kg（英国）。据黑龙江省资料，海福特牛哺乳期平均日增重，公犊 1 140g，母犊 890g。7 ～ 12 月龄的平均日增重，公牛 980g，母牛 850g。屠宰率一般为 60% ～ 64%，经育肥后，可达 67% ～ 70%，净肉率达 60%。肉质嫩，多汁，大理石状花纹好。

（六）皮埃蒙特牛

皮埃蒙特牛原产于意大利北部皮埃蒙特地区，是在役用牛基础上选育而成的专门化肉用品种。是目前国际上公认的终端父本，是肉乳兼用品种。体型较大，体躯呈圆筒形，肌肉发达。毛色为乳白色或浅灰色，鼻镜、眼圈、肛门、阴门、耳尖、尾帚为黑色，犊牛幼龄时毛色为乳黄色，后变为白色。

皮埃蒙特牛生长快，育肥期平均日增重 1 500g。肉用性能好，屠宰率一般为 65% ～ 70%，肉质细嫩，瘦肉含量高，胴体瘦肉率达 84.13%。但难以形成大理石状肉，有较好的泌乳性能，年泌乳量达 3 500kg。我国于 1987 年和 1992 年先后从意大利引进展开了皮埃蒙特牛对中国黄牛的杂交改良工作。

（七）德国黄牛

德国黄牛原产于德国和奥地利，其中德国数量最多，是瑞士褐牛与当地黄牛杂交育成的，为肉乳兼用品种。德国黄牛毛色为浅黄色、黄色或淡红色。体型外貌近似西门塔尔牛。体格大，体躯长，胸深，背直，四肢短而有力，肌肉强健。

去势小牛育肥到 18 月龄体重达 600 ～ 700kg，平均日增重 985g。平均屠宰率 62.2%，净肉率 56%。

（八）和牛

和牛是日本从 1956 年起改良牛中成功的品种之一，是从雷天号西门塔尔种公牛的改良后裔中选育而成的，是全世界公认的最优秀的优良肉用牛品种。特点是生长快、成熟早、肉质好。其第七肋、第八肋间眼肌面积达 52cm²。

日本和牛毛色多为黑色，在乳房和腹壁有白斑。黑色和牛数量占和牛总量的 90% 以上。通过 DNA 分析，黑色和牛被认为与中国青海黄牛有共同的祖先。整体上该品种具有暗黑色的皮毛，有头角面无肩峰，其身体大小有小型和中型。与其他的日本本地牛种作为比较，黑色和牛系以其牛肉产量特别著名。

成年母牛体重约 620kg、公牛约 950kg，犊牛经 27 月龄育肥，体重达 700kg 以上，平均日增重 1.2kg 以上。和牛肉质鲜嫩，尤其是肉中带有高度的大理石斑纹脂肪，瘦肉与脂肪红白相间好像肉上结了霜一样，所以称之为"霜降牛肉"，又称雪花肉。

（九）契安尼娜牛

契安尼娜牛原产于意大利多斯加尼地区的契安尼娜山谷，由当地古老役用品种培育而成。1931 年建立良种登记簿，是目前世界上体型最大的肉牛品种，现主要分布于意大利中西部的广阔地域。

契安尼娜牛被毛白色，尾帚黑色，除腹部外，皮肤均有黑色素；犊牛初生时，被毛为深褐色，在 60 日龄内逐渐变为白色。体躯长，四肢高，体格大，结构良好，但胸部深度不够。成年公牛体重 1 500kg，最大可达 1 780kg，母牛 800 ～ 900kg；公牛体高 184cm，母牛 157 ～ 170cm。公犊初生重 47 ～ 55kg，母犊初生重 42 ～ 48kg。

生长强度大，日增重达 1 000g 以上，2 岁内最大日增重可达 2 000g。牛肉量多而品质好，大理石纹明显。适应性好，繁殖力强，很少难产，抗晒耐热，宜于放牧，母牛泌乳量不高，但足够哺育犊牛。

第二节 肉牛品种选择及杂交改良

一、合理选择肉牛养殖品种

目前，在我国参与肉牛生产的多为我国品种牛以及引进品种的改良牛，尚无大群引进的肉用品种牛的生产。在肉牛养殖生产中，应该根据资源、市场和经济效益等具体条件和要求选择养殖品种。

（一）按市场要求选择

（1）市场需要含脂肪少的牛肉时，可选择皮埃蒙特、夏洛莱、比利时蓝白花、荷斯坦牛的公犊等引进品种的改良牛，改良代数越高，其生产性状越接近引进品种，但需要的饲养管理条件也得相应地与该品种一致才能发挥该杂种牛的最优性状。如上述几个品种基本上均是农区圈养育成的，如改用放牧饲养于牧草贫乏的山区、牧区，则效果不好。这类牛以长肌肉为主，日粮中蛋白质需求则要高一些，否则难以获得高日增重。

（2）需要含脂肪高的牛肉时（牛肉中脂肪含量与牛肉的香味、嫩滑、多汁性均呈正相关）可选择处于我国良种黄牛前列的晋南牛、秦川牛、南阳牛和鲁西牛，以及引进品种安格斯、海福特和短角牛的改良牛。但要注意，引进品种中除海福特以外，均不耐粗饲。我国优良品种黄牛较为耐粗饲。这类牛在日粮能量高时即可获得含脂高的胴体。

（3）要生产大理石状明显的"雪花"牛肉时，则选择我国良种黄牛，以及引进品种安格斯、利木赞、西门塔尔和短角牛等改良牛。引进品种以西门塔尔牛耐粗饲，这类牛在高营养水平下育肥获得高日增重的条件下易形成五花肉。

（4）生产犊白肉（犊牛肉）可选择乳牛养殖业淘汰的公牛犊，可得到低成本高效益。其次选择一些夏洛莱、利木赞、西门塔尔、皮埃蒙特等改良公犊。

（二）按经济效益选择

（1）生产"白肉"，必须按市场需求量，因为投入极大。

（2）生产"雪花牛肉"，市场较广，是肥牛火锅、铁板牛肉、西餐牛排等优先选用。但成本较高，应按市场需求，以销定产，最好建立供销体系或纳入已有供销体系。

（3）杂种优势的利用，目前可选择具有杂种优势的改良牛饲养，可利用具杂种优势的牛生长发育快、抗病力强、适应性好的特点来降低成本，将来有条件时建立优良多元杂交体系、轮回体系，进一步提高优势率，并按市场需求，利用不同杂交系改善牛肉质量，达到最高经济效益。

（4）性别特点利用。公牛生长发育快，在日粮丰富时可获得高日增重、高瘦肉率，生产瘦牛肉时的优选性别。生产高脂肪与五花牛肉时则以母牛为宜，但较公牛多耗10%以上精料。阉牛的特性处于公、母牛之间。

（5）老牛利用，健康的10岁以上老牛采取高营养水平育肥2～3个月也可获丰厚的效益，但千万别采用低日增重和延长育肥期，否则牛肉质量差，且饲草消耗和人工费用增加。

（三）按资源条件选择

（1）山区与远离农区的牧区，应以饲养西门塔尔、安格斯、海福特等改良牛为主，为农区及城市郊区提供架子牛作为收入。

（2）农区土地较贫瘠，人均耕地面积大，离城市远的地方，可利用草田轮作饲养西门塔尔等品种改良牛，为产粮区提供架子牛及产奶量高的母牛来取得最大经济效益。

（3）农区特别是酿酒业与淀粉业发达地区则宜于购进架子牛进行专业育肥，可取得最大效益，因为利用酒糟、粉渣等可大幅度降低成本。

（4）乳牛业发达的地区则以生产白肉最为有利，因为有大量奶公犊，并且可利用异常奶、乳品加工副产品搭配日粮，可降低成本。

（四）按气候条件选择

牛是喜凉怕热的家畜，气温过高（30℃以上），往往是育肥的限制因子，若没有条件防暑降温，则应选择耐热品种，例如圣格鲁迪、皮尔蒙特、抗旱王、婆罗福特、婆罗格斯、婆罗门等牛的改良牛为佳。

二、正确利用杂交优势改良品种

不同品种间杂交，杂交后代生产性能超过双亲平均值的现象，称为杂种优势。通过2个或2个以上不同品种的公母牛交配，将杂种后代用于生产中，能提高育肥的经济效益。其好处表现为：①杂交改良牛种生长速度快，饲料转化率高，可提高20%左右；②屠宰率可提高3%～8%，多产牛肉10%左右；③杂种牛体重大，能达到外贸出口标准，牛肉品质好，能提高经济效益。

杂交是肉牛生产不可缺少的手段，采取不同品种牛进行品种间杂交，不仅可以相互补充不足，也可以产生较大的杂种优势，进一步提高肉牛生产力。经济杂交是采用不同品种的公母牛进行交配，以生产性能低的母牛或生产性能高的母牛与优良公牛交配来提高子代经济性能，其目的是利用杂种优势。经济杂交可分为两元杂交和多元杂交。

（一）二元杂交

二元杂交是指两个品种间只进行一次杂交，所产生的后代不论公母牛都用于商品生产，也称为简单经济杂交。在选择杂交组合方面比较简单，只测定一次杂交组合配合力。但是没有利用杂种一代母牛繁殖性能方面的优势，在肉牛生产早期不宜应用，以免由于淘汰大量母牛从而影响肉牛生产，在肉牛养殖头数饱和之后可用此法。

（二）三元杂交

多元杂交是指 3 个或 3 个以上品种间进行的杂交，是复杂的经济杂交。即用甲品种牛与乙品种牛交配，所生杂种一代公牛用于商品生产，杂种一代母牛再与丙品种公牛交配，所生杂种二代父母用于商品生产，或母牛再与其他品种公牛交配。其优点在于杂种母牛留种，有利于杂种母牛繁殖性能上优势得以发挥，犊牛是杂种，也具杂种优势。其缺点是所需公牛品种较多，需要测试杂交组合多，必须保证公牛与母牛没有血缘关系，才能得到最大优势。

（三）轮回杂交

轮回杂交是指用两个或更多种进行轮番杂交，杂种母牛继续繁殖，杂种公牛用于商品肉牛生产，是目前肉牛生产中值得提倡的一种方式。

轮回杂交分为二元轮回杂交和多元轮回杂交。其优点是除第一次外，母牛始终是杂种，有利于繁殖性能的杂种优势发挥，犊牛每一代都有一定的杂种优势，并且杂交的两个或两个以上的母牛群易于随人类的需要动态提高，达到理想时可由该群母牛自繁形成新品种。本法缺点是形成完善的两品种轮回需要 20 年以上的时间。

（四）地方良种黄牛杂交利用注意事项

通过十几年黄牛改良实践来看，用夏洛莱、西门塔尔、利木赞、海福特、安格斯、皮埃蒙特牛与本地黄牛进行两品种杂交、多元杂交和级进杂交等，其杂种后代的肉用性能都得到显著地改善。改良初期都获得良好效果，后来认为以夏洛莱牛、西门塔尔牛做改良父本牛，并以多元杂交方式进行本地黄牛改良效果更好。如果不断采用一个品种公牛进行级进杂交，3～4 代以后会失掉良种黄牛的优良特性。因此，黄牛改良方案选择和杂交组合的确定，一定要根据本地黄牛和引入品种牛的特性以及生产目的确定，以杂交配合力测定为依据确定杂交组合。为此，在地方良种黄牛经济杂交中应注意以下几点：

1. 良种黄牛保种

我国黄牛品种多，分布区域广，对当地自然条件具有良好适应性、抗病力、耐粗饲等优点，其中地方良种黄牛，如晋南牛、秦川牛、南阳牛、鲁西牛、延边牛、渤海牛等具有易育肥形成大理石状花纹肉、肉质鲜嫩而鲜美的优点，这些优点已超过这些指标最好的欧洲品种安格斯牛，这些都是良好的基因库，是形成优秀肉牛品种的基础，必须进行保种。这些品种还应进行严格的本品种选育，加快纠正生长较慢的缺点，成为世界级的优良品种。

2.选择改良父本

父本牛的选择非常重要，其优劣直接影响改良后代肉用生产性能。应选择生长发育快、饲料利用率高、胴体品质好、与本地母牛杂交优势大的品种；应该是适合本地生态条件的品种。

3.避免近亲繁殖

防止近亲交配，避免退化，严格执行改良方案，以免非理想因子增加。

4.加强改良后代培育

杂交改良牛的杂种优势表现仍取决于遗传基础和环境效应，其培育情况直接影响肉牛生产，应对杂交改良牛进行科学的饲养管理，使其改良的获得性得以充分发挥。

5.黄牛改良的社会性

由于牛的繁殖能力非常低，世代间隔非常长，所以黄牛改良进展极慢，必须多地区协作几代人努力才能完成。

第三节　肉牛繁殖技术

一、母牛的发情与发情鉴定

（一）性成熟

性成熟即指幼畜达到开始有繁殖能力的这一发育阶段。牛的性成熟期依品种、性别、营养、环境和管理情况而定。一般小型牛较大型牛早。性成熟的开始时期，即使在同群牛中也有很大的差异。在同样的饲养管理条件下，早熟品种、培育品种比原始品种成熟得早。一般母牛的性成熟通常比公牛开始稍早一些。温暖气候及良好的饲养管理可加速性成熟期的到达。

我国黄牛品种的第一次发情年龄因地区和气候条件的不同有很大的差异，气候温暖的南方比寒冷的北方初情期早，一般在 8～15 月龄。小型乳用品种达到初情期的年龄较大型牛早，荷斯坦牛为 11 个月龄左右，娟姗牛为 8 月龄左右。

性成熟的到来，远在动物机体的生长和全身发育结束之前。所以，当达到性成熟时，还不能利用其进行繁殖，以免影响动物的正常发育及生产性能的发挥。

（二）初配月龄

当公母牛骨骼、肌肉和四肢各器官已基本发育完成，而且具备了成年时固有的形态和结构时，才宜于配种。

我国黄牛的初配年龄，一般为 2 岁左右；水牛在 2.5 ～ 3 岁；饲养条件好和早熟品种牛为 14 ～ 16 月龄、饲养条件差及晚熟品种牛为 18 ～ 24 月龄。荷斯坦牛一般在 18 月龄左右初配。一般来说，小母牛的初配年龄，可视其活重而定，普遍以活重达到成年期的 70% 时，开始配种较为适宜。

（三）母牛的发情鉴定

1. 直肠检查法

直肠检查法是判断是否妊娠和妊娠时间的最常用而可靠的方法，用同样的方法鉴定卵泡的发育可鉴定母牛。其诊断依据是妊娠后母牛生殖器官的一些变化。在诊断时，对这些变化要随妊娠时期的不同而有所侧重；如妊娠初期，主要是子宫角的形态和质地变化；30d 以后以胚胎的大小为主；中后期则以卵巢、子宫的位置变化和子宫动脉特异搏动为主。在具体操作中，探摸子宫颈、子宫和卵巢的方法与发情鉴定相同。

将手臂插入直肠，先掏出直肠内的宿粪，而后手掌张开，掌心向下，用力按下且左右抚摸，在骨盆底的正中感到前后长而稍扁的棒状物即为子宫，前端为子宫颈，顺序摸下去为子宫体和两个子宫角，试用拇指、中指及其他手指将其握在手里，感受其粗细、长短和软硬。然后沿子宫角的大弯向下、向侧面探摸，可以感到有扁圆、柔软而有弹性的肉质，即为卵巢。找到卵巢后，可用食指和中指夹住卵巢系膜，然后用拇指触摸卵巢的大小、形状、质地和其表面卵泡的发育情况。

通过直肠触摸卵巢上卵泡发育情况，以此来判定母牛的发情阶段，并确定输精时间，是目前生产中最常用，也是最可靠的一种母牛发情鉴定方法。

2. 外部行为观察法

发情母牛一般都有明显的外部行为表现，具体表现如下。

（1）行为变化。敏感躁动，有人或其他牛靠近时，回首眄视；寻找其他发情母牛，活动量、步行数大于常牛 5 倍以上；嗅闻其他母牛外阴，下巴依托其他牛臀部并摩擦；压捏腰背部下陷，尾根高抬；有的食欲减退；爬跨其他牛或"静立"接受其他牛爬跨，后者是重要的发情鉴定征候。

（2）身体变化。外阴潮湿，阴道黏膜红润，阴户肿胀。外阴有透明、线状黏液流出，俗称"吊线"，或沾污于外阴周围，黏液有强的拉丝性。臀部、尾根有接受爬跨造成的小伤痕或秃毛斑。发情强烈的母牛，体温较平时升高 0.7 ～ 1.0℃。有时体表潮湿，有蒸腾状；60% 左右的发情母牛可见阴道出血，大约在发情后 2d 出现。这个征候可帮助确定漏配的发情牛。

（3）尾根喷漆法。在牧场的实际观测中，将所有符合配种条件的牛每天进行尾跟上部喷漆或专用蜡笔涂抹，尽可能记录发情牛的第一次稳爬时间，同时也要清楚发情结束时间以及发情持续时间等，这有利于输精时间的准确推算和适时配种。

（四）发情周期

母牛从性成熟以后至年老性机能衰退以前，在没有妊娠时，进行着周期性的发情。从一个发情期开始到下一个发情期开始的间隔时间称为发情周期。母牛的发情周期平均为21d，大致范围在18～24d。

（五）发情持续期

从母牛发情开始到发情结束的这一段时间为发情持续期。在发情持续期中，母牛一直表现：食欲减退，精神兴奋，尾根举起，接受其他牛爬跨或爬跨其他牛。另外，外阴红肿，从阴门流出透明黏液，阴道和子宫颈黏膜红而有光泽，黏液分泌增多，子宫颈口开张。

发情持续期也因年龄、营养情况等有所不同，一般母牛发情持续期平均为18h，范围约为6～36h。而排卵时间则在发情结束后10～12h。

（六）同期发情

1.同期发情的意义

在自然条件下，任何一群母畜的个体，处于发情周期的不同阶段。同期发情技术是应用某些激素制剂，打乱它们自然发情的周期规律，人为地造成发情周期的同期化，使之在预定的时间内集中发情，以便有计划地组织配种。其好处有：①便于人工授精，节约劳力与时间；②使一头优良种公畜给母畜配种，让更多的母畜同时受孕；③便于商品家畜的成批生产，因产仔时间整齐，规格较一致，对于畜牧业工厂化生产有很大的实用价值。

同期发情是诱导发情演化而来的一项新技术，20世纪60年代以来，逐渐应用到畜牧业生产中，在国外主要应用肉牛养殖方面。近年来我国随着冷冻精液技术和肉牛业的发展，也有不少单位开始了这项新技术的研究，并取得了一定的效果。

2.同期发情的机制

母畜的发情周期大体可分为卵泡期和黄体期两个阶段。在发情周期中，卵泡期是卵巢中卵泡迅速生长发育、成熟，最后导致排卵的时期，此期血液中孕酮水平显著降低，而黄体期恰与此期相反。黄体期内黄体分泌孕酮，提高了血液中孕酮的水平，在孕酮的作用下，卵泡的发育成熟受到抑制，家畜在表现发情而未受精的情况下，黄体维持一定的时间（一般是十数日）之后即行退化，随后出现另一个卵泡期。

由此看来，相对高的孕激素水平，可抑制发情，一旦孕激素的水平降低到很低，卵泡便迅速生长和发育。如能使一群母畜同时发生这种变化，就能引起它们同时发情，即对一群母畜施用某种激素，抑制其卵泡的生长发育和发情，处于人为的黄体期，经过一定时期后停药，使卵巢机能恢复正常，便能引起同时发情。相反，利用性质完全不同的另一类激素，以促使黄体的消退，中断黄体期，降低孕酮水平，从而促进垂体促性腺激素的释放，引起发情。前者处理的办法实际上是抑制发情，延长发情周期；后者的处理办法实际上就是促进发情，缩短了发情周期，使发情提前到来。这两种方法虽然所用的激素性质不相同，但它们有一个共同点，即使动物体内孕激素水平（内源的或外源的）迅速下降，达到发情同期化的目的。

二、母牛的人工授精技术

肉牛人工授精具有很多优点，不但能高度发挥优良种公牛的利用率，节约大量购买种公牛的投资，减少饲养管理费用，提高养牛效益，还能克服个别母牛生殖器官异常而本交无法受孕的缺点，防止母牛生殖器官疾病和接触性传染病的传播，有利于选种选配，更有利于优良品种的推广，迅速改变养牛业低产的面貌。

（一）受精母牛的保定

人工授精操作的第一步是对配种母牛的保定。

1. 牛的简易保定法

（1）徒手保定法。用一手抓住牛角，然后拉提鼻绳、鼻环或用一手的拇指与食指，中指捏住牛的鼻中隔加以固定。

（2）牛鼻钳保定法。将牛鼻钳的两钳嘴抵入两鼻孔，并迅速夹紧鼻中隔，用一手或双手握持，也可用绳系紧钳柄固定。

对牛的两后肢，通常可用绳在飞节上方绑在一起。

2. 肢蹄的保定

（1）两后肢保定。输精前，为了防止牛的骚动和不安，将两后肢固定。方法是选择柔软的线绳在跗关节上方做"8"字形缠绕或用绳套固定，此法广泛应用于挤奶和临床。

（2）牛前肢的提举和固定。将牛牵到柱栏内，用绳在牛系部固定，绳的另一端自前柱由外向内绕过保定架的横梁，向前下兜住牛的掌部，收紧绳索，把前肢拉到前柱的外侧。再将绳的游离端绕过牛的掌部，与立柱一起缠两圈，则被提起的前肢牢固地固定于前柱上。

（3）后肢的提举和固定。将牛牵入柱栏内，绳的一端绑在牛的后肢系部，绳的游离端从后肢的外侧面，由外向内绕过横梁，再从后柱外侧兜住后肢蹄部，用力收紧绳索，使蹄背侧面靠近后柱，在蹄部与后柱多缠几圈，把后肢固定在后柱上。待母牛保定好以后，即可开始输精。

（二）冻精的解冻技术和解冻方法

1. 颗粒冻精的解冻技术和解冻方法

（1）解冻液的配制。目前使用的解冻液大多为2.9%的柠檬酸钠溶液，大部分人工授精站都是统一从省、市育种站购买，也有少部分地区自制生产，不论是购买或自己配制，都必须严格生产过程中的操作规程。统一配方并设定准确有关参数（pH、渗透压）。现将配方及配制方法介绍如下。

准确称取柠檬酸钠2.9g，放入玻璃量筒内加蒸馏水至100mL刻度，混合均匀，测定pH为7.33，渗透压290.3mOsm，经定量滤纸过滤，分装于安瓿内，每只安瓿内净容量为1.5mL，用酒精灯火焰封口，然后置于高压消毒锅内消毒灭菌（蒸汽 1.06 ～ 1.4kg/cm²，消毒时间为 20 ～ 40min，蒸汽温度为121 ～ 126℃），保存在阴凉干燥处待用，有效期为6个月。安瓿解冻液的优点是便于保管，卫生，能减少外界环境污染，取用方便。据了解，有的单位使用的解冻液是自行配制后盛于三角烧瓶中保存备用，这种方法保存的时间短，接触外界污染机会多，取用不便，而且质量很难保证。建议各地使用安瓿法解冻液，以保证冻精解冻后的质量。

（2）解冻温度。冷冻精液的解冻温度分为快速解冻（40℃），室温解冻（15 ～ 20℃），冷水（4 ～ 5℃）缓慢解冻3种方法。目前世界上大部分地区都采用35 ～ 40℃的温度范围解冻。实践证明，采用40℃快速解冻精子复苏率较高，且活力较强。

（3）解冻技术操作。解冻过程中必须严格各个环节的操作过程，注意以下事项：冻精离开液氮面与放入解冻液中时一定要快取快放，尽量缩短空间停留时间；颗粒冻精上不得黏附冻霜，如有应稍加振动，使其脱落后再行解冻；解冻过程的各个环节，必须严格控制环境污染；夹取颗粒冻精的金属镊子要经预冷后再夹取冻精，以防止颗粒冻精黏附在镊子上难以脱落。

解冻具体操作步骤为：首先将恒温容器（电热恒温水浴锅或广口保温杯）内的水温调至（40±2）℃，将装有解冻液的安瓿放入温水内，等其温度与恒温水大约相等时，即将安瓿拿出，用消毒纱布抹去安瓿周围的水分，再用安瓿开口器或金属镊子将安瓿尖端开口，口径大小以能放入一颗冻精为宜，然后夹取一颗冻精温度均匀上升，游动安瓿时必须特别小心，绝对不能将恒温水振入安瓿内，观察颗粒溶解至80% ～ 90%时，即可将其拿出水面，再次用消毒纱布擦去安瓿周围的水分，并略加摇动，使精液完全溶解，混合均匀，然后在20℃左右的显微镜下检查精子活力情况，如有效精子（呈直线前进运动的精子）的活力在0.3级以上，即可用于输精。

值得注意的是：每支解冻液限解冻一粒冻精，如超过一粒时，应分别解冻，绝对不能同一支解冻液中同时放入两粒冻精；镜检精子质量时，玻片上的精液要厚薄均匀；观察精子活力时，不能根据一开始看到的精子的运动情况而判定精子的活力等级，因为往往初看时活动的精子不多，但略过一段时间后，又有一部分精子会复苏而活动起来，其原因是精子的复苏需要一定的时间；镜检时要多看几个视野，并调节上下焦距，因为盖玻片或载玻片之间有一定的厚度，死精子往往漂浮在上层，如果只看上层，死精子就多，而只看到中层，判定活力等级时就会偏高，因此要综合平衡各个视野，防止误判，取得较为准确的活力等级。

2. 细管冻精的解冻技术和解冻方法

在使用细管精液过程中，首先必须按照冷冻精液的规程操作，虽然细管冻精不易受外界环境污染，但标准化、规范化的技术操作也是确保受胎率、避免生殖系统感染细菌的重要措施。具体操作步骤如下。

（1）检查细管体。细管冻精从液氮中取出后，首先检查细管体是否有裂纹和封口不严的现象，如发现有裂纹者，该支细管冻精应弃之不用，如属封口不严，则解冻时可将封口不严的一端朝上放入40℃左右的恒温水中进行解冻，尽量避免因解冻方法不当而导致解冻后精子活力不强乃至死亡的人为因素。

（2）解冻。首先准备40℃左右的恒温水，恒温容器的准备与颗粒冻精解冻法介绍的相同，细管冻精从液氮中取出后，手拿细管上端（封装精液后封口），立即放入恒温37.5℃的温水浴锅中，经10s后即可解冻完毕。目前全国各地较为普遍使用此种解冻方法，解冻效果好且受胎率高。

解冻后的精液如需异地输精，且间隔时间在2h以上的情况下，其解冻后的精液一定要放在保温杯中方能保存运输。其操作方法是：将解冻后的精液用脱脂棉或卫生纸包好放入塑料袋内，置入保温杯中，盖好杯盖即可。

（3）细管剪口。冻精解冻后，一定要用消毒纱布抹干细管外围水分，再用细管剪口专用剪刀去人工粉装封口或机械封口一端，切时注意，剪口要正，断面要平整，严禁剪口呈偏斜状，否则输精时会发生精液逆流而影响输精效果。

（4）细管精液装枪。将细管输精枪的管嘴拧下，把推杆退到与细管长度大约相等的位置，将细管剪口的一端朝管嘴前端放入管嘴内，一手握细管，另一手握管嘴，两手同时稍用力将细管的管嘴内旋转1周，使细管剪口端与管嘴前端内壁充分吻合，以防输精时精液倒流至输精枪管嘴内，然后将细管有栓塞的一端套在推杆上，拧紧管嘴即可输精。

直肠把握法是牛人工授精最普遍采用的一种方法。经过专业指导和培训，一般可在3d内基本掌握操作要领，但熟练程度和自信心的提高则需要个人更多的实践。

（三）输精

在选择对母牛进行配种的场所时，需注意以下几个方面。

（1）确保动物和配种员的安全。

（2）操作方便。

（3）应有应对天气变化的遮盖物。

无论操作者是左利手还是右利手，都推荐使用左手进入直肠把握生殖道，用右手操作输精枪。这是因为母牛的瘤胃位于腹腔的左侧，将生殖道轻微推向了右侧。所以会发觉用左手比右手更容易找到和把握生殖道。

在靠近牛准备人工授精时，操作者轻轻拍打牛的臀部或温和的呼唤牛，将有助于避免牛受到惊吓。先将输精手套套在左手，并用润滑液润滑，然后用右手举起牛尾，左手缓缓按摩外门。将牛尾放于左手外侧，避免在输精过程中影响操作者的操作。并拢左手手指形成锥形，缓缓进入直肠，直至手腕位置。

用纸巾擦去阴门外的粪便。在擦的过程中不要太用力，以免将粪便带入生殖道。左手握拳，在阴门上方垂直向下压。这样可将阴门打开，输精枪头在进入阴道时不与外门壁接触，避免污染。斜向上30°插入输精枪，避免枪头进入位于阴道下方的输尿管口和膀胱内。当输精枪进入阴道15～20cm，将枪的后端适当抬起，然后向前推至子宫颈外口。当枪头到达子宫颈时，操作者能感觉到一种截然不同的软组织顶住输精枪。

若想获得高的繁殖率，在人工授精时要牢记以下要点。

（1）动作温和，不要过于用力。

（2）输精过程可分为两步。先将输精枪送到子宫颈口，再将子宫颈套在输精枪上。

（3）通过子宫颈后将精液释放在子宫体内。

（4）操作过程中不要着急。

（5）放松。

子宫颈是由结缔组织和肌肉构成，是牛人工授精过程中的重要节点。通常人们形容子宫颈的大小和硬度像火鸡的脖子。但对于不同年龄和产后不同时期的牛，其子宫颈的大小有所差异。子宫颈内通常有3～4个折叠环。子宫颈的开口向阴道突出，与阴道内壁形成一个360°闭合的穿窿结构，专业上称为阴道穿窿。对于绝大数牛，子宫颈位于骨盆腔靠近盆骨前缘。但对于生殖道较粗的老年牛，子宫颈可能会轻度向前坠入腹腔。

要想成为一名成功的配种员，就必须自始至终明确输精枪头的位置，这一点很重要。阴道壁是由薄的肌肉层和疏松的结缔组织构成，所以操作者可以很容易触摸到输精枪。当输精枪进入阴道后，操作者可以让枪与触诊的手平行前进。

直肠内的粪便往往会影响操作者对子宫颈和输精枪头的感觉。但通常不必清理所有的粪便，操作者可将手平伸贴到直肠壁上，这样粪便就可从操作者手臂上方排出。

当操作者握住子宫颈时，牛通常会努责，直肠内形成收缩环。在这种情况下，可以伸出两个手指穿过环的中央，然后前后按摩直肠壁，收缩环往往会松弛下来，操作者的手臂就可以通过，继续进行触诊。

在触诊过程中，有些牛会强烈努责，由于生殖道是游离的，这种情况往往会将生殖道挤回骨盆腔中，造成阴道褶皱。这些褶皱会阻碍输精枪的顺利前行，需要消除。如果操作者能触摸到子宫颈，可握住子宫颈向前推，这样可将阴道拉直，使输精枪顺利到达子宫颈口。如果操作者触摸不到子宫颈，可用拇指和食指握住枪头位置，摆动操作者的手腕，同时轻轻地挤压阴道壁，使输精枪通过，重复操作直到枪头到达子宫颈口。

需要强调的是，牛的人工授精可分为两步。第一步是将输精枪头送到子宫颈口，要完成这一点，操作者必须避开阴道内的褶皱，确保阴道和子宫颈伸直。如果操作者的输精枪没感觉到子宫颈，操作者的第一步就还未完成。

一旦输精枪接触到子宫颈的外壁，操作者就可以开始第二步操作。第二步是将子宫颈套在或穿过输精枪。注意是将子宫颈套在输精枪上，而不是用输精枪穿过子宫颈。在完成第二步的过程中，过多的活动输精枪效果并不好，往往是适得其反，有时输精枪会从子宫颈内退出又回到阴道内。

人工授精操作第二步要领是握住并摆动子宫颈，活动牛体内的那只手，而不是握输精枪的那只手。用拇指和食指从上下握住子宫颈口，将穹窿闭合，然后引导枪头进入子宫颈。

当输精枪到达子宫颈口时，往往枪头会戳到阴道穹窿。操作者可以用拇指和食指从上下握住子宫颈口，这样将穹窿闭合。此时操作者可以改用手掌或中指、无名指感觉枪头的位置，然后将枪头引入到子宫颈内。

这时轻轻推动输精枪，就能感觉到输精枪向前进入子宫颈直到第二道环。轻轻顶住输精枪，将大拇指和食指向前滑到枪头的位置，再次握紧子宫颈。由于子宫颈是由厚的结缔组织和肌肉层构成，所以要想很清楚地感觉枪头的位置有点困难。但可以通过活动子宫颈判断大概位置。摆动手腕，活动子宫颈，直到感觉到第二道环套在输精枪上。再重复上述操作，直到所有环都穿过输精枪。有时，操作者可能需要将子宫颈弯成90°才能通过。

在穿过子宫颈的过程中，有时需要轻微地摆动输精枪，但绝大多数情况只需要轻轻顶住输精枪。活动输精枪时要控制好幅度，不要太大。

当所有的环都通过后，输精枪应能自由向前滑行，没有太多阻力。由于子宫壁很薄，操作者能再次清楚地感受到枪头的位置。现在，操作者只要检查枪头的位置，然后输精即可。将操作者的手握在子宫颈上方，将食指伸直。然后向后拔出输精枪，直到操作者感觉枪头接近子宫颈内口的位置，抬起手指，然后缓慢释放精液。在推动内芯时动作尽量缓慢，这样精液将成滴直接滴在子宫体内。

正确的授精操作能将精液直接送到子宫体。子宫的收缩能将精子很好地分散到两侧子宫，并输送到子宫角和输卵管。如果输精枪通过子宫颈后向前超过 2.5cm，精液就只能释放到一侧子宫，造成精液分布不均。如果是另一侧排卵，就会影响到受胎率。

在确定好枪头的位置后，务必将操作者的手指抬起来再进行输精。否则有可能堵住一侧子宫角，又会造成精液分布不均。在检查枪头位置时，注意不要用力过大。因为子宫内壁很容易损伤，进而引起子宫感染，降低繁殖率。

在输精时，应向前推枪芯，而不是向后拉输精枪。向后拉往往会造成精液释放在子宫颈和阴道内，而不是子宫体。最好是将精液送到子宫体，如果不能确定枪头的位置，研究表明将精液输在子宫角要比释放在子宫颈对繁殖力的影响小些。但如果输精枪进入子宫颈感觉分泌物黏稠，说明牛可能已怀孕，可将精液释放在子宫颈内。

如果感觉子宫颈内黏稠，可将精液释放在子宫颈内输完精后，将输精枪缓慢拉出，同时抽出触诊手，甩去多余粪便。检查枪头是否有血迹、感染或精液漏出，如果异常，需分析原因或通知兽医。移除外套管，再一次检查冻精细管，确认操作者选配的公牛。将手套翻转除去，排出空气后在顶端打结，扔进垃圾桶。擦干净输精枪，干燥后放入相应的容器中。在此基础上，操作者可以将精力集中在经济性状的筛选上，进而使牧场的冻精投入获得更大的回报。

采用直肠把握输精，输精枪（管）只许插到子宫颈深部（越过 3 个皱襞轮，约在子宫颈的 3/4 ～ 4/5 深部），不能插到子宫角内，因为适宜输精的时机（卵巢排卵之际），已是牛发情的末尾，子宫抗病力已下降，这时污染的精液输入子宫体、子宫角时，输精管把子宫黏膜划伤（子宫黏膜很脆弱），即便输精管消毒彻底，进入阴道过程中也难免被污染（假若阴道已有污染时，会使输精器污染更严重），进入子宫及子宫角，等于输入病菌，造成"人工授精病"。精液输到子宫颈深部或输到子宫角的受胎率并无差别，国内外的试验早已证明，精液输到子宫颈外口后 12 ～ 15min 即到达输卵管，这是由于母牛生殖道的运动与精子本身运动的综合结果。因而无须插到子宫角，精液只输到子宫颈深部，可避免输精造成子宫炎。输精并非输胚胎，输胚胎则需输到子宫角。

三、妊娠诊断技术

经配种受胎后的母牛，即进入妊娠状态。妊娠是母牛的一种特殊性生理状态。从受精卵开始，到胎儿分娩的生理过程称为妊娠期。母牛的妊娠期为240～311d，平均为283d。妊娠期因品种、个体、年龄、季节及饲养管理水平不同而有差异。早熟品种比晚熟品种短；乳用牛短于肉用牛，黄牛短于水牛；怀母牛犊比公牛犊少1d左右，育成母牛比成年母牛短1d左右，怀双胎比单胎少3～7d，夏季分娩比冬春少3d左右，饲养管理好的多1～2d。在生产中，为了把握母牛是否受胎，通常采用直肠诊断和B超检查的方法。

（一）直肠诊断

直肠检查法是判断母牛是否妊娠最普遍、最准确的方法。在妊娠2个月左右可正确判断，技术熟练者在1个月左右即可判断。但由于胚泡的附植在授精后60（45～75）d，2个月以前判断的实际意义不大，还有诱发流产的副作用。

直肠检查的主要依据是子宫颈质地、位置；子宫角收缩反应、形状、对称与否、位置及子宫中动脉变化等，这些变化随妊娠进程有所侧重，但只要其中一个征状能明显地表示妊娠，则不必触诊其他部位。

直肠检查要突出轻、快、准确三大原则。其准备过程与人工授精过程相似，检查过程是先摸子宫角，最后是子宫中动脉。

妊娠30d时，子宫颈紧缩；两侧子宫角不对称，孕侧子宫角稍增粗、松软，稍有波动感，触摸时反应迟钝，不收缩或收缩微弱，空角较硬而有弹性，收缩反应明显。排卵侧卵巢体积增大，表面黄体突出。

妊娠60d时，孕角比空角增粗1～2倍，孕角波动感明显，角间沟已明显。

妊娠90d时，子宫颈前移至趾骨前缘，子宫开始沉入腹腔，孕角大如婴儿头，有时可摸到胎儿，在胎膜上可摸到蚕豆大的胎盘；孕角子宫颈动脉根部开始有微弱的震动，角间沟已摸不清楚。

妊娠120d时，子宫颈越过趾骨前缘，子宫全部沉入腹腔。只能摸到子宫的背侧及该处的子叶，子宫中动脉的脉搏可明显感到。

随妊娠期的延长，妊娠征状愈来愈明显。

（二）B超诊断

1. B超仪的选择

要选择兽用B超仪，因为探头的规格和专业的兽医测量软件是非常重要的。便携，如果仪器很笨重，并且还要接电源，不便于临床工作者操作。分辨力是最重要的，如果操作者看不清图像，则诊断结果的准确性存疑。

2. B 超的应用

应用 B 超进行母牛妊娠诊断，要把握正确位置。B 超检查与直肠检查相比，确诊受孕时间短，直观，效果好。一般在配种 24 ～ 35d B 超检查可检测到胎儿并能够确诊怀孕，而直肠检查一般在母牛怀孕 50 ～ 60d 才可确诊；B 超检查在配种 55 ～ 77d 可检测到胎儿性别。B 超确诊怀孕、图像直观、真实可靠，而直肠检查存在一些不确定因素或未知因素。B 超检查在配种 35d 后确诊未怀孕，则在第 35d 对母牛进行技术处理，较直肠检查 60d 后方能处理明显缩短了延误时间。在生产中，除使用 B 超检查诊断母牛受孕与否，还可应用在卵巢检查和繁殖疾病监测等。

四、母牛的分娩

（一）分娩预兆

母牛妊娠后，为了做好生产安排和分娩前的准备工作，必须精确算出母牛的预产期。预产期推算以妊娠期为基础。

母牛妊娠期为 240 ～ 311d，平均 280d，有报道称我国黄牛平均为 285d。一般肉牛妊娠期为 282 ～ 283d。

妊娠期计算方法是配种月份加 9 或减 3，日数加 6 超过 30 上进 1 个月。如某牛于 2000 年 2 月 26 日最后一次输精，则其预产月份为 2+9=11 月，预产日为 26+6=32 日，上进 1 个月，则为当年 12 月 2 日预产。

预产期推算出以后，要在预产期前一周注意观察母牛的表现，尤其是对产前预兆的观测，做好接产和助产准备。

分娩前，将所需接产、助产用品，难产时所需产科器械等，消毒药品、润滑剂和急救药品都准备好；预产期前一周把母牛转入专用产房，入产房前，将临产母牛牛体刷拭干净并将产房消毒、铺垫清洁而干燥柔软的干草；对乳房发育不好的母牛应及早准备哺乳品或代乳品。

1. 分娩预兆

分娩前，母牛的生理、精神和生殖器官形态会发生一系列变化，称为分娩征兆。

阴唇：逐渐肿胀，松软，皱褶消失而平展充血，由于水肿使阴门裂开。在分娩前 1 ～ 2 周，阴唇下联合开始悬排浅黄色近乎透明的极黏稠黏液，当液体明显变稀和透明，即临产。

阴道及子宫颈：阴道黏液潮红，黏液由浓厚黏稠变成稀薄润滑；子宫颈松弛、肿胀，颈口逐渐开张，黏液塞软化，黏液流入阴道。

骨盆：骨盆韧带松弛，位于尾根两侧的荐坐韧带、荐髂韧带均软化松弛，使尾根塌陷，尾巴活动范围变大，下腹部不及原来的膨胀。

乳房：体积逐渐增大，水肿，临产前乳房膨胀，有时可漏出初乳。

精神状态：表现不安、烦躁，食欲减退或废食，起立不安，前肢搂草，常扭头回顾腹部，或用后肢踢下腹部，频频排粪、排尿，但量不多，弓腰举尾。

临产前一周，干物质采食量开始下降，临产前12 h，体温可下降0.4～0.8℃，临产前几小时食欲突然增加。

2. 即刻分娩预兆

妊娠末期，尽管乳房逐渐发育增大，但这种变化作为即刻分娩预兆并不十分准确。有些妊娠牛早至分娩前6周乳房即已增大充盈；但有些则迟至分娩前夜乳房突然膨胀充盈。

临近分娩时，阴门会发生增大、松软和下垂，但这种变化作为即刻分娩预兆同样并不十分准确，因为有些妊娠牛在分娩前数周即可出现此现象。

阴门流出黏液系妊娠子宫颈塞软化和排出阴道的结果，可视为即刻分娩预兆，但何时分娩的精确时间仍难以确定。

虽然妊娠末期乳房膨大充盈，但如果乳头未膨胀，那也不是即刻分娩预兆。如果发现乳头膨胀漏奶，分娩将在24h内发生。

骨盆韧带位于尾根与坐骨结节之间，直径大约2.5cm，连接坐骨结节和脊骨，平时非常坚硬和无弹性。临近分娩时每日应触检两次，如发现完全松弛柔软和凹陷，分娩可在12h内发生。

综上所述，从生产实践出发，宜将乳头膨胀漏奶和骨盆韧带松弛视为即刻分娩的可靠预兆。

（二）分娩过程

母牛分娩的持续时间，从子宫颈开口到胎儿产出，平均为9h，可分为3个时期。

1. 开口期

从子宫开始间歇性收缩起，到子宫颈口完全开张，与阴道的界线完全消失为止，此期约为6h左右。经产牛稍短，初产牛稍长。此期牛表现不安，喜欢在比较安静的地方，采食减少，反刍不规律，子宫收缩较微弱，收缩时间短，间歇长，随分娩过程的推进，子宫收缩（阵痛）加剧，但一般不努责。

2. 胎儿产出期

从子宫颈口完全张开，到胎儿从产道产出这段时间为胎儿产出期。此期一般为30min至4h。此期母牛阵缩时间逐渐延长，间歇时间缩短，腹壁肌、膈肌也发生强烈收缩，开始出现努责，努责力逐渐增强，迫使胎儿连同胎膜从阴门出入数次，发生第一次破水，一般为羊膜绒毛膜破裂，正产时则胎儿前蹄、唇部露出；倒产时，后蹄露出，母牛稍休息后，阵痛、努责再强烈发生，尿囊绒毛膜破裂，发生第二次破水，流出黄褐色液体润滑产道，随之整个胎儿产出。如产双胎，则在 20 ～ 120min 后产第二个胎儿。

3. 胎衣排出期

胎儿分娩后至整个胎衣完全排出为止，正常情况为 4 ～ 6 h，超过 12h（也有人认为 24h）则为胎衣不下。胎儿产出后，母牛努责停止，但子宫阵缩仍在继续进行，由于胎儿胎盘血液循环中断，绒毛缩小，同时母体胎盘血液循环也减弱，使胎衣脱离母体，胎盘排出体外。

五、母牛的助产

母牛分娩时助产，尽可能保证母子安全，减少不必要的损失。

1. 助产方法

临产前，先将母牛外阴、肛门、尾根及后臀，助产人员手臂及助产工具器械等洗净、消毒。引导母牛左侧卧地，避免瘤胃压迫胎儿。最好产前做直肠检查，触摸胎儿方向、位置及姿势。如果胎儿两前肢夹着头先出为顺产，让其自然产出；如果反常，须在母牛努责间歇期将胎儿推回子宫内矫正。如果两后肢先出为倒产，后肢露出时应及时配合母牛努责拉出胎儿，避免胎儿在产道内停留过久而窒息死亡，应注意保护母牛阴门及会阴部。胎儿前肢及头露出而羊膜仍未破裂，此时扯破羊膜，将胎儿口腔、鼻周围的黏膜擦净，以使胎儿呼吸。母子安全受到威胁时，要舍子保母，注意保护母牛的繁殖能力。忌破水过早。

2. 难产处理

通过不让母牛过早配种，妊娠期间合理营养，并安排适当的运动，尤其在产前半个月，要进行早期诊断分娩状态，及时增加上下坡行走运动矫正反常胎位，来防止难产。如果发生难产，请兽医处理。

3. 产后母牛护理

母牛产后生殖器官要逐渐恢复正常状态，子宫一般 9 ～ 12d 可恢复，卵巢需 1 个月可恢复，阴门、阴道、骨盆及其韧带几天即可恢复，这段时期为产后期。

产后期应加强母牛外阴部的清洁和消毒。恶露一般需 10 ～ 14d 排完，难产、双胎与野蛮接产均造成恶露期延长，子宫复原慢，并由于此期间机体抗病力低，极易转为子宫炎。因此要坚持做好牛体的卫生与环境卫生工作。

产后母牛体内消耗很大，腹压降低明显，应用 15 ～ 20kg 温水、食盐 100 ～ 150g、麦麸 1 ～ 2 把调制的麦麸盐水汤，补充水分，增加腹压，帮助恢复体力，产后头两天要饮温水，喂易消化饲料，投料少一些，不宜突然增加精料量，以防引起消化道疾病，5 ～ 6d 后可以恢复至正常饲养。胎衣排出后，可让母牛适当运动，同时注意乳房护理，用温水洗涤，帮助犊牛吸吮乳汁。

六、母牛胎位胎势反常的助产

当前，专业的技术人员对胎位胎势反常如何正确助产并不陌生，一般都能顺利处理。但对初学养殖肉牛者来讲，仍然是比较棘手的问题。鉴于此，本书不重复60年前的兽医产科教科书内容，而是根据作者自己多年积累的经验，提出以下几点，供初学者参考。

（1）对经产老龄和腹部下垂临产牛需特别关注，因为这些牛由于腹部肌肉收缩无力而致产程过长，从而使胎犊胎盘过早脱离母体胎盘，造成胎犊缺氧死亡；也有可能因努责微弱而发生胎位胎势反常。

（2）实施胎位胎势反常矫正时，应牢记最多只有 1～2 h 的救治时间，超过这一时限，胎犊就很有可能因胎盘分离而缺氧死亡。

（3）为方便胎位胎势反常矫正，一般需将胎犊推回子宫内，留出一定空间进行矫正。如推回子宫内因母牛强烈努责而受阻时，可实施硬膜外麻醉以克服强烈努责。但是，虽然此措施使矫正过程相对较容易，但矫正后因无努责产力挤压胎犊排出，而常常只得借助人工强行拉出。

（4）实施胎位胎势反常矫正时，应至少向产道内灌注 2 000mL 以上石蜡油，以充分润滑产道，同时在整个操作过程中自始至终尽量保持无菌状态。术前也应对外阴及外阴周围毗邻区域严密消毒。

（5）实施胎位胎势反常矫正时，应注意用手掌包裹着胎犊突出尖锐部分，如蹄端和嘴端，以避免在矫正过程中划破或刺穿子宫壁。如发生子宫壁破裂或刺穿，母牛将凶多吉少，多数会不治而亡。

多年的临床实践体会，当发生胎位胎势反常并且胎犊还活着时，如果矫正不易且耗时太久，一般要当机立断进行剖腹产，因为只要矫正时间超过1～2h，胎犊往往死亡，并且对母牛伤害极大。

第三章 肉牛饲料及营养需要

第一节 肉牛的采食习性和消化生理特点

肉牛是反刍家畜，其消化系统的生理作用与其他单胃家畜不同，属于复胃哺乳动物。复胃由 4 个胃组成：瘤胃、网胃（又称蜂巢胃）、瓣胃（又称重瓣胃或百叶胃）和皱胃（又称真胃）。4 个胃总计可容纳 150 ～ 230 L 饲草料，胃内装满草料后可占据腹部大部分容积。通过了解和掌握牛独有的消化系统结构和特性，才能结合其特点进行饲养与管理，尽可能降低饲养成本，提高产肉率和经济效益。

一、牛的消化特点

（一）牛的消化器官

1. 口腔

牛没有上切齿，只有臼齿（板牙）和下切齿。牛是通过左右侧臼齿轮换与切齿切断饲草，在唾液润滑下吞咽入瘤胃，反刍时再经上下齿仔细磨碎食物。

2. 胃区

牛有 4 个胃，即瘤胃、网胃（蜂巢胃）、瓣胃（腺胃）、皱胃（真胃）。由于牛本身营养需要，必须采食大量饲草饲料，因此，消化道相应地有较大的容量来完成加工和吸收营养物质的功能。其消化道中以瘤胃的容量最大。

3. 小肠与大肠

食入的草料在瘤胃发酵形成食糜，通过其余 3 个胃进入小肠，经过盲肠、结肠，然后到大肠，排出体外。整个消化过程大约需 72h。

（二）牛的消化生理

1. 食管沟反射

食管沟反射是反刍动物所特有的生理现象，仅在幼年哺乳期间才具有。

食管沟起始于食管和瘤胃结合部——贲门，经瘤胃、网胃直接进入瓣胃。当犊牛吸吮乳汁时，会导致食管沟发生闭合，这种闭合就称为食管沟反射。食管沟闭合后乳汁经由食管沟直接进入瓣胃和皱胃，防止因乳汁流经瘤胃和网胃发生发酵反应，而造成消化道疾病。一般情况下，随着牛采食植物性饲料的增加，食管沟反射也逐渐消失，最后导致食管沟退化。

2. 瘤胃微生物

瘤胃中生长着大量微生物，每毫升胃液中含细菌250亿～500亿个，原虫20万～300万个。瘤胃微生物的数量依日粮性质、饲养方式、喂后采样时间和个体的差异及季节等而变动，并在以下两方面发挥重要作用。第一，能分解粗饲料中的粗纤维，产生大量的有机酸，即挥发性脂肪酸（VFA），约占牛的能量营养来源的60%～80%，这就是牛能主要靠粗饲料维持生命的原因；第二，瘤胃微生物可以利用日粮中的非蛋白氮（如尿素）合成菌体蛋白质，进而被牛体吸收利用。所以，只要为瘤胃微生物提供充足的氮源，就可以适当解决牛对蛋白质的需要。

3. 瘤胃发酵及其产物

瘤胃黏膜上有大量乳头突，网胃内部由许多蜂巢状结构组成。食物进入这两部分，通过各种微生物（细菌、原虫和真菌）的作用进行充分的消化。事实上瘤胃就是一个大的生物"发酵罐"。

4. 反刍

当牛吃完草料后或卧地休息时，人们会看到牛嘴不停地咀嚼成食团，重新吞咽下去，每次需1～2min。牛每天需要6～8h进行反刍。反刍能使大量饲草变细、变软，较快地通过瘤胃到后面的消化道中，这样使牛能采食更多的草料。

5. 嗳气

由于食物在消化道内发酵、分解，产生大量的二氧化碳、甲烷等气体。这些气体会随时排出体外，即嗳气。嗳气也是牛的正常消化生理活动，一旦失常，就会导致一系列消化功能障碍。

二、牛的采食特性

（一）采食

牛的唇不灵活，不利于采食饲料，但牛的舌长、坚强、灵活，舌面粗糙，适于卷食草料，并被下颚门齿和上颚齿垫切断而进入口腔。同时，牛进食草料的速度快而且咀嚼不细，进入口腔的草料混合口腔中大量的唾液后，形成食团进入瘤胃，之后经过反刍又回到口腔，经过二次咀嚼后再咽下，才可以彻底消化。牛采食的特殊性决定了牛采食后有卧槽反刍的习惯。奶牛的采食量按干物质计算，一般为自身体重的 2% ~ 3%，个别高产牛可高达 4%。牛每天放牧 8h，用 8h 反刍，这意味着牛每天的采食时间超过 16h。在适宜温度下自由采食时间一般为每昼夜 6 ~ 8h，气温高于 30℃，白天的采食时间就会减少，因此炎夏要注意早晨和晚上饲喂。

（二）饮水

一般情况下，牛的需水量可按每千克饲料需水 3 ~ 5L 供给。舍饲肉牛一般每天上槽喂料 2 次，喂后下槽饮水，中午可加饮水一次。最好是自由饮水。冬天应饮温水，以促进采食、消化吸收并减少体温散失，利于增重。

（三）反刍

反刍是牛、羊等反刍动物共有的特征，反刍有利于牛把饲料嚼碎，增加唾液的分泌量，以维持瘤胃的正常功能，还可提高瘤胃氮循环的效率。牛采食时将饲料初步咀嚼，并混入唾液吞进瘤胃，经浸泡、软化，待卧息时再进行反刍。反刍包括逆呕、再咀嚼、再混入唾液、再吞咽 4 个步骤，一般在采食后 30 ~ 60min 开始反刍，每次持续 40 ~ 50min，每个食团约需 1min，一昼夜反刍 10 多次，累计 7 ~ 8h。因此，牛采食后应有充分的时间休息进行反刍，并保持环境安静，牛反刍时不能受到惊扰，否则会立刻停止反刍。

（四）排泄

一般情况下，每天牛排尿 9 ~ 11 次，排粪 1 220 次，早晨排粪次数最多，排尿和排粪时，平均举尾时间分别为 21s 和 36s。成年牛每天粪尿的排泄量 31 ~ 36kg。牛排泄的次数和排泄量因采食饲料的种类和数量、环境温度及个体有差异，排泄的随意性大，对于散放的舍饲牛，在运动场上有向一处排泄的倾向，排泄的粪便大量堆积于某处。牛对粪便不在意，常行走或躺卧于粪便上，舍饲中，管理上应注意清除粪便。

第二节　牛常用饲料的加工调制

一、牛常用饲料的特性

牛常用的饲料种类很多，特性各异。按照生产上的习惯和牛的利用特性，常归结为粗饲料、矿物质饲料、维生素饲料和非蛋白氮饲料等。

（一）主要粗饲料的特性

粗饲料是粗纤维含量高（超过 20%）、体积大、营养价值较低的一类饲料。主要包括秸秆、秕壳和干草等。

1. 玉米秸

玉米秸营养价值是禾本科秸秆中最高的。刚收获的玉米秸，营养价值较高，但随着贮存期的加长，营养物质损失加大。一般玉米秸粗蛋白质含量为5%～5.8%，粗纤维含量为25%左右，牛对其消化率为65%左右，钙少磷多。为了保存玉米秸的营养含量，最好的办法是收获果穗后立即青贮。目前已培育出收获果穗后玉米秸全株保存绿色的新品种，很适合制作青贮饲料。

2. 麦秸

包括小麦秸、大麦秸、燕麦秸等。其中燕麦秸营养价值最好，大麦秸次之，小麦秸最差（春小麦比冬小麦好），但小麦秸数量较多。总体来看，麦秸粗纤维含量高，消化率低，适口性差，是质量较差的饲料。这类饲料喂牛时应经氨化或碱化等适当处理，否则，对牛没有多大营养价值。

3. 稻草

稻草是我国南方地区主要的粗饲料来源，营养价值低于玉米秸而高于小麦秸。稻草中粗蛋白质含量为2.6%～3.6%，粗纤维含量为21%～30%；钙多磷少，但总体含量很低。牛对其消化率为50%。经氨化和碱化后可显著提高粗蛋白质含量和消化率。

4. 秕壳

农作物籽实脱壳后的副产品。营养价值除稻壳和花生壳外，略高于同一作物秸秆。其中豆荚含粗蛋白质5%～10%，含无氮浸出物42%～50%，含粗纤维33%～40%，饲用价值较高，适于喂牛。谷类皮壳营养价值低于豆荚。棉籽壳含粗蛋白质4.0%～4.3%，含粗纤维41%～50%，含无氮浸出物34%～43%，虽含有棉酚，但对育肥牛影响不大，喂时搭配其他青绿块根饲料效果较好。

5. 豆秸

指豆科秸秆。普遍质地坚硬，木质素含量高，但与禾本科秸秆相比，粗蛋白质含量较高。在豆科秸秆中，花生藤营养价值最高，其次是豌豆秸，大豆秸最差。由于豆秸质地坚硬，消化率低，应粉碎后饲喂，以便被牛较好利用。

6. 豆科牧草

豆科牧草种类比禾本科少，所含粗蛋白质和矿物质比禾本科草高。干物质中粗蛋白质可达20%以上，可溶性碳水化合物低于禾本科牧草。主要有苜蓿、三叶草、花生藤、紫云英、毛苕子、沙打旺等。其中苜蓿有"牧草之王"的美称，产量高，适口性好，营养价值很高，富含多种氨基酸齐全的优质蛋白质，丰富的维生素和钙等。

有些豆科牧草多含有皂素，在牛瘤胃中能产生大量泡沫，易使牛发生瘤胃膨胀，所以喂量不能太多，最好先喂一些干草或秸秆，再喂苜蓿等豆科饲料。

7. 禾本科牧草

禾本科牧草种类很多，包括天然草地牧草与人工栽培牧草，最常用的是羊草、鸡脚草、无芒雀麦、披碱草、象草、苏丹草等。禾本科牧草除青刈外，还可制成青干草和青贮饲料，作为各类牛常年的基本饲料。

（二）主要精饲料的特性

精饲料一般指体积小、纤维成分含量低（干物质中粗纤维含量低于18%）、可消化养分含量高，用于补充牛基本饲料中能量和蛋白质不足的一类饲料。主要有禾谷类籽实（玉米、高粱、大麦等）、豆类籽实、饼粕类（大豆饼粕、棉籽饼粕、菜籽饼粕等）、糠麸类（小麦麸、米糠等）、草籽树实类、淀粉质的块根、块茎类（薯类、甜菜）、工业副产品（玉米淀粉渣、玉米胚芽渣、啤酒糟粕、豆腐渣等）、酵母类等饲料原料和多种饲料原料按一定比例配制的精料补充料。精饲料可消化营养物质含量高，体积小，粗纤维含量少，是饲喂肉牛的主要能量饲料和蛋白质饲料。

1. 禾本科籽实饲料

（1）营养特点。谷实类饲料干物质中以无氮浸出物（主要是淀粉）为主，占干物质的70%～80%；粗纤维含量低，在6%以下；粗蛋白质含量在10%左右，蛋白质品质不高。因此，禾谷类籽实的生物学价值低，为50%～70%；脂肪含量少，为2%～5%，大部分在胚种和种皮内，主要是不饱和脂肪酸。钙的含量少，有机磷含量多，主要以磷酸盐形式存在，均不易被吸收。含有丰富的维生素 B_1 和维生素 E，但禾谷类籽实中缺乏维生素 D；除黄玉米外，均缺乏胡萝卜素。禾谷类籽实的适口性好，易消化，易保存。

（2）几种主要的禾本科籽实饲料。

①玉米。玉米被称为"饲料之王"，是牛最主要的能量饲料。有效能值高，产奶净能 8.66MJ/kg，肉牛综合净能 8.06 MJ/kg；亚油酸较高，玉米含有2%的亚油酸，在谷实类饲料中含量最高；蛋白质含量低，低于10%，且品质差，氨基酸组成不平衡，缺乏赖氨酸和色氨酸等必需氨基酸；矿物质约80%存在于胚部，钙非常少，只有0.02%，磷约含0.25%；脂溶性维生素中维生素E较多，约为 20 mg/kg，几乎不含维生素 D 和维生素 K，黄玉米中含有较高的胡萝卜素。

②大麦。大麦的蛋白质含量（9%～13%）高于玉米，氨基酸中除亮氨酸及蛋氨酸外均比玉米多，但利用率比玉米差。产奶净能 8.2 MJ/kg，肉牛综合净能 7.19 MJ/kg；大麦赖氨酸含量（0.40%）接近玉米的2倍；纤维含量（6%）高，为玉米的2倍左右；富含B族维生素，包括维生素 B_1、维生

素 B_2、维生素 B_6 和泛酸，烟酸含量较高，但利用率较低，只有 10%，脂溶性维生素 A、维生素 D、维生素 K 含量低，少量的维生素 E 存在于大麦的胚芽中。

大麦是牛的优良精饲料，供肉牛育肥时应用，与玉米营养价值相当。大麦粉碎太细易引起瘤胃臌胀，宜粗粉碎，或用水浸泡数小时或压片后饲喂可起到预防作用。此外，大麦进行压片、蒸汽处理可改善适口性和育肥效果，微波以及碱处理可提高消化率。

③高粱。营养价值稍低于玉米。高粱粗蛋白质含量略高于玉米，为 9%～11%，但同样品质不佳，缺乏赖氨酸（0.21%～0.22%）和色氨酸，蛋白质不易消化，高粱所含脂肪（2.8%～3.4%）低于玉米，脂肪酸组成中饱和脂肪酸比玉米稍多一些，所以脂肪的熔点高；高粱淀粉含量与玉米相近，但消化率较低，使其有效能值低于玉米，产奶净能 7.74 MJ/kg，肉牛综合净能 6.98 MJ/kg。因含单宁，适口性差，喂牛易引起便秘，一般用量不超过日粮的 20%，与玉米配合使用可使效果增强。

④燕麦。燕麦产奶净能 7.66 MJ/kg，肉牛综合净能 6.96 MJ/kg。燕麦蛋白质含量在 11.6% 左右，其品质较差，氨基酸组成不平衡，赖氨酸含量低。

燕麦是牛很好的能量饲料，其适口性好，饲用价值较高。燕麦的营养价值在所有谷实类中是最低的，仅为玉米的 75%～80%，但莜麦的饲喂价值与玉米相当。饲用前磨碎和粗粉碎即可饲喂。对奶牛的饲喂效果最好，对肉牛因含壳多，育肥效果比玉米差，在精料中可用到 50%，饲喂效果为玉米的 85%。

2. 豆科籽实饲料

（1）营养特点。豆类籽实包括大豆、豌豆、蚕豆等。粗蛋白质含量高，占干物质的 20%～40%，为禾谷类籽实的 1～3 倍，且品质好。精氨酸、赖氨酸、蛋氨酸等必需氨基酸的含量均多于谷类籽实。脂肪含量除大豆、花生含量高外，其他均只有 2% 左右，略低于谷类籽实。钙、磷含量较禾谷类籽实稍多，但钙磷比例不恰当，钙多磷少，胡萝卜素缺乏，无氮浸出物含量为 30%～50%，纤维素易消化。总营养价值与禾谷类籽实相似，可消化蛋白质较多，是牛重要的蛋白质饲料。

（2）主要的豆科籽实饲料。

①大豆。大豆蛋白质含量高，氨基酸组成良好，主要表现在植物蛋白质中最缺的限制因子之一的赖氨酸含量较高，但含硫氨基酸不足。大豆脂肪含量高，不饱和脂肪酸较多，亚油酸和亚麻酸可占 55%。因属不饱和脂肪酸，故易氧化，应注意温度、湿度等贮存条件。产奶净能 9.29MJ/kg，肉牛综合净能为 8.25MJ/kg。生大豆含有一些有害物质或抗营养成分，如胰蛋白酶抑制因

子、血细胞凝集素、脲酶、致甲状腺肿物质、赖丙氨酸、植酸、抗维生素因子、大豆抗原、皂苷、雌激素、胀气因子等，它们影响饲料的适口性、消化性与牛的一些生理过程。但是这些有害成分中除了后3种较为耐热外，其他均不耐热，经湿热加工可使其丧失活性。生大豆喂牛可导致腹泻和生产性能的下降，会降低维生素A的利用率，造成牛乳中维生素A含量剧减。

②豌豆。又称麦豌豆、毕豆、寒豆、准豆、麦豆。豌豆可分为干豌豆、青豌豆和食荚豌豆。干豌豆籽粒粗蛋白质含量20%～24%，介于谷实类和大豆之间；含有丰富的赖氨酸，而其他必需氨基酸含量都较低，特别是含硫氨基酸与色氨酸。能值虽比不上大豆，但也与大麦和稻谷相似。矿物质含量约2.5%，是优质的钾、铁和磷的来源，但钙含量较低。干豌豆富含维生素 B_1、维生素 B_2 和尼克酸，胡萝卜素含量比大豆多，与玉米近似，缺乏维生素D。豌豆中含有微量的胰蛋白酶抑制因子、外源植物凝集素、致胃肠胀气因子、单宁、皂角苷、色氨酸抑制剂等抗营养因子，不宜生喂。国外广泛地用其作为蛋白质补充料。但是目前我国豌豆的价格较贵，很少作为饲料。一般奶牛精料可用20%以下，肉牛12%以下。

3. 饼粕类饲料

（1）营养特点。饼粕类饲料是富含油的籽实经加工榨取植物油的加工副产品，蛋白质的含量较高（30%～45%），是蛋白质饲料的主体。适口性较好，能量也高，品质优良，是牛瘤胃中微生物蛋白质氮的前身物。牛可利用瘤胃中的微生物将饲料中的非蛋白氮合成菌体蛋白，所以在牛的一般日粮中蛋白质的需求量不大。

（2）主要饼粕类饲料

①大豆饼粕。大豆饼粕是我国最常用的主要植物性蛋白质饲料。大豆饼粕含蛋白质较高，达40%～45%，必需氨基酸的组成比例也比较好，尤其赖氨酸含量是饼粕类饲料中最高者，高达2.5%～3%，蛋氨酸含量较少，仅含0.5%～0.7%。

豆类饲料中含有胰蛋白酶抑制因子，大豆饼粕生喂时适口性差，消化率低，饲后有腹泻现象，胰蛋白酶抑制因子在110℃下加热3min即可去除。

大豆饼粕是所有饼类中最为优越的原料，且适口性好，饲喂肉牛、奶牛都具有良好的生产效果。在高产奶牛和肉牛日粮中，大豆饼粕可占精料的20%～30%，低产奶牛的用量可低于15%。

②棉籽饼粕。棉籽饼粕是提取棉籽油后的副产品，一般含有32%～37%的粗蛋白质，赖氨酸和蛋氨酸含量均较低，分别为1.48%和0.54%，精氨酸含量高，达3.6%～3.8%。在牛饲粮中使用棉籽饼粕，要与含精氨酸少的饲料配伍，可与菜籽饼粕搭配使用。

棉籽饼粕在瘤胃内降解速度较慢，是奶牛和肉牛良好的蛋白质饲料来源，奶牛日粮中适量使用还可提高乳脂率。但由于棉籽饼粕中含有一种有毒物质——棉酚，对动物健康有害，虽然瘤胃微生物可以降解棉酚，使其毒性降低，但也应控制日粮中棉籽饼粕的比例。在母牛干奶期和种公牛日粮中，不要使用棉籽饼粕；犊牛日粮中可少量添加；成年母牛日粮中，棉籽饼粕的添加量一般不超过20%，或日喂量不超过1.4～1.8kg；在架子牛育肥日粮中，棉籽饼粕可占精料的60%，作为主要的蛋白质饲料，长期用棉籽饼粕喂牛时，需对棉籽饼粕进行脱毒处理。

③菜籽饼粕。油菜为十字花科植物，籽实含粗蛋白质20%左右，榨油后籽实中油脂减少，粗蛋白质相对增加到30%以上，代谢能较低。菜籽饼中含赖氨酸1%～1.8%。蛋氨酸0.4%～0.8%，含硒量是常用植物饲料中的最高者，磷利用率较高。菜籽饼粕在瘤胃中的降解速度低于豆粕，过瘤胃蛋白质较多。

菜籽饼粕的适口性差，消化率较低，且含有芥子甙或称硫甙，各种芥子苷在不同条件下水解，会生成异硫氰酸酯，对动物有害。由于瘤胃微生物可以分解部分芥子苷，因此芥子苷对牛的毒性较弱，但饲喂量较大时，也可能会造成中毒，在日粮中菜籽饼粕用量不宜过多。奶牛日粮中菜籽饼粕用量在15%以下，或日喂量1～1.5kg，产奶量和乳胀率均正常，青年母牛日粮中也可少量使用菜籽饼粕，犊牛和怀孕母牛最好不喂。经去毒处理后可保证饲喂安全。

④花生仁饼粕。花生仁饼粕是一种良好的植物性蛋白质饲料，含粗蛋白质40%～49%，代谢能超过大豆饼粕，是饼粕类饲料中可利用能量水平最高者，但赖氨酸和蛋氨酸含量不足，分别为1.5%～2.1%和0.4%～0.7%。花生饼适口性好，有香味，奶牛和肉牛都喜欢采食，可用于犊牛的开食料，对于奶牛也有催乳和促生产作用，但饲喂量过多，可引起牛下泻。花生饼的瘤胃降解率可达85%以上，因此不适合作为唯一的蛋白质饲料原料。

花生仁饼粕很易染上黄曲霉菌，当含水量在9%以上、温度30℃左右、相对湿度为80%时，黄曲霉即可繁殖。如果牛采食大量有黄曲霉的花生仁饼粕，就可能会引起中毒。因此花生仁饼粕应新鲜使用，不要久贮。对于感染黄曲霉的花生仁饼粕，可以用氨处理法进行脱毒处理后使用。

⑤葵花饼粕。葵花饼粕的饲用价值取决于脱壳程度。我国葵花饼粕的粗蛋白质含量较低，一般在28%～32%，可利用能量较低，赖氨酸含量不足（低于大豆饼粕、花生饼粕和棉仁饼粕），为1.1%～1.2%，蛋氨酸含量较高，为0.6%～0.7%。

脱壳的优质葵花饼粕代谢能含量较高，饲用价值与大豆饼粕相当。牛采食葵花饼粕后，瘤胃内容物的酸度下降，它通常可作为牛的优质蛋白质饲料来源，牛日粮中葵花饼粕可以用到20%以上。

⑥亚麻饼粕。亚麻又称为胡麻，在我国东北和西北栽培较多。其种子榨油的副产品亚麻籽饼或亚麻籽粕，其粗蛋白质含量为32%～36%，赖氨酸和蛋氨酸含量分别为1.1%和0.47%。因赖氨酸含量不足，所以亚麻籽饼粕应与其他含赖氨酸较高的蛋白质饲料混合饲喂。

亚麻籽饼粕有促进胃、肠蠕动和改善被毛的功能，对提高奶牛产奶量和肉牛育肥也有一定的效果，犊牛、奶牛和肉牛饲粮中均可使用，但亚麻籽饼粕中含有生氰糖苷，可引起氢氰酸中毒；另外还含有对动物有害的亚麻籽胶和维生素 B_6 抑制因子，所以，亚麻籽饼粕在日粮中的用量应控制在10%以下。

4.糠麸类饲料

（1）麦麸。数量最多的是小麦麸，其营养价值因出粉率高低而变化。一般含产奶净能6.53MJ/kg，肉牛综合净能5.86MJ/kg；粗蛋白质14.4%；粗纤维含量较高。质地蓬松，适口性好，具有轻泻作用。母牛产后日粮加入麸皮，可调养消化机能。大麦麸在能量、粗蛋白质和粗纤维上均优于小麦麸。

（2）米糠。米糠为去壳稻粒制成精米时分离出的副产品。米糠的有效营养变化较大，随含壳量的增加而降低。米糠脂肪含量高，易在微生物及酶的作用下发生酸败，引起牛的腹泻。一般米糠含产奶净能8.2MJ/kg，肉牛综合净能7.22MJ/kg；粗蛋白质12.1%。

（三）主要矿物质和维生素饲料的特性

1.矿物质饲料

矿物质饲料系指为牛补充钙、磷、氯、钠等元素的一些营养素比较单一的饲料。牛需要矿物质的种类较多，但在一般饲养条件下，需要量很小。但如果缺乏或不平衡则会影响奶牛的产奶量和肉牛的正常生长育肥，甚至可导致营养代谢病以及胎儿发育不良、繁殖障碍等疾病的发生。

（1）食盐。食盐的主要成分是氯化钠。大多数植物性饲料含钾多而少钠。因此，以植物饲料为主的牛必须补充钠盐，常以食盐补给。可以满足牛对钠和氯的需要，同时可以平衡钾、钠比例，维持细胞活动的正常生理功能。在缺碘地区，可以加碘盐补给。

（2）含钙的矿物质饲料。常用的有石粉、贝壳粉、蛋壳粉等，其主要成分为碳酸钙。这类饲料来源广、价格低。石粉是最廉价的钙源，含钙38%左右。在牛产犊后，为了防止钙不足，也可以添加乳酸钙。

（3）含磷的矿物质饲料。单纯含磷的矿物质饲料并不多，且因其价格昂贵，一般不单独使用。这类饲料有磷酸二氢钠、磷酸氢二钠、磷酸等。

（4）含钙、磷的饲料。常用的有骨粉、磷酸钙、磷酸氢钙等，它们既含钙又含磷，消化利用率相对较高，且价格适中。故在牛日粮中出现钙和磷同时不足的情况下，多以这类饲料补给。

（5）微量元素矿物质饲料。通常分为常量元素和微量元素两大类。常量元素系指在动物体内的含量占到体重的 0.01% 以上的元素，包括钙、磷、钠、氯、钾、镁、硫等；微量元素系指含量占动物体重 0.01% 以下的元素，包括钴、铜、碘、铁、锰、钼、硒和锌等。在饲养实践中，通常常量元素可自行配制，而微量元素需要量微小，且种类较多，需要一定的比例配合以及特定机械搅拌，因而建议通过市售商品预混料的形式提供。

2. 维生素饲料

维生素饲料系指人工合成的各种维生素。作为饲料添加剂的维生素主要有：维生素 D_3、维生素 A、维生素 E、维生素 K_3、硫胺素、核黄素、吡哆醇、维生素 B_{12}、氯化胆碱、尼克酸、泛酸钙、叶酸、生物素等。维生素饲料应随用随买，随配随用，不宜与氯化胆碱以及微量元素等混合贮存，也不宜长期贮存。

（四）主要非蛋白氮饲料的特性

反刍动物可以利用非蛋白氮作为合成蛋白质的原料。一般常用的非蛋白氮饲料包括尿素、磷酸脲、双缩脲、铵盐、糊化淀粉尿素等。由于瘤胃微生物可利用氨合成蛋白，因此，饲料中可以添加一定量的非蛋白氮，但数量和使用方法需要严格控制。

目前利用最广泛的是尿素。尿素含氮 47%，是碳、氮与氢化合而成的简单非蛋白质氮化物。尿素中的氨折合成粗蛋白质含量为 288%，尿素的全部氮如果都被合成蛋白质，则 1kg 尿素相当于 7kg 豆饼的蛋白质当量。但真正能够被微生物利用的比例不超过 1/3，由于尿素有咸味和苦味，直接混入精料中喂牛，牛开始有一个不适应的过程，加之尿素在瘤胃中的分解速度快于合成速度，就会有大量尿素分解成氨进入血液，导致中毒。因此，利用尿素替代蛋白质饲料喂牛，要有一个由少到多的适应阶段，还必须是在日粮中蛋白质含量不足 10% 时方可加入，且用量不得超过日粮干物质的 1%，成年牛以每头每日不超过 200g 为限。日粮中应含有一定比例的高能量饲料，充分搅匀，以保证瘤胃内微生物的正常繁殖和发酵。

饲喂含尿素日粮时必须注意：尿素的最高添加量不能超过干物质采食量的 1%，而且必须逐步增加；尿素必须与其他精料一起混合均匀后饲喂，不得单独饲喂或溶解到水中饮用；尿素只能用于 6 月龄以上、瘤胃发育完全的牛；饲喂尿素只有在日粮瘤胃可降解蛋白质含量不足时才有效，不得与含脲酶高的大豆饼（粕）一起使用。

为防止尿素中毒，近年来开发出的糊化淀粉尿素、磷酸脲、双缩脲等缓释尿素产品，其使用效果优于尿素，可以根据日粮蛋白质平衡情况适量应用。另外，近年来氨化技术得到广泛普及，用 3% ～ 5% 的氨处理秸秆，氮素的消化利用率可提高 20%，秸秆干物质的消化利用率提高 10% ～ 17%。牛对秸秆的进食量，氨化处理后与未处理秸秆相比，可增加 10% ～ 20%。

二、牛饲料的加工调制与贮藏

（一）牛精饲料及其加工调制

1. 清理

在饲料原料中，蛋白质饲料、矿物性饲料及微量元素等添加剂的杂质清理均在原料生产中完成，液体原料常在卸料或加料的管路中设置过滤器进行清理。需要清理的主要是谷物饲料及其加工副产品等，主要清除其中的石块、泥土、麻袋片、绳头、金属等杂物。有些副料由于在加工、搬运、装载过程中可能混入杂物，必要时也需清理。清除这些杂物主要采取的措施：利用饲料原料与杂质尺寸的差异，用筛选法分离；利用导磁性的不同，用磁选法磁选；利用悬浮速度不同，用吸风除尘法除尘。有时采用单项措施，有时采用综合措施。

2. 粉碎

饲料粉碎是影响饲料质量、产量、电耗和成本的重要因素。粉碎机动力配备占总配套功率的 1/3 或更多。常用的粉碎方法有击碎（爪式粉碎机、锤片粉碎机）、磨碎（钢磨、石磨）、压碎、锯切碎（对辊式粉碎机、辊式碎饼机）。各种粉碎方法在实际粉碎过程中很少单独应用，往往是几种粉碎方法联合作用。粉碎过程中要控制粉碎粒度及其均匀性。

3. 配料

配料是按照饲料配方的要求，采用特定的配料装置，对多种不同品种的饲用原料进行准确称量的过程。配料工序是饲料工厂生产过程的关键性环节。配料装置的核心设备是配料秤。配料秤性能的好坏直接影响着配料质量的优劣。配料秤应具有较好的适应性，不但能适应多品种、多配比的变化，而且能够适应环境及工艺形式的不同要求，具有很高的抗干扰性能。配料装置按其工作原理可分为重量式和容积式，按其工作过程又可分为连续式和分批式。配料精度的高低直接影响到饲料产品中各组分的含量，对牛的生产影响极大。其控制要点是：选派责任心强的专职人员把关，每次配料要有记录，严格操作规程，搞好交接班；配料秤要定期校验；每次换料时，要对配料设备进行认真清洗，防止交叉污染；加强对微量添加剂、预混料的管理，要明确标记，单独存放。

4. 混合

混合是在生产配合饲料中，将配合后的各种物料混合均匀的一道关键工序，它是确保配合饲料质量和提高饲料效果的主要环节。同时在饲料工厂中，混合机的生产效率决定工厂的规模。饲料中的各种组分混合不均匀，将显著影响肉牛生长发育，轻者降低饲养效果，重者造成死亡。

常用混合设备有卧式混合机、立式混合机和锥形混合机。为保证最佳混合效果，应选择适合的混合机，如卧式螺带混合机使用较多，生产效率较高，卸料速度快。锥形行星混合机虽然价格较高，但设备性能好，物料残留量少，混合均匀度高，较适用于预混合；进料时先把配比量大的组分大部分投入机内后，再将少量或微量组分置于易分散处；定时检查混合均匀度和最佳混合时间；防止交叉污染，当更换配方时，必须对混合机彻底清洗；应尽量减少混合成品的输送距离，防止饲料分级。

5. 制粒

随着饲料工业和现代养殖业的发展，颗粒饲料所占的比重逐步提高。颗粒饲料主要是由配合粉料等经压制成颗粒状的饲料。颗粒饲料虽然要求的生产工艺条件较高，设备较昂贵，成本有所增加，但颗粒配合饲料营养全面，免于动物挑食，能掩盖不良气味，减少调味剂用量，在贮运和饲喂过程中可保持均一性，经济效益显著，故得到广泛采用和发展。颗粒形状均匀，表面光泽，硬度适宜，颗粒直径断奶犊牛为 8 mm，超过 4 个月的肉牛为 10 mm，颗粒长度是直径的 1.5 ～ 2.5 倍为宜；含水率 9% ～ 14%，南方在 12.5% 以下，以便贮存；颗粒密度（比重）将影响压粒机的生产率、能耗、硬度等，硬颗粒密度以 1.2 ～ 1.3g/cm^3，强度以 0.8 ～ 1.0kg/cm^2 为宜；粒化系数要求不低于 97%。

6. 贮存

精饲料一般应贮存于料仓中。料仓应建在高燥、通风、排水良好的地方，具有防淋、防火、防潮、防鼠雀的条件。不同的饲料原料可袋装堆垛，垛与垛之间应留有风道，以利于通风。饲料也可散放于料仓中，用于散放的料仓，其墙角应为圆弧形，以便于取料，不同种类的饲料用隔墙隔开。料仓应通风良好，或内设通风换气装置。以金属密封仓最好，可把氧化、鼠和雀害降到最低；防潮性好，避免大气湿度变化造成反潮；消毒、杀虫效果好。

贮存饲料前，先把料房打扫干净，关闭料仓所有窗户、门、风道等，用磷化氢或溴甲烷熏蒸料仓后，即可存放。

精饲料贮存期间的受损程度，由含水量、温度、湿度、微生物、虫害、鼠害等储存条件而定。

（1）含水量。不同精料原料贮存时对含水量要求不同，水分大会使饲料霉菌、仓虫等繁殖。常温下含水量15%以上时，易长霉，最适宜仓虫活动的含水量为13.5%以上；各种害虫，都随含水量增加而加速繁殖。

（2）温度和湿度。温度和湿度直接影响饲料含水量，从而影响贮存期长短。另外，温度高低还会影响霉菌生长繁殖。在适宜湿度下，温度低于10℃时，霉菌生长缓慢；高于30℃时，则将造成相当危害。

（3）虫害和鼠害。在28～38℃时最适宜害虫生长，低于17℃时，其繁殖受到影响，因此饲料贮存前，仓库内壁、夹缝及死角应彻底清除，并在30℃左右熏蒸磷化氢，使虫卵和老鼠均被毒死。

（4）霉害。霉菌生长的适宜温度为5～35℃，尤其在20～30℃时生长最旺盛。防止饲料霉变的根本办法是降低饲料含水量或隔绝氧气，必须使含水量降到13%以下，以免发霉。如米糠由于脂肪含量高达17%～18%，脂肪中的解脂酶可分解米糠中的脂肪，使其氧化酸败；同时，米糠结构疏松，导热不良，吸湿性强，易招致虫螨和霉菌繁殖而发热、结块甚至霉变，因此米糠只宜短期存放。存放时间较长时，可将新鲜米糠烘炒至90℃，维持15min，降温后存放。麸皮与米糠一样不宜长期贮存，刚出机的麸皮温度很高，一般在30℃以上，应降至室温再贮存。

（二）干草的调制

人工栽培牧草及饲料作物、野青草在适宜时期收割加工调制成干草，降低水分含量，减少营养物质的损失，有利于长期贮存，便于随时取用，可作为肉牛冬春季节的优质饲料。

1. 干草的收割

青饲料要适时收割，兼顾产草量和营养价值。收割时间过早，营养价值虽高，但产量会降低，而收割过晚会使营养价值降低。所以，适时收割牧草是调制优质干草的关键。一般禾本科牧草及作物，如黑麦草、苇状羊茅、大麦等，应在抽穗期至开花期收割；豆科牧草，如紫花苜蓿、三叶草、红豆草等，在开花初期到盛花期；另外收割时还要避开阴雨天气，避免晒制时被雨淋使营养物质大量损失。

2. 干草的调制

适当的干燥方法，可防止青饲料过度发热和长霉，最大限度地保存干草的叶片、青绿色泽、芳香气味、营养价值以及适口性，保证干草安全贮藏。要根据本地条件采取适当的方法，生产优质的干草。

（1）平铺与小堆晒制结合。青草收割后采用薄层平铺曝晒4～5h使草中的水分由85%左右减到约40%，细胞呼吸作用迅速停止，减少营养损失。水分从40%减到17%非常慢，为避免长久日晒或遇到雨淋造成营养损失，可堆成高1m、直径1.5m的小垛，晾晒4～5d，待水分降到15%～17%时，再堆于草棚内以大垛贮存。一般晴日上午把草割倒，就地晾晒，夜间回潮，次日上午无露水时搂成小堆，可减少丢叶损失。在南方多雨地区，可建简易干草棚，在棚内进行小堆晒制。棚顶四周可用立柱支撑，建于通风良好的地方，进行最后的阴干。

（2）压裂草茎干燥法。用牧草压扁机把牧草茎秆压裂，破坏茎的角质层膜和表皮及微管束，让它充分暴露在空气中，加快茎内的水分散失，可使茎秆的干燥速度和叶片基本一致。一般在良好的空气条件下，干燥时间可缩短1/2 ～ 1/3。此法适合于豆科牧草和杂草类干草调制。

（3）草架阴干法。在多雨地区收割苜蓿时，用地面干燥法调制不易成功，可以采用木架或铁丝架晾晒，其中干燥效果最好的是铁丝架干燥，其取材容易，能充分利用太阳热和风，在晴天经 10d 左右即可获得水分含量为12% ～ 14%的优质干草。据报道，用铁丝架调制的干草，比地面自然干燥的营养物质损失减少 17%，消化率提高 2%。由于色绿、味香，适口性好，肉牛采食量显著提高。铁丝架的用材主要为立柱和铁丝。立柱由角钢、水泥柱或木柱制成，直径为 10 ～ 20cm，长 180 ～ 200cm。每隔 2m 立一根，埋深40 ～ 50cm，成直线排列（列柱），要埋得直，埋得牢，以防倒伏。从地面算起，每隔 40 ～ 45cm 拉一横线，分为 3 层。最下一层距地面留出 40 ～ 45cm的间隔，以利于通风。用塑料绳将铁丝绑在立柱或横杆上，以防挂草后沉重坠落。每两根立柱加拉一条对称的跨线，以防被风刮倒。大面积牧草地可在中央立柱，小面积或细长的地可在地边立柱。立柱要牢固，铁丝要拉紧和绑紧，以防松弛和倾倒。

（4）人工干燥法。

①常温鼓风干燥法。收割后的牧草田间晾到含水 50% 左右时，放到设有通风道的草棚内，用鼓风机或电风扇等吹风装置，进行常温吹风干燥。先将草堆成 1.5 ～ 2 m 高，经过 3 ～ 4d 干燥后，再堆高 1.5 ～ 2m，可继续堆高，总高不超过 4.5 ～ 5m。一般每立方萆每小时鼓入 300 ～ 350m³ 空气。这种方法在干草收获时期，白天、早晨和晚间的相对湿度低于 75%，温度高于 15℃时可以使用。

②高温快速干燥法。将牧草切碎，放到牧草烘干机内，通过高温空气，使牧草快速干燥。干燥时间取决于烘干机的种类、型号及工作状态，从几小时到几十分钟，甚至几秒钟，使牧草含水量从 80% 左右迅速降到 15% 以下。有的烘干机入口温度为 75 ～ 260℃，出口为 25 ～ 160℃；有的入口温度为420 ～ 1 160℃，出口为 60 ～ 260℃。虽然烘干机内温度很高，但牧草本身的温度很少超过 30 ～ 35℃。这种方法牧草养分损失少。

3. 干草的贮藏与包装

（1）干草的贮藏。调制好的干草如果没有垛好或含水量高，会导致发霉、腐烂。堆垛前要正确判断含水量。

现场常用拧扭法和刮擦法来判断，即手持一束干草进行拧扭，如草茎轻微发脆，扭弯部位不见水分，可安全贮存；或用手指甲在草茎外刮擦，如能将其表皮剥下，表示晒制尚不充分，不能贮藏，如剥不下表皮，则表示可将干草堆垛。干草安全贮存的含水量，散放为 25%，打捆为 20% ~ 22%，铡碎为 18% ~ 20%，干草块为 16% ~ 17%。含水量高不能贮存，否则会发热霉烂，造成营养损失，随时可能引起自燃，甚至发生火灾。

干草贮藏有露天堆垛、草棚堆垛和压捆等方法，贮藏时应注意以下几点。

①防止垛顶塌陷漏雨，干草堆垛后 2 ~ 3 周，易发生塌顶现象，要经常检查，及时修整。一般可采用草帘呈屋脊状封顶、小型圆形垛可采用尖顶封顶、麦秸泥封顶、农膜封顶和草棚等形式。

②防止垛基受潮，要选择地势高燥的场所堆垛，垛底应尽量避免与泥土接触，要用木头、树枝、石头等垫起铺平并高出地面 40 ~ 50cm，垛底四周要挖排水沟。

③防止干草过度发酵与自燃，含水量在 17% ~ 18% 以上时由于植物体内酶及外部微生物的活动常引起发酵，使温度上升至 40 ~ 50℃。适度发酵可使草垛坚实，产生特有的香味，但过度发酵会使干草品质下降，应将干草水分含量控制在 20% 以下。发酵产热温度上升到 80℃ 左右时接触新鲜空气即可引起自燃。此现象在贮藏 30 ~ 40d 时最易发生。若发现垛温达到 65℃ 以上时，应立即采取相应措施，如拆垛、吹风降温等。

④减少胡萝卜素的损失，垛外层的干草因受阳光的照射，胡萝卜素含量最低，中间及底层的干草，因挤压紧实，氧化作用较弱，胡萝卜素的损失较少。贮藏青干草时，应尽量压实，集中堆大垛，并加强垛顶的覆盖。

⑤准备消防设施，注意防火。堆垛时要根据草垛大小，将草垛间隔一定距离，防止失火后全军覆没，为防不测，提前应准备好防火设施。

（2）干草的包装。有草捆、草垛、干草块和干草颗粒等 4 种包装形式。

①草捆。常规为方形、长方形。目前我国的羊草多为长方形草捆，每捆约重 50kg。也有圆形草捆，如在草地上大规模贮备草时多为大圆形草捆，其直径可达 1.5 ~ 2m。

②草垛。草垛是将长草吹入拖车内并以液压机械顶紧压制而成。呈长方形，每垛重 1 ~ 6t。适于在草场上就地贮存。由于体积过大，不便运输。这种草垛受风吹日晒雨淋的面积较大，若结构不紧密，可造成雨雪渗漏。

③干草块。干草块是最理想的包装形式。可实行干草饲喂自动化，减少

干草养分损失，消除尘土污染，采食完全，无剩草，不浪费，有利于提高牛的进食量、增重和饲料转化效率，但成本高。

④干草颗粒。干草颗粒是将干草粉碎后压制而成。优点是体积小于其他任何一种包装形式，便于运输和贮存，可防止牛挑食和剩草，消除尘土污染。

另外，也有采用大型草捆包塑料薄膜来贮存干草。

（三）青贮饲料的加工调制

青贮饲料是指在密闭厌氧的青贮设施（窖、壕、塔、袋等）中，利用微生物的发酵作用，长期保存青绿多汁饲料的一种简单、可靠而又经济、实用的加工调制方法。调制好的青贮饲料能有效保存原料中的蛋白质和维生素等营养成分，特别是胡萝卜素含量，而且气味芳香酸甜，质地柔软多汁，颜色黄绿，适口性好，消化率高。青贮饲料调制方法简单，加工、贮藏过程中不受风吹、雨淋、日晒等天气因素的影响，也不会发生自燃等，且保存时间长，取用方便。冬春牛青绿饲料缺乏，把夏、秋多余的青绿饲料加工调制成青贮饲料长期保存起来，有利于全年青绿多汁饲料的均衡供应。

1. 青贮原理与发酵过程

（1）青贮原理。常规青贮的原理是在密闭的青贮窖内，将切碎的青饲料、青绿作物秸秆等原料进行机械压榨，附着在原料上的好气性微生物和各种酶，利用流出汁液中富含的碳水化合物作为养分进行厌氧发酵，将饲料中大量的糖转变为乳酸，增加饲料酸度，当酸度达到一定程度，pH 值降到低于 $3.5 \sim 4.2$ 时，即可杀灭或抑制霉菌、腐败菌等有害杂菌的活动，即利用有益微生物控制有害微生物，利用乳酸菌在厌氧条件下发酵，把糖转变成乳酸作为一种防腐剂，从而达到完好保存青绿饲料、供肉牛长期饲用的目的。

（2）青贮发酵过程。青贮发酵是一个复杂的微生物消长演变活动和生物化学反应过程，可分为以下 3 个阶段。

①第一阶段：植物呼吸阶段。青贮原料在刈割、切短、压榨、萎蔫失水，待含水量至 $60\% \sim 70\%$ 后入窖、压实、封严后，进入封贮初期。此时，植物原料细胞借助汁液中的营养（主要是可溶性糖）进行有氧呼吸，消耗氧气和可溶性糖，生成二氧化碳、水，同时释放热量，一般 $1 \sim 3d$。如果原料没有压实，空气残留太多，有氧呼吸过快，可溶性糖损失过多，产热过多，则会影响乳酸菌发酵，不利于青贮。

②第二阶段：微生物作用阶段。微生物消长演变活动和生物化学反应过程基本在此阶段完成。

刚刈割的青贮饲料原料中，带有多种细菌、霉菌等微生物，其中以腐败菌最多，但乳酸菌很少。最初的几天，好气性微生物如腐败细菌、霉菌等活动最为强烈，消耗氧气，破坏蛋白质，形成大量吲哚、少量醋酸；随着氧气的不断消耗，好气性微生物活动很快变得越来越弱直至停止，而厌气性乳酸菌迅速繁殖并产生大量乳酸，使pH值下降，抑制或杀灭腐败细菌、酪酸菌等的活动。一般青贮在发酵5～7d时，微生物总数达到最高峰，且其组成以乳酸菌为主。青贮发酵完成一般需17～21d，这时青贮饲料中除含有少量乳酸菌外，尚存在少量耐酸的酵母菌和形成芽孢的细菌。

青贮发酵过程中的生物化学变化主要是青饲饲料中易溶性碳水化合物全部转化成乳酸、醋酸以及醇类，其中主要为乳酸。碳水化合物转化成乳酸的过程，是非氧化分解过程，不生成二氧化碳，所以能量损失很少。乳酸含量与pH值及青贮时间的长短有密切关系。

青贮饲料中的醋酸，是由酒精通过微生物的作用生成，其形成比乳酸早。当酸度高时，醋酸呈游离状态，酸度低时，醋酸与盐基结合成醋酸盐。在青贮温度达30～40℃、pH值4.2以上时，适于酪酸菌繁殖；低温时，不形成酪酸。

青贮饲料中蛋白质的变化与pH值的高低有密切关系。当pH值小于4.2时，因植物细胞酶的作用，部分蛋白质分解成氨基酸，且较稳定，并不造成损失；当pH值大于4.2时，由于腐败菌的活动，氨基酸进而分解成氨、硫化氢和胺类等，使蛋白质受损。

③第三阶段：微生物停止活动阶段。青贮窖内各种微生物停止活动，青贮饲料进入稳定阶段，营养物质不再损失，青贮原料可长期保存。一般情况下，糖分含量较高的原料如玉米、高粱等在青贮后20～30d就可以进入稳定阶段（豆科牧草需3个月以上），如果密封条件良好，这种稳定状态可持续数年。

2. 青贮的条件

要调制出高品质的青贮饲料，必须具备4个条件。

（1）厌氧环境。乳酸菌是厌气性菌，而腐败菌等有害微生物大多是好气性菌。如果青贮原料中含有较多空气时，乳酸菌就不能很好地繁殖，而腐败菌等有害微生物会活跃起来，尽管青贮原料有充足的糖分、适宜的水分，青贮仍会变质。因此，要给乳酸菌创造有利的厌氧生存环境，青贮原料装填时必须尽量压实，排除空气，顶部封严，防止透气，以促进乳酸菌快速繁殖，同时抑制好气性腐败菌的生长繁殖。

（2）一定量的可溶性糖。青贮饲料原料中应含有一定量的可溶性糖，以提供乳酸菌营养，促进乳酸菌的快速繁殖，并产生大量乳酸，能提高整个原料的酸度，从而抑制有害微生物的生长繁殖；反之，青贮原料中糖分含量不足，乳酸菌发酵不充分，乳酸产生的量少，厌气性的酪酸菌等有害微生物得不到应有的抑制就会活跃起来而大量增殖，青贮饲料品质下降。因此，保持青贮原料中一定量的可溶性糖分，对乳酸的快速形成直至青贮的质量有直接关系。

在一般情况下，青贮原料的可溶性糖的含量不应低于鲜重的1%。正常情况下，饲料作物如玉米、高粱、甘薯、栽培和野生禾本科牧草等可溶性糖的含量都会高于1%；而豆科牧草中的苜蓿、沙打旺等，蛋白含量高，但可溶性糖含量较少，调制青贮饲料时要尽量与饲料作物搭配混贮或直接调制成半干牧草再青贮。

（3）适当的水分。当青贮原料含水量调整到68%～75%时，最适宜乳酸菌的生长繁殖。水分含量过高，可溶性糖和原料汁液因压紧压实导致流失，发酵后形成的乳酸浓度达不到抑制腐败菌生长繁殖的浓度，青贮饲料容易腐烂变质；水分含量不足，青贮原料难以压实，内部空气不能被尽可能地排出，窖内温度升高，乳酸菌不能充分繁殖，植物细胞呼吸、某些好氧微生物活动持续时间延长，容易产生霉菌而腐烂变质。因此，调制青贮饲料时，如果原料中的含水量过高，应先进行晾晒，或掺拌部分干物质；原料中的含水量过低，则应喷水或混贮含水量大的原料，以确保原料中适当的水分含量，提供乳酸菌最适宜的生长环境。

（4）适宜的温度。最理想的青贮饲料成熟温度在25～30℃，超出此温度范围过高或过低，都会影响乳酸菌的生长繁殖，进而影响青贮饲料的质量。但在通常情况下，只要青贮原料的含水量适宜、厌气条件好，青贮窖中的温度一般都能保持在正常范围，无须另外采取温度调控等措施。

如果青贮所需条件控制不严，则可能生产出不良的青贮饲料，甚至全部霉变腐烂。例如，即使厌气条件已经形成，如果青贮原料中糖分不足，乳酸菌发酵不充分，乳酸产生的数量不足，厌气性的酪酸菌就可乘机兴起并可能大量增殖，转到以酪酸发酵为主的过程。此间青贮饲料中酪酸含量最多，醋酸次之，pH值较高，青贮饲料质量下降。

3. 不同种类青贮饲料的调制技术

（1）青贮窖青贮饲料的调制

①青贮窖的修建。目前常用的青贮窖有两种构造，即地下式和半地下式。

在地下水位较低、土质较好的地区可修建地下式青贮窖，而地下水位较高或土质较差的地区则宜修建半地下式青贮窖。无论是地下式，还是半地下式青贮窖，其容量大小要根据饲养牛的数量、饲喂时间的长短以及青贮原料的种类、切碎程度等情况而定。全年以喂青贮饲料为主的奶牛场，每头成年牛需窖容13～20m³，体格较小的奶牛以成年奶牛的1/2来估算青贮窖的容量，大型奶牛场至少应有2个以上的青贮窖。

②青贮原料的适期收割。调制优质青贮饲料首先要有优质的青贮原料。

适期收割青贮原料，不但可以保证单位面积上获得营养物质含量最高、产量最大，而且能确保水分和可溶性糖含量适当，有利于乳酸发酵，易于制成优质青贮饲料。

全株玉米青贮应在乳熟后期至蜡熟前期，即干物质含量为 30% ～ 35% 时收割最好；而半干青贮在蜡熟期收割；玉米秸青贮适宜在果穗成熟收获、玉米秸茎叶仅有下部 1 ～ 2 片叶枯黄时尽快收割；玉米成熟时可削尖青贮，但削尖时果穗上部要保留一个叶片；大部分豆科牧草（如红三叶、箭舌豌豆、紫花苜蓿、草木樨）在现蕾后期至初花期，禾本科牧草在孕穗至抽穗早期收割。

③青贮原料处理。收割后的原料要随割随运输，条件允许时，使用玉米青贮收割机，随割随切随运输。

一般青贮饲料在粉碎后，如手握 1min 成团，松手即散，此时的含水量基本在 68% ～ 75%，符合青贮的含水量要求。如手握不能成团，说明含水量过低，此时可以混贮含水量较高的原料，每隔 20 ～ 40cm 分层添加适量鲜糟渣类饲料，如鲜苹果渣、鲜啤酒糟、鲜淀粉渣及蔬菜加工下脚料等，也可添加水草、浮萍、水葫芦等含水量高的水生植物；还可以向青贮原料中均匀喷水，或在每吨原料使用葡萄糖 1kg 或尿素 0.5kg，喷洒葡萄糖水或尿素水。如手握成团，松手不散且留有汁液，说明原料含水量过高，青贮前应先将原料进行晾晒，除去过多的水分后再粉碎装填；也可掺拌部分干物质，如糠麸、干草、晒干的糟渣类饲料等进行混贮。

④装填与压实。贮料应随时切短，长度在 19 ～ 20 mm，随时装贮，边装窖、边压实。每装到 30 ～ 50cm 厚时就要压实一次。

⑤密封。贮料装填完后，应立即严密封埋。一般应将原料装至高出窖面 30cm 左右，用塑料薄膜盖严后，再用土覆盖 30 ～ 50cm，最后盖一层遮雨布。

⑥管护。贮窖贮好封严后，在四周约 1 m 处挖沟排水，以防雨水渗入。多雨地区，应在青贮窖上面搭棚，随时注意检查，发现窖顶有裂缝时，应及时覆土压实。

（2）袋装青贮饲料的调制

①备青贮袋。选用厚度在 0.08 ～ 0.12 mm（8 ～ 12 丝）以上、宽 100cm 的双幅袋形塑料膜，裁成长 150cm 的段，一端用封口机封口，做成规格为长 150cm、宽 100cm 圆筒形袋子，外边套上等大的纤维编织袋，以防装填青贮原料时被划破或撑破。一般每袋可装禾本科牧草青贮原料 90 ～ 95kg，装豆科牧草 100kg。

②装填。将切短的青贮原料逐层装入塑料口袋，层层用脚踩实或用手压实，但不要踩破或划破塑料口袋。装满压实后，将袋内的空气用手挤压排出

袋外，用绳扎紧袋口密封。

③堆放。袋装青贮饲料随装袋、随踏实压紧、随密封、随运输，并码垛堆放在肉牛舍内、草棚内或单独的院子内，用砖块压实，避免直接放在阳光下，以防塑料袋老化碎裂，并注意防鼠、防冻。

（3）裹包青贮饲料的调制。用于经济价值较高的牧草，如苜蓿的青贮。新鲜的牧草用牧草收割机收割并随时压制成大圆草捆，裹包机包膜，形成草捆，码垛存放，便可制成优质的青贮饲料。

（4）青贮塔青贮饲料的调制。青贮塔，即为地上的圆塔或圆筒形建筑，金属外壳，水泥预制件作衬里。可实现机械化装料与卸料，经久耐用，青贮效果好。青贮塔一般塔高 12 ～ 14 m，直径 3.5 ～ 6 m。在塔身一侧，每隔 2 m 高开一个 0.6 m×0.6 m 的窗口，装时关闭，取空时敞开。

（四）秸秆饲料的加工调制

农作物秸秆经过加工调制后，都可用来喂牛。常用的加工调制方法有物理加工、化学处理和生物学处理 3 种。

1. 物理加工

（1）机械加工。利用机械将粗饲料铡短、粉碎或揉搓，这是利用粗饲料最简便、常用的方法。尤其是秸秆饲料比较粗硬，加工后便于咀嚼，减少能耗，提高采食量，并减少饲喂过程中的饲料浪费。

①铡短。利用铡草机将粗饲料切短成 1 ～ 2cm，稻草较柔软，可稍长些，而玉米秸较粗硬且有结节，以 1cm 左右为宜。玉米秸青贮时，应使用铡草机切碎，以便踩实。

②粉碎。粗饲料粉碎可提高饲料利用率，便于与精饲料混拌。冬春季节饲喂牛的粗饲料应加以粉碎。粉碎的细度不应太细，以便反刍。粉碎机筛底孔径以 8 ～ 10 mm 为宜。

③揉搓。揉搓机械是近年来推出的新产品，为适应反刍家畜对粗饲料利用的特点，可将秸秆饲料揉搓成丝条状，揉碎的玉米秸可饲喂牛、羊、骆驼等反刍家畜。秸秆揉碎不仅提高适口性，也提高饲料利用率，是当前利用秸秆饲料比较理想的加工方法。

（2）盐化。盐化是指铡碎或粉碎的秸秆饲料，用1%的食盐水与等重量的秸秆充分搅拌后，放入容器内或在水泥地面上堆放，用塑料薄膜覆盖，放置 12 ～ 24h，使其自然软化，可明显提高适口性和采食量。

2. 化学处理

利用酸碱等化学物质对秸秆饲料进行处理，降解纤维素和木质素中部分营养物质，以提高其饲用价值。在生产中广泛应用的有碱化、氨化和酸处理。

（1）碱化。碱类物质能使饲料纤维内部的氢键结合变弱，使纤维素分子膨胀，也使细胞壁中纤维素与木质素间的联系削弱，从而溶解半纤维素，有利于反刍动物对饲料的消化，提高粗饲料的消化率。碱化处理所用原料，主要是氢氧化钠和石灰水。

①氢氧化钠处理。将粉碎的秸秆放在盛有1.5%氢氧化钠溶液池内浸泡24h，然后用水反复冲洗，晾干后喂反刍家畜，可提高有机物的消化率，但此法用水量大，许多有机物被冲掉，且污染环境。也可以用占秸秆重量4%～5%的氢氧化钠，配制成30%～40%的溶液，喷洒在粉碎的秸秆上，堆积数日，不经冲洗直接喂用，可提高有机物消化率12%～20%。这种方法虽有改进，但牲畜采食后粪便中含有相当数量的钠离子，对土壤和环境有一定的污染。

②石灰水处理。生石灰加水后生成的氢氧化钙，是一种弱碱溶液，经充分熟化和沉淀后，用上层的澄清液（即石灰乳）处理秸秆。具体方法是：每100kg秸秆，需3kg生石灰，加水200～250kg，将石灰乳均匀喷洒在粉碎的秸秆上，堆放在水泥地面上，经1～2d后即可直接饲喂牲畜。这种方法成本低，方法简便，效果明显。

（2）氨化。秸秆饲料蛋白质含量低，经氨化处理后，粗蛋白质含量可大幅度地提高，纤维素含量降低10%，有机物消化率提高20%以上，是牛、羊反刍家畜良好的粗饲料。利用尿素、碳酸氢铵作氨源。靠近化工厂的地方，氨水价格便宜，也可作为氨源使用。氨化饲料制作方法简便，饲料营养价值提高显著。

①氨化池氨化法。选择向阳、背风、地势较高、土质坚硬、地下水位低，而且便于制作、饲喂、管理的地方建氨化池。池的形状可为长方形或圆形。池的大小根据氨化秸秆的数量而定，而氨化秸秆的数量又决定于饲养家畜的种类和数量。一般每立方米池（窖）可装切碎的风干秸秆100kg左右。1头体重200kg的牛，年需氨化秸秆1.5～2t。挖好池后，用砖或石头铺底，砌垒四壁，水泥抹面。将秸秆粉碎或切成1.5～2cm的小段。将秸秆重量3%～5%的尿素用温水配成溶液，温水用量多少视秸秆的含水量而定，一般秸秆的含水量为12%左右，而秸秆氨化时应使秸秆的含水量保持在40%左右，所以温水的用量一般为每100kg秸秆用水30kg左右。将配好的尿素溶液均匀地喷洒在秸秆上，边喷洒边搅拌，或者装一层秸秆均匀喷洒1次尿素水溶液，边装边踩实。装满池后，用塑料薄膜盖好池口，四周用土覆盖密封。

②窖贮氨化法。选择地势较高、干燥、土质坚硬、地下水位低、距畜舍近、贮取方便、便于管理的地方挖窖，窖的大小根据贮量而定。窖可挖成地下或半地下式，土窖、水泥窖均可。但窖必须不漏气、不漏水，土窖壁一定要修整光滑，若用土窖，可用0.08～0.2mm厚的农用塑料薄膜平整铺在窖底

和四壁，或者在原料入窖前在底部铺一层 10～20cm 厚的秸秆或干草，以防潮湿，窖周围紧密排放一层玉米秸，以防窖壁上的土进入饲料内。将秸秆切成 1.2～2cm 的小段。配制尿素水溶液（方法同上）。秸秆边装窖，边喷洒尿素水溶液，喷洒尿素溶液要均匀。原料装满窖后，在原料上盖一层 5～20cm 厚的秸秆或碎草，上面覆土 20～30cm 并踩实。封窖时，原料要高出地面 50～60cm，以防雨水渗入。并经常检查，如发现裂缝要及时补好。

③塑料袋氨化法。塑料袋大小以方便使用为好，塑料袋一般长度为 2.5m，宽 1.5m，最好用双层塑料袋。把切断秸秆用配制好的尿素水溶液（方法同上）均匀喷洒，装满塑料袋后，封严袋口，放在向阳干燥处。存放期间，应经常检查，若嗅到袋口处有氨味，应重新扎紧，发现塑料袋破损，要及时用胶带封住。

（3）氨－碱复合处理。为了使秸秆饲料既能提高营养成分含量，又能提高饲料的消化率，把氨化与碱化二者的优点结合利用。即秸秆饲料氨化后再进行碱化。如稻草氨化处理的消化率仅 55%，而复合处理后则达到 71.2%。当然复合处理投入成本较高，但能够充分发挥秸秆饲料的经济效益和生产潜力。

3. 生物学处理

秸秆的生物学处理方法主要是进行秸秆微贮，是利用现代生物技术筛选培育出的微生物菌剂，经清水浸透并活化后，洒在铡短的作物秸秆上，在厌氧的条件下，经微生物生长繁殖形成具有酸香味、草食家畜喜爱的饲料。此法与碱化法、氨化法相比，具有污染少、效率高、营养全面等特点。

（1）秸秆微贮原理。微贮饲料中，由于加入高活性的微生物菌剂，使饲料中能分解纤维素的菌数大幅增加，发酵菌在适宜的厌氧环境下，分解大量的纤维素和木质素，并转化为糖类，糖类又经有机酸发酵转化为乳酸、醋酸和丙酸等，使 pH 值降到 4.5～5，加速微贮秸秆饲料的生物化学作用，抑制有害菌（如丁酸菌、腐败菌）的繁殖。

（2）微贮操作方法。

①微贮设备。制作微贮饲料大多利用微贮窖进行。微贮窖的建造，目前一般选用土窖微贮法。此法是选择地势高，土质硬，向阳干燥，排水容易，地下水位低，离畜舍近，取用方便的地方，根据贮量挖一长方形窖，家庭养肉牛、肉羊的养殖户一般选用长 3.5m、宽 1.2m、高 2m 的窖为宜。

②制作过程。微贮剂菌种的活化与稀释：根据微贮原料的种类和数量，计算所需微贮剂菌种的数量。以某品牌微贮剂菌种为例，处理干秸秆如麦秸、稻草、玉米秸等 1 000kg，或处理青秸秆 3 000kg，需要该品牌的微贮剂菌种 15g。将所需要的微贮剂菌种 15g 倒入 10kg 的能量饲料（如玉米面、稻谷粉、麦粉、薯干粉、高粱粉等）中，搅拌均匀，备用。

在青玉米秸的微贮处理中，有条件的，可以在每吨青玉米秸中加入 5kg 的尿素，可以提高青贮饲料的蛋白含量 2.3% 以上。添加尿素的方法：微贮开始前，首先把尿素配成 25%（即 100kg 水中，加入 25kg 尿素）的溶液，存放在一定的容器中，然后在微贮时，一边粉碎玉米秸，一边用微型喷雾器将尿素液喷洒在玉米秸表面上。喷洒量是：每吨青贮玉米秸喷洒 25% 的尿素液 20kg。一边喷洒，一边装窖，喷洒要均匀。食盐和发酵剂的添加也可以在这个过程中进行。

青玉米秸的微生物青贮中，把握好原料的含水量是发酵成败的关键，原料含水量以 60% ~ 70% 为好，一般刚割下来的青绿的玉米秸，含水量较高，要晾晒 2 ~ 5h 后，再用于发酵处理，青玉米秸青贮，一般是为了把青玉米秸中的营养完好地保存下来，留到冬天喂牲畜。

秸秆切短：养牛羊要切短到 2cm 以内。这样才易于压实和提高微贮窖的利用率，同时发酵品质也更稳定，质量更好。做出来的微贮饲料，不仅营养价值高，对牛羊适口性好，并会吃得一干二净。

入窖：微贮秸秆的含水量是否合适是决定微贮饲料好坏的重要条件之一，因此要装填时首先要检查秸秆的含水量是否合适。含水量的检查方法是：抓起秸秆样品，用双手拧扭，若无水滴，松开手后看到手上水分较明显则最为理想。在窖底和周围铺一层塑料布，而后开始铺放 20 ~ 30cm 厚的短秸秆，再将配制好的菌液洒在秸秆上，用脚踏实，踩得越实越好，尤其是注意窖的边缘和四角，同时洒上秸秆量 5‰ 的玉米粉，或大麦粉或麸皮，也可在窖外把各种原料搅拌均匀后再入窖踩实。而后再铺上 20 ~ 30cm 厚的秸秆，如此重复上述的喷洒菌液、踩实、撒玉米等过程，反复多次后，直到高出窖顶 30 ~ 40cm 为止，再封口。

分层压实的目的是排出秸秆中和空隙中的空气，给发酵造成一个厌氧的有利条件。如果窖内当天未装满，可先盖上塑料布，第二天装窖时继续装。

封窖：装完后，再充分压实，在最上面一层均匀洒上食盐粉，压实后再盖上塑料布。上面食盐的用量为每平方米加撒 250g，其目的是确保微贮饲料上部不发生霉烂变质。盖上塑料布后，再在上面盖上 20 ~ 30cm 厚的干秸秆，覆土 15 ~ 20cm，密封，以保证微贮窖内的厌氧环境。

管理：秸秆微贮后，窖池内的微贮饲料会慢慢地下沉，应及时加盖土，使之高出地面，并在距窖四周约 1m 处挖好排水沟，以防雨水渗透。以后应经常检查，窖顶有裂缝时，应及时覆土压实，防止漏气漏雨。

（3）微贮饲料的品质鉴定与饲喂。

①品质鉴定。当发酵完成后和饲喂前要对微贮饲料的品质进行鉴定，主要包括感官指标、质地、pH 值和卫生指标。

感观指标：主要包括色泽和气味。优质微贮的色泽接近微贮原料的本色，呈金黄色或黄绿色则为良好的微贮饲料；如果成黄褐色、黑绿色或褐色则为质量较差、差或劣质品。微贮饲料具有醇香或果香味，并具有弱酸味，气味柔和，为品质优良。若酸味较强，略刺鼻、稍有酒味和香味的品质为中等。若酸味刺鼻，或带有腐臭味、发霉味，手抓后长时间仍有臭味，不易用水洗掉，为劣等，不能饲喂。

质地：品质好的微贮饲料在窖里压得坚实紧密，但拿到手中比较松散、柔软湿润，无黏滑感，品质略低的微贮料结块，发黏；有的虽然松散，但质地粗硬、干燥，属于品质不良的饲料。

pH 值：正常的微贮饲料用 pH 试纸测试时，pH 值 4.2 以下为上等，pH 值 4.3 ～ 5.5 为中等，pH 值 5.5 ～ 6.2 为下等，pH 值 6.3 以上为劣质品。

卫生指标：应符合 GB 10378 和其他有关卫生标准规定。

②微贮饲料的饲喂。微贮饲料以饲喂草食家畜为主，可以作为牛日粮中的主要粗饲料。饲喂时可以与其他草料搭配。饲喂微贮饲料，开始时有的牛不喜食，应有一个适应过程，可与其他饲草料混合搭配饲喂，要由少到多，循序渐进，逐渐加量，习惯后再定量饲喂，每天饲喂 15 ～ 20kg。要保持微贮饲料和饲槽的清洁卫生，采食剩下的微贮饲料要清理干净，防止污染，否则会影响牛的食欲或导致疾病。冬季应防止微贮饲料冻结，已冻结的微贮饲料应融化后再饲喂，否则会引起疝痛或使孕牛流产。微贮饲料喂奶牛最好在挤奶后饲喂，切忌在挤奶区存放微贮饲料，以免影响鲜奶质量。

第三节　牛的营养与日粮配合

一、肉牛的营养需要

（一）能量的需要

1. 能量来源

能量来源于饲料中的碳水化合物、脂肪和蛋白质，但主要是碳水化合物。碳水化合物包括粗纤维和无氮浸出物。它在瘤胃微生物的作用下，分解产生挥发性脂肪酸（主要是乙酸、丙酸、丁酸）、二氧化碳、甲烷等。这些挥发性脂肪酸被胃壁吸收，便成为牛能量的主要来源。

2. 肉牛能量单位

我国肉牛饲养标准将肉牛综合净能值以肉牛能量单位表示，并以 1kg 中等玉米所含的综合净能值 8.08MJ 作为一个肉牛能量单位（RND）。

肉牛能量单位（RND）＝肉牛综合净能值（NEmf）/8.08。

3. 维持净能需要

肉牛在全舍饲条件下，维持净能需要为322kJ/kgW$^{0.75}$，即 NEm（kJ）=322 W$^{0.75}$。当气温低于12℃时，每降低1℃，维持能量需要增加1%。

4. 生长育肥牛的能量需要

生长育肥牛的综合净能需要为：

NEmf（kJ）={322 W$^{0.75}$ +[（2092+25.1 W）×ΔW÷（1-0.3 ΔW）]}×F

式中，W 为体重，ΔW 为日增重，F 为校正系数。

5. 妊娠母牛的能量需要

妊娠母牛每千克胎增重的维持净能需要为：

NEm（kJ）=0.19769t-11.76122

式中，t 为妊娠天数。

6. 哺乳的能量需要

哺乳的净能需要为每千克4%乳脂率的标准乳3 138kJ。

（二）粗蛋白质的需要

牛的瘤胃微生物利用饲料中的含氮物质合成蛋白质满足肉牛需要，饲料提供足够数量的蛋白质来满足、维持生长发育、妊娠及泌乳需要。蛋白质不足，会使牛消瘦、衰弱，甚至死亡；蛋白质过多，则造成浪费，还会有损于健康。

1. 生长育肥牛的粗蛋白质需要

维持需要的粗蛋白质为 5.5g/kgW$^{0.75}$

生长育肥牛的粗蛋白质需要为：

粗蛋白（g）=5.5gW$^{0.75}$+ΔW（168.07-0.168 69W+0.000 163 3W^2）×（1.12-0.123 3ΔW）÷0.34

2. 繁殖母牛的粗蛋白质需要

妊娠后期，母牛的维持粗蛋白质需要为 4.6g/kgW$^{0.75}$；妊娠第6～9个月时，在维持基础上分别增加77g、145g、255g 和403g 粗蛋白质。哺乳的粗蛋白质需要按每千克4%乳脂率的标准乳需要粗蛋白质85g 计。

（三）矿物质元素的需要

1. 常量元素

肉牛所需的常量元素有：钙（Ca）、磷（P）、钾（K）、钠（Na）、氯（CI）、硫（S）、镁（Mg），以毫克计。

（1）钙、磷：是牛体含量最多的矿物质。钙不足，牛会发生软骨病、佝偻病。磷缺乏，牛会出现异食癖，同时也会使繁殖力、产量下降，生产不正常，增重缓慢等。但如果钙、磷过多，会影响其他矿物质吸收，也会带来危害。当两者的比例不当时，会造成体内代谢失调，危害更大。因此，在日粮配合中，钙、磷不仅要满足需要，而且要比例适当。一般钙和磷的比例以（1.5～2）:1为宜，有利于两者的吸收利用。

（2）钠和氯：钠和氯一般用食盐补充，根据牛对钠的需要量占日粮干物质的0.06%～0.10%计算，日粮含食盐0.15%～0.25%即可满足钠和氯的需要。植物饲料含钠、氯很少，含钾多，以喂植物性饲料为主的牛，常感钠、氯不足，因此需经常供应食盐。食盐补充量一般按牛日粮干物质的0.5%～1.0%或按混合料的2%～3%供给。

（3）钾：生长牛、育肥牛对钾的需要量为日粮干物质的0.6%～1.5%，青粗饲料含有充足的钾，但不少精饲料的含钾量较低。日粮中钾含量降低将会影响牛的采食量。

（4）镁：肉牛对镁的需要量为日粮干物质的0.4%，过高将影响牛的采食量及引起腹泻。

（5）硫：硫是蛋氨酸、胱氨酸、半胱氨酸以及B族维生素的重要组成成分。硫缺乏可导致瘤胃微生物合成氨基酸和蛋白质的过程受到影响，并出现肉牛生长速度下降。肉牛对硫元素的需要量为日粮干物质的0.5%，可通过饲喂硫酸钠等含硫化合物补充肉牛所需。

2. 微量元素

肉牛所需微量元素主要有：铁（Fe）、铜（Cu）、钴（Co）、锌（Zn）、锰（Mn）、碘（I）等。微量元素由于需要量有限，可直接从饲料中摄取。如果部分地区缺乏某一微量元素，可因地制宜，对症补给。一般情况下，在犊牛培育期，为了促进它们的生长发育，每天补喂适当的矿物质添加剂是完全必要的。下面重点介绍锰、钴、硒和碘的应用，锰是多种金属镁的组成成分与活化剂，对肉牛生长、繁殖及血液形成有重要影响。缺乏会导致母牛发情不规则，排卵停滞等。肉牛日粮中锰的添加量为20～50mg/kg，常用的原料为硫酸锰。钴是肉牛瘤胃微生物合成维生素B_2的重要原料。钴的缺乏症主要表现为维生素B_{12}的缺乏，比如，食欲减退，极度消瘦；出现贫血症状，皮肤与黏膜苍白等。肉牛日粮中钴的添加量非常少，仅为0.07～0.11mg/kg，常用的原料为氯化钴。硒为肉牛维持生长和生育力所必需。缺硒会导致肉牛生产力低下，母牛繁殖率低下，以及母牛产后胎盘滞留。肉牛日粮中硒的添加量也非常少仅为0.05～0.3mg/kg，并且需要量与中毒量间的差距较窄，极易发生硒中毒，故添加时需谨慎。常用的原料为亚硒酸钠。碘是甲状腺的主要组成部分。缺碘会导致甲状腺分泌受限制，使基础代谢率下降，公牛精液质量变劣，犊牛生长缓慢等。肉牛日粮中碘的添加量为0.2～2mg/kg，常用的原料为碘化钾。

（四）维生素的需要

维生素是维持家畜正常生理机能所必需的营养物质，它对牛的健康、生长和生殖都有重要作用。饲料中缺乏维生素，会引起代谢紊乱，严重则导致死亡。由于牛瘤胃内的微生物能合成 B 族维生素和维生素 K，维生素 C 可在体组织内合成，维生素 D 可通过采食经晾晒的优质青干草而获得，因此对牛来说主要补充维生素 A。

维生素 A 又称抗干眼维生素、生长维生素，它能促进机体细胞增殖和生长，保护呼吸系统、消化系统和生殖系统上皮组织结构的完整和健康，维持正常的视力。同时，维生素 A 还参与性激素的形成，对提高繁殖力有着重要作用。缺乏维生素 A，会妨碍犊牛的生长，使牛出现夜盲症，公牛生殖力下降，母牛不孕或流产。

植物性饲料虽不含有维生素 A，但在青绿饲料中却含有丰富的胡萝卜素，而且绿色越浓，胡萝卜素含量越多。豆科植物比禾本科的维生素 A 含量高，幼嫩茎叶比老茎叶高，叶部比茎部高。牛吃到的胡萝卜素，可在小肠和肝脏内经胡萝卜素酶的作用而转化为维生素 A。所以，只要满足青绿饲料的供应，就可得到足够的维生素 A。冬春季节只用秸秆等喂牛，或大量喂甜菜渣的牛，往往缺乏维生素 A，必须在日粮中补喂青绿饲料或补喂含维生素 A 的添加剂。

肉牛对维生素 D 的需要量为每千克饲料干物质 275 单位。犊牛、生长牛和成年母牛每 100kg 体重需要 660 单位维生素 D。可通过饲喂维生素 D 来补充需要。但在生产中由于维生素 D 购买价格较贵，往往通过让牛多运动并接受阳光照射就能达到补充维生素 D 的效果。

维生素 E 在肉牛体内主要起抗氧化作用。缺乏可导致生长缓慢，肌肉萎缩或发生白肌病等。每头肉牛每天需要维生素 E 300 ～ 1 000 单位。可通过饲喂含维生素 E 的日粮来满足需要。

（五）水的需要

水是牛体内各种器官、组织的重要组成部分。水虽不含营养要素，但却是生命和一切生理活动的基础。经测定，牛体含水量占体重的 55% ～ 65%，新生犊牛体重的 70% 多是水，牛肉含水量约为 64%，牛奶含水量为 86%。体内一切活动都需水来调节。饮水不足可导致肉牛采食量显著下降，生长明显受阻等，缺水会引起代谢紊乱，消化吸收发生障碍，血液循环受阻，体温上升，导致发病。所以，水分应作为一种营养物质加以供给。

肉牛需要的水量为 26 ～ 66L，母牛每产 1L 奶需 3L 水，每采食 1 千克干物质需 3 ～ 5L 水。肉牛每天饮水 2 ～ 3 次，夏天要增加饮水次数。

二、牛的日粮配合技术

（一）牛日粮配合的原则

1. 营养性

饲料配合的理论基础是动物营养原理，饲养标准则概括了动物营养学的基本内容，列出了正常条件下动物对各种营养物质的需要量，为制作配合饲料提供了科学依据。

2. 安全性

制作配合饲料所用的原料，包括添加剂在内，必须安全当先，慎重从事。对其品质、等级等必须经过检测方能使用。发霉变质等不符合规定的原料一律不要使用。对某些含有毒有害物质的原料应经脱毒处理或限量使用。

3. 实用性

制作饲料配方，要使配合日粮组成适应牛的消化生理等特点，同时要考虑牛的采食量和适口性。保持适宜的日粮营养物质浓度，既不能使牛吃不饱，也不能使牛吃不了，否则会造成营养不良或营养过剩。

4. 经济性

制作饲料配方必须保证较高的经济效益，以获得较高的市场竞争力。为此，应因地制宜，充分开发和利用当地饲料资源，选用营养价值较高、价格较低的饲料，尽量降低饲料的成本。

（二）日粮配方设计方法

青粗饲料、青贮饲料及精料补充料是奶牛的营养来源，而青粗饲料、青贮饲料的供应因不同地区、不同季节和不同生产用途而异。因此，在牛的生产中，要经常根据青粗饲料、青贮饲料的供应情况进行计算，并调整精料补充料的喂量。现举例说明奶牛日粮配方设计过程。

例：体重600kg、第2胎、日产奶30kg、乳脂率3.5%。

首先，从奶牛饲养标准中查出600kg体重牛的维持需要。因为牛处于第2胎，需另加维持需量的10%作为该牛进一步生长之需。然后再查得乳脂率为3.5%时，产1kg奶的养分需要量，计算出该牛的每日营养需要。其次，在选择饲料时，精饲料的选择余地比较大，而粗饲料和饲草往往受多种条件限制，选择余地较小。优先考虑饲草的供应。考虑饲草供应量时，首先要考虑适当的精粗比。粗料过多，养分浓度可能达不到要求，即牛可能无法采食到足够的养分；粗料太少，会出现消化代谢的混乱。在产奶高峰期或在泌乳初期，精粗比可以为50∶50，最高不超过60∶40。假设该牛饲养户制作了青贮玉米饲料，并种有黑麦草，供逐天刈割应用。初步设定每天供应20kg青贮玉米和30kg黑麦草，在营养成分含量表中查得玉米青贮和黑麦草可提供的养分量。每日营养需要量减去牧草养分提供量，就是需要由精饲料来满足其需要的养分量。

从营养中可以看出，需由精饲料供应的养分量为 78.4MJ 泌乳净能和 2 084.1g 粗蛋白质，这些养分的干物质总量为 10.68kg。即每千克干物质应含有泌乳净能不能少于 7.34MJ、蛋白质不能少于 195.1g。假设乳牛场现有菜籽饼、大豆饼、玉米、小麦麸、磷酸氢钙、石粉等可利用饲料，于是查营养成分表可知菜籽饼和大豆饼均能满足需要。但大豆饼太贵，因此首先选菜籽饼。由于菜籽饼含有抗营养因子，考虑到安全和适口性等，其用量应控制在占补饲混合料的 20% 以下，设用 2.0kg（干物质计），则余下 61.8MJ 泌乳净能和 1 294.1g 粗蛋白质需由其他精料供应。这些精料干物质总量为 8.68kg。如果考虑需留 3% 左右作最后平衡钙、磷含量和供应微量元素混合料，则只能考虑用 8.30kg 干物质来完成能量和蛋白质的供应，这就意味着该混合料的能量浓度为 7.45MJ/kg 和粗蛋白质为 15.6%。与这一要求相比，玉米能量有余而蛋白质不足，麦麸蛋白质符合要求但能量不足。只有大豆饼能满足二者需要，但价格昂贵，应尽量少用。因此可以采用三次皮逊四角法来配合这份日粮。

第一步，配合日粮甲，使之蛋白质含量达 15.6%，而能量高于 7.45MJ/kg，即选用玉米和大豆饼组合。其方法是把要配饲料的蛋白质含量写于四方形对角线中间，把玉米和大豆饼蛋白质含量分别写于四方形左边两个角上；然后沿对角线方向把两个数值相减，把差的绝对值记于右边的对角线指的两角上，这两个数值即为同水平方向饲料用量比；最后把它们换算成百分比，并计算出该混合料能量含量为 8.29MJ/kg。

第二步，配合日粮乙，使之蛋白质含量达 15.6%，而能量低于 7.45MJ/kg。选用麦麸和玉米，用上述计算方法可得出玉米为 10%，麦麸为 90%，其能量含量为 6.91MJ/kg。

第三步，由日粮甲和乙配合含能量为 7.45MJ/kg 的饲粮。方法和步骤同上，得到日粮甲为 40%，日粮乙为 60%。该日粮能量为 7.45MJ/kg，蛋白质为 15.6%。

第四步，由各日粮中原料的比例换算回各原料的量，并再次核算它们提供的养分量。

大豆饼 =8.3kg×0.4×0.16=0.53kg（干物质）

玉米 =8.3kg×0.4×0.84+8.3×06×0.1=3.29kg（干物质）

麦麸 =8.3kg×0.6×0.9=4.48kg（干物质）

在主要的能量和蛋白质满足后，余下的钙磷不足就很容易用磷酸氢钙和石粉平衡。认真地配合，可使饲料得到经济合理的利用。

再以体重 500kg、日产奶 20kg、乳脂率 3.5% 的成年母牛为例，其日粮配制方法：根据奶牛饲养标准查出对应奶牛的维持和生产的营养需要。

三、牛的全混合日粮（TMR）

（一）TMR 饲喂牛的优点

TMR 是英文 Total Mixed Rations（全混合日粮）的缩写。TMR 是一种将粗饲料、精饲料、矿物质、维生素和其他添加剂充分混合，能够提供足够的营养以满足牛需要的饲养技术。TMR 饲养技术在配套技术措施和性能优良的 TMR 机械的基础上能够保证牛每采食一口日粮都是精粗比例稳定、营养浓度一致的全价日粮。目前，这种成熟的牛饲喂技术在以色列、美国、意大利、加拿大等国家已经普遍使用，我国正在逐渐推广使用。

与传统饲喂方式相比，TMR 饲喂牛具有以下优点。

1. 可提高奶牛产奶量

研究表明，饲喂 TMR 的奶牛每千克日粮干物质能多产 5% ～ 8% 的奶；即使奶产量达到每年 9t，仍然有 6.9% ～ 10% 奶产量的增长。

2. 增加牛干物质的采食量

TMR 技术将粗饲料切短后再与精料混合，这样物料在物理空间上产生了互补作用，从而增加了牛干物质的采食量。在性能优良的 TMR 机械充分混合的情况下，完全可以排除牛对某一特殊饲料的选择性（挑食），因此有利于最大限度地利用最低成本的饲料配方。同时 TMR 是按日粮中规定的比例完全混合的，减少了偶然发生的微量元素、维生素的缺乏或中毒现象。

3. 提高牛乳质量

粗饲料、精饲料和其他饲料被均匀地混合后，被奶牛统一采食，减少了瘤胃 pH 值波动，从而保持瘤胃 pH 值稳定，为瘤胃微生物创造了一个良好的生存环境，促进微生物的生长、繁殖，提高微生物的活性和蛋白质的合成率。饲料营养的转化率（消化、吸收）提高，奶牛采食次数增加，奶牛消化紊乱减少和乳脂含量显著增加。

4. 降低牛疾病发生率

瘤胃健康是牛健康的保证，使用 TMR 后能预防营养代谢紊乱，减少真胃移位、酮血症、产乳热、酸中毒等营养代谢病的发生。

5. 提高牛繁殖率

泌乳高峰期的奶牛采食高能量浓度的 TMR，可以在保证不降低乳脂率的情况下，维持奶牛健康体况，有利于提高奶牛受胎率及繁殖率。

6. 节省饲料成本

TMR 使牛不能挑食，营养素能够被牛有效利用，与传统饲喂模式相比饲料利用率可增加 4%；TMR 的充分调制还能够掩盖饲料中适口性较差但价格低廉的工业副产品或添加剂的不良影响，为此可以节约饲料成本。

7. 降低管理成本

采用 TMR 饲养管理方式后，饲养工不需要将精料、粗料和其他饲料分道发放，只要将料送到即可；采用 TMR 后管理轻松，降低管理成本。

（二）TMR 饲养技术关键点

管理技术措施是有效使用 TMR 的关键之一，良好的管理能够使牛场获得最大的经济利益。

1. 干物质采食量预测

根据有关公式计算出理论值，结合牛不同胎次、泌乳阶段、体况、乳脂和乳蛋白以及气候等推算出牛的实际采食量。

2. 牛合理分群

对于大型奶牛场，泌乳牛群根据泌乳阶段分为早、中、后期牛群，干奶早期、干奶后期牛群。对处在泌乳早期的奶牛，不管产量高低，都应该以提高干物质采食量为主。在泌乳中期的奶牛中，产奶量相对较高或很瘦的奶牛应归入早期牛。对于小型奶牛场，可以根据产奶量分为高产、低产和干奶牛群。一般泌乳早期和产量高的牛群分为高产牛群，中后期牛分为低产牛群。

3. 牛饲料配方制作

根据牧场实际情况，考虑泌乳阶段、产量、胎次、体况、饲料资源特点等因素合理制作配方。考虑各牛群的大小，每个牛群可以有各自的 TMR，或者制作基础 TMR+ 精料（草料）的方式满足不同牛群的需要。此外，在 TMR 饲养技术中能否对全部日粮进行彻底混合是非常关键的，因此牧场必须具备能够进行彻底混合的饲料搅拌设备。

（三）应用 TMR 注意事项

1.TMR 品质

全混合日粮的质量直接取决于所使用的各饲料组分的质量。对于泌乳量超过 10 000kg 的高产牛群，应使用单独的全混合日粮系统。这样可以简化喂料操作，节省劳力投入，增加奶牛的泌乳潜力。

2. 适口性与采食量

奶牛对 TMR 的干物质采食量。刚开始投喂 TMR 时，不要过高估计奶牛的干物质采食量。过高估计采食量，会使设计的日粮中营养物质浓度低于需要值。可以通过在计算时将采食量比估计值降低 5%，并保持剩料量在 5% 左右来平衡 TMR。

3. 原材料的更换与替代

为了防止消化不适，TMR 的营养物质含量变化不应超过 15%。与泌乳中后期奶牛相比，泌乳早期奶牛使用 TMR 更容易恢复食欲，泌乳量恢复也更快。更换 TMR 泌乳后期的奶牛通常比泌乳早期的奶牛减产更多。

4. 奶牛的科学组群

一个 TMR 组内的奶牛泌乳量差别不应超过 9 ～ 11kg（4% 乳脂）。产奶潜力高的奶牛应保留在高营养的 TMR 组，而潜力低的奶牛应转移至较低营养的 TMR 组。如果根据 TMR 的变动进行重新分群，应一次移走尽可能多的奶牛。白天移群时，应适当增加当天的饲料喂量；夜间转群，应在奶牛活动最低时进行，以减轻刺激。

5. 科学评定奶牛营养需要

饲喂 TMR 还应考虑奶牛的体况得分、年龄及饲养状态。当 TMR 组超过一组时，不能只根据产奶量来分群，还应考虑奶牛的体况得分、年龄及饲养状态。高产奶牛及初产奶牛应延长使用高营养 TMR 的时间，以利于初产牛身体发育和高产牛对身体储备损失的补充。

6. 饲喂次数与剩量分析

TMR 每天饲喂 3 ～ 4 次，有利于增加奶牛干物质采食量。TMR 的适宜供给量应大于奶牛最大采食量。一般应将剩料量控制在 5% ～ 10%，过多过少都不好。没有剩料可能意味着有些牛采食不足，过多则会造成饲料浪费；当剩料过多时，应检查饲料配合是否合理，以及奶牛采食是否正常。

第四章　肉牛的饲养管理

第一节　肉牛饲养管理的现状及存在的问题

一、我国肉牛饲养管理的现状

我国肉牛养殖多年以来以农户分散饲养和育肥为主，随着养殖的发展，5头及以上养殖的比重逐年提高，其中肉牛标准化养殖场的出栏量已占全国牛总出栏量的5%左右。但现有的肉牛标准化养殖场饲养管理水平差异很大，先进的肉牛标准化养殖场已经开始应用最新的饲养管理技术，如全混合日粮、自动饲喂、自动清粪等，但多数养殖场还处于不使用专用肉牛饲料和添加剂预混料，不能保证按时饲喂和供给充足清洁饮水，饲养管理精细化程度还不如普通养牛户的初级阶段。养牛场饲料种类混乱，肉牛品种混杂，大牛、小牛和老牛混群饲养，母牛和公牛不分。其结果是育肥所需时间长，育肥效率低，牛肉质量不高，产品缺乏竞争力，养殖效益低下。

只有极少数大型肉牛标准化养殖场聘有饲养管理经验丰富的专业技术人员指导饲养管理，部分肉牛标准化养殖场聘请当地畜牧或农业等相关部门的退休人员担任技术主管，更多的标准化养牛场都是所有者自行管理。这些从业人员普遍缺乏肉牛科学养殖的经验和技术，依靠传统的养牛经验，或盲目听信一些非专业人员的指导，结果导致饲养不合理，管理不到位。

很多标准化肉牛养殖场在发展肉牛产业的认识上存在误区。有的过度强调节粮，大量使用粗饲料，精料补充料比例过低；有的则盲目大量饲喂精料补充料，造成过高的饲养成本和肉牛亚健康；有的盲目追求高档肉牛育肥，忽视普通优质牛肉才是市场需求的主体。

二、存在的主要问题

（一）不分群或分群不合理

不同的肉牛品种和其杂交后代牛具有各自的生理特点，如夏洛莱牛个体大，生长速度快；利木赞牛体型大，早期生长速度快；而安格斯牛和日本和牛等具有易于沉积脂肪的特点。有的品种耐粗饲，有的品种则需要较高营养。年龄和体重大的牛日增重高，但维持需要和采食量也高。母牛和公牛对饲料的消耗、利用效率和维持需要也不相同。犊牛粗饲料消化能力差，而育成牛和成年牛粗饲料消化利用能力强。在生产中需要根据牛的特点进行有针对性饲养，才能做到投入少、效益高。但目前多数的肉牛标准化养殖场都没有对牛进行分群，或者仅是简单地分群，不少甚至将育肥牛和母牛用相同的方案饲养，造成饲喂相同日粮的同一群牛中有些营养不足，有些却营养过剩，最终生产性能表现出很大的差异。

（二）饲料变更频繁

最近几年随着我国秸秆直接还田比例的提高和运输、人工等成本的大幅增加，作物秸秆类粗饲料的收购日趋困难，价格大幅上涨，目前已普遍达到500元/t，优质牧草干草的价格更高。在这种情况下没有青贮饲料储备的肉牛标准化养殖场很难储备足够的粗饲料，导致普遍存在有什么喂什么的问题。不同批次的饲料原料营养价值差别大。很多肉牛标准化养殖场为了方便经常随意更改精饲料原料和配方，更改后也不设过渡期就直接换为新的日粮。殊不知，肉牛瘤胃内的微生物菌群在饲喂某一固定日粮时是保持相对稳定的，日粮改变后微生物菌群也要发生变化，但这个变化不是立刻就能完成的。饲料的频变容易使瘤胃微生物菌群发生紊乱，导致瘤胃发酵和肠道消化异常，进而引起肉牛生病或饲料利用效率下降。在饲草紧张的情况下，有的养牛场甚至用酒糟或果蔬加工的下脚料完全替代粗饲料，这样很容易造成肉牛干物质和粗纤维采食不足，影响正常的瘤胃功能，生长或育肥效果差。

（三）饲养方法不恰当

许多肉牛标准化养殖场不根据饲养周期的长短和不同生产目的调整确定合理的饲养方法，纠结于到底是采用拴系饲养还是散养好，整个养殖过程中全场机械饲喂采用一种固定的模式。有些肉牛标准化养殖场采用自由采食工艺以为就是要24h饲喂，清槽不及时，甚至不清槽。殊不知，在饲料含水量较高的夏季，喂量控制不当很容易造成饲槽底部的饲料发霉。一些肉牛标准化养殖场采用不清粪的饲养工艺，但未定期加入干草等垫料以保持肉牛活动区域的干燥，导致肉牛的肢蹄长期处于阴暗潮湿的环境中。

（四）饲喂方式不合理

一是机械地照搬青精粗饲料饲喂次序，不根据对于不同生产目的和饲养阶段适当调整饲喂次序。二是不根据粗饲料的变化调整精料补充料配方和喂量，在粗饲料养分差别很大的情况下仍一成不变地使用同一精料补充料。三是在饲喂过程中使用发霉变质的玉米或青贮饲料喂牛的现象比较普遍，表面上好像节约了饲料，但实际上却降低了饲料利用效率，造成浪费，严重的还会引起肉牛中毒。四是饲喂时间不固定，导致肉牛始终不能形成稳定的消化规律，不仅饲料利用效率低下，牛还容易生病。五是没有采取分阶段饲养的饲喂程序，一个配方打天下，造成饲料浪费或增重不理想，养殖效益低下。

（五）管理措施不到位，饮水管理不到位

很多肉牛标准化养殖场肉牛饮水采用地下水，但却不对地下水水质是否符合要求进行定期化验分析，不了解水质是否符合卫生标准；绝大多数肉牛标准化养殖场没有对牛的饮水水温进行合理控制，牛冬季饮冰水、夏季饮高温水的现象十分普遍；饮水时间不固定，高档肉牛育肥无法保障牛全天自由饮水。没有采取有效的夏季降温防暑和冬季防风保暖措施，导致夏季高温季节肉牛采食量大幅下降，饲料消化率降低及生产性能下降，而在冬季维持需要量大幅增加，造成肉牛冬季生长缓慢或饲料成本明显提高。不注意牛体卫生，虽然要求经常刷拭牛体，但很少有养牛场能够坚持对牛体进行刷拭，牛体上长期黏附污物和粪便，寄生虫滋生严重。管理制度缺乏或有制度却缺乏监督执行。防疫措施不切实执行、消毒程序不合理等现象也普遍存在。

第二节　肉牛标准化养殖的措施和方法

一、对肉牛合理进行分群

（一）分群的必要性

我国的肉牛标准化养殖场普遍存栏规模较小，多数在千头以下，而且以从外面购入架子牛进行中短期育肥的养殖模式为主体。在当前全国肉牛存栏大幅下降、架子牛供应减少、收购日趋困难的情况下，标准化养殖场购入的肉牛品种、年龄和体重千差万别，有的养牛场像肉牛品种的展览馆。由于养殖周期长、投资大、见效慢，采取自繁自养的肉牛标准化养殖场一般养殖规模更小，很少能够做到整群牛的品种、年龄、性别和体重等都相近。

由于不同的品种及其杂交后代在耐粗性、适应性、耐热性、耐寒性及早熟性等方面均有所差异，采用同样的饲养方案无法适合所有肉牛，因此在肉

牛饲养过程中，日增重和饲料报酬等就会表现出较大的差异。不同年龄和不同体重的牛所处的生长阶段不一样，其生理特点也不相同，在维持需要和对饲料特别是粗饲料的消化能力上存在着差异，用同样的日粮配方可能会导致部分牛营养过剩，而部分牛营养不足。在这种现实情况下，要想取得较好的经济效益，在生产中就必须根据具体的牛群采取相应的饲养管理措施，而要想实现针对性的饲养管理，对所饲养的肉牛进行合理分群就显得至关重要。

（二）分群的方法

对肉牛进行分群饲养不仅便于统一饲养管理，还可以有效提高饲料的利用率，发挥肉牛增重和产肉的潜力。分群的具体方法主要是根据年龄、品种、体重、性别和增重速度等进行。对于架子牛，育肥体重和膘情是最重要的指标，其次是增重速度、性别、品种和年龄。而对于犊牛和育成牛，性别和年龄则是最重要的指标，其次是体重、膘情、增重速度和品种。肉牛标准化养殖场初次分群的原则要求如下。

1. 体重

每个牛群中牛只的体重差异控制在 50kg 以内，具备条件的应控制在 25kg 以内。

2. 年龄

36 月龄以前的肉牛年龄差异应控制在 3 个月以内，具备条件的养牛场可控制在 1～2 月；36 月龄以后的肉牛可分为一组。

3. 其他

分群时公牛和母牛必须分开；强壮的牛和弱小的牛分开；膘情好的牛和膘情差的牛分开；妊娠后期的牛和妊娠早期、中期的牛分开；哺乳的牛和其他牛分开。在具备条件的情况下，群分得越细越好，但要注意，分群越细，所需要的饲料种类越多，对饲养管理的精度要求越高，饲养管理的难度越大。

初次分完群后要注意观察，刚入群的散养牛可能会出现打斗，一般不需要理会，最多 1 周左右牛群就会适应。1～2 个月后根据增重速度进一步分群，将增重快的牛和增重慢的牛分开。此后就要尽量保持每个群的稳定，过于频繁的调群会给肉牛造成很大的应激，不仅影响增重，还容易导致肉牛患病。只有通过合理分群，才能实现配料、投料和管理的便利。

二、保持合理的日粮组成

肉牛日粮的组成种类越多，越能发挥不同饲料原料间的互补作用，也有助于提高日粮的适口性，同时还可避免在某一种饲料原料缺乏时引起日粮配方的大幅变动。因此，在选择肉牛日粮时，除了充分考虑营养成分齐全和数量充足外，还要尽量保持日粮原料组成的多样化。在满足肉牛营养需要的基础上，保持尽可能高的粗饲料水平，有利于提高肉牛的健康水平。在同等条件下，尽量选择价格低廉、供应充足的饲料原料。同时，一定要牢记，在肉牛养殖的整个过程中，国家法规明确禁止使用动物性饲料原料（除奶和奶制品以外）。所有的饲料原料在使用前都应测定实际养分含量，以此作为配制饲料的依据。

（一）原料多样化，日粮组成的多样化

主要是对粗饲料而言，在实际生产中，肉牛标准化养殖场通常使用配制好的精料补充料，而且精料补充料的配制原料可选范围较窄。粗饲料由于需要量大，受来源的限制很容易出现组成单调、饲喂现有饲料的现象。日粮组成的多样化可以发挥不同类型饲料在营养特性上的互补作用，农谚"牛吃百样草，样样都上膘"就是对此的生动总结。同时，多样化的日粮组成也有利于提高日粮的适口性。通过多样化还可以将每种饲料的日采食量控制在合理范围内，从而避免某种单一饲料采食过多造成的消化代谢疾病。在实际生产中，要注意根据牛的体型大小、体重、生产阶段等予以调节。具备条件的肉牛标准化养殖场一般最好有粗饲料 2 种以上，青绿多汁饲料及辅料 2 ～ 3 种。由于不同批次的饲料原料特别是粗饲料营养成分变化很大，因此所有的饲料原料都应定期进行质量检测，以避免由于原料营养成分变化大，导致肉牛出现营养不足或过剩。

（二）日粮粗纤维水平合理化

肉牛可以大量消化利用各种青粗饲料，而青粗饲料所含的粗纤维同样是维持瘤胃正常消化代谢所必需的。如果日粮粗纤维水平过低，就会导致肉牛反刍时间减少，唾液分泌量下降，从而使瘤胃 pH 值下降，造成瘤胃酸中毒和其他消化代谢病。农谚"草是牛的命，无草命不长"就是对此的生动描述，母牛如果粗纤维采食不足，还会因日粮营养浓度过高使所采食的营养物质超出其正常需要量，导致母牛过肥、繁殖力下降，甚至受胎率降低。当然，日粮粗纤维含量也不是越高越好，粗纤维水平过高会导致日粮营养浓度低，所采食的营养物质不能满足肉牛快速生长的需要；另外还会影响精料补充料的消化和吸收，使饲料利用效率下降。

（三）原料价格低廉化、供应便利化

肉牛采食量大，1 头体重 500kg 的肉牛 1d 的采食量以干物质计可达 12 ～ 15kg，其中粗饲料需 6 ～ 8kg，折合成新鲜的青绿饲料需 24 ～ 32kg。如此大的采食量，使饲料成本占到肉牛养殖成本的 70% 以上。因此，饲料成本的轻微变化就能显著影响养殖的经济效益。在选购精料补充料和青粗饲料原料时，要在质量相差不多时尽量选购低价的饲料原料；在同等价格的基础上尽量选购性价比最高的饲料原料。同时，由于需求量大，所选用的饲料原

料要确保供应充足，尽量避免选择便宜但不能稳定供应的饲料原料，频繁更换饲料原料对肉牛的健康和饲料利用都有不利影响。同时，运输半径要尽量短，以避免长途运输造成饲料原料成本大幅上涨。

三、采用合理的饲喂技术

（一）合理选择饲喂方式

在过去，由于肉牛的精料补充料喂量很小，主要以青粗饲料和糟渣等副产品为主，因此农谚总结出"有料无料，四角拌到""先草后料""先干后湿"的饲喂方式。但在肉牛标准化养殖过程中，由于精料补充料的喂量普遍较大，要根据不同的情况采用相应的饲喂方式。研究表明，在采食量接近的情况下，采用全混合日粮的饲喂方式，肉牛的采食时间最短，平均可缩短半小时以上，其次为先粗后精，先精后粗的采食时间最长。

对于绝大多数肉牛标准化养殖场，建议采用将精料补充料与青粗饲料等各种饲料原料搅拌均匀配制成全混合日粮进行饲喂，即使没有专业设备采用人工混匀，也要尽量采用这种方式。在当前招工困难、饲养员文化水平普遍较低的情况下，采用全混合日粮饲喂不仅可以节约人工，还可以显著提高饲料利用效率，减少饲料浪费，特别适合大规模肉牛标准化养殖场采用机械化饲喂，其优点已经得到了普遍认可。

对于确实不具备条件进行普通育肥的肉牛标准化养殖场，建议沿用传统的饲喂方法，即先喂粗饲料、后喂精料，先喂干料、后喂湿料，也可将精料撒在槽内吃剩的粗饲料上拌匀，使肉牛将草料一同吃完，这种方式在肉牛吊架子阶段和母牛饲养过程中最常用，也是我国农户几千年的经验总结。但对于进行高档肉牛育肥的标准化养殖场，因育肥后期精料补充料的喂量特别大，最好采用先精后粗的饲喂方式。这是为了保证肉牛能够获得足够多的精料补充采食量，而采食完精料补充料后能够采食的粗饲料量已经很小，只有保证粗饲料的自由采食，才能保障肉牛的健康，所以要后喂粗饲料。

（二）更换日粮要有过渡期

肉牛的消化特点主要是依赖瘤胃内数量众多、种类繁多的各种微生物。这些微生物对营养物质的利用有一定的专性范围，一旦日粮类型发生改变，相应的微生物区系也会改变。但这种改变不能一蹴而就，一般需要 7d 左右，才能调整到位。如果日粮变化太快，微生物区系的变化就会跟不上日粮的变化，导致饲料利用效率下降，瘤胃功能紊乱。因此，肉牛标准化养殖要尽量保持日粮类型的相对稳定，包括日粮配方、原料组成、日粮形状、饲喂方式和日粮水分含量等。如果确需改变，只要遵照循序渐进的原则进行。一般采用三三替代法，即每次替换 1/3，3d 替换 1 次。如果在精料补充料中添加尿素则需要更长的时间（14～21d）才可达到最大饲喂量，以免引起肉牛急性氨中毒。

（三）确保草料新鲜，采食最大化

农谚说"养牛没有巧，水足草料饱"，指出要想养好牛必须使牛吃饱喝足。我国传统的役用牛饲养由于每户养殖头数很少，且饲料主要以干草和低质的作物秸秆为主，精料补充料一般仅在役用期间和分娩时补饲，而且量较少。为了让牛吃饱，避免挑食，饲喂时采取少喂勤添的方式使牛采食时没有选择性，可将所有适口性好和适口性差的饲料全部采食净，从而确保吃饱。

在肉牛标准化养殖场中基本不存在饲料供应不足的问题，而且由于规模大，很难采取少喂勤添的饲喂方式，一般每次投料很多这种情况下肉牛就有了选择性，会只采食那些适口性好的饲料，适口性差的特别是作物秸秆类饲料就会剩余，而剩余的饲料肉牛很少会再吃，这就有可能造成肉牛的采食量不足，摄入的营养难以满足最大生长的需要，从而影响增重效果，造成饲料浪费。因此，肉牛标准化养殖场要根据肉牛的体重和平时的采食情况确定每次的适宜饲喂量，确保每次都没有剩料，以保持草料的新鲜和肉牛的最大采食量。

（四）选择适宜的饲喂次数

"每天没有三个饱，很难使牛上油膘"是说传统饲养方法牛每天至少要饲喂3次。"菜不移栽不发，牛无夜草不肥"则是指晚上还需要给牛补饲饲草。但这种饲养方式主要根据传统的以干草和作物秸秆为主的饲养模式总结得来。在肉牛标准化养殖场普遍采用高精日粮饲喂条件下，虽然研究也证明饲喂次数越多越好，如根据测试，精饲料分4次饲喂比分2次饲喂牛瘤胃内 pH 值波动小，更有利于瘤胃消化和增重。但在实际生产中，在大规模饲养的情况下，饲喂次数的增加会大大提高人工成本、劳动强度和设备运行成本，因此目前多数肉牛标准化养殖场都采取早、晚2次饲喂的方式。具备条件的肉牛标准化养殖场可以采用全混合日粮日喂2次，自由采食，这样既能解决饲喂次数减少导致的瘤胃发酵不均，也能提高饲料饲喂和利用效率，饲喂时要确保每次饲喂的日粮全部吃完。不具备条件的养殖场可适当延长每次饲喂的时间。

（五）保持饲槽干净

传统养牛十分注重饲槽干净，"圈干槽净，牛儿没病"和"六净"中都强调了饲槽干净的重要性。这种干净包括两层意思：一是指要保证饲槽的卫生干净，在非全天自由采食的情况下，每次饲喂结束都应将饲槽中的剩料清除干净，防止剩料发霉变质，同时要定期对饲槽消毒。在全天自由采食的情况下，也要定期清干饲槽，进行消毒处理，特别是在高温的夏季每天都要清干饲槽。二是要尽量保证每次饲喂后牛饲槽中的饲料都能采食干净，以节约饲料，保证饲料的新鲜干净。

（六）保持日粮适宜的水分含量

精料补充料的含水量都很低，一般在 15% 以下，因此保持日粮的适宜含水量主要是针对大量采食青绿多汁饲料、青贮饲料和全混合日粮的肉牛。青绿饲料和青贮饲料的含水量较高，一般都在 70% 左右，如果肉牛标准化养殖场主要以这些原料为主，则要注意避免表面上肉牛的采食量很高，但由于过高的水分含量使总干物质的采食量不足，影响育肥效果或繁殖性能。在正常情况下，肉用繁殖母牛的干物质采食量为体重的 1.6% ～ 2.2%，育肥牛的干物质采食量为体重的 2.3% ～ 2.6%。而要达到这个目标，一般情况下应控制肉牛每天采食的精料补充料和青绿饲料的平均含水量在 50% 以下。

四、合理加工调制饲料

（一）提高谷物类饲料利用效率

在肉牛精料补充料中用量最大的是能量饲料，通常占精料补充料的 60% ～ 70%。

1. 玉米

能量饲料中使用最普遍的谷物类原料是玉米，如何有效地提高玉米的利用效率，始终是肉牛生产中需要关注的重点。国内外为此进行了大量的研究，饲养试验表明，玉米磨碎的粗细度不仅影响肉牛的采食量和产肉性能，还显著影响玉米的利用效率和肉牛养殖成本。以此为基础确定了多种能够提高玉米利用效果的方法，并在生产中进行了大规模的推广应用。目前广泛使用的方法有玉米粒压碎、玉米粒压片、玉米粒湿磨、带轴玉米粉碎、带轴玉米切碎、全株玉米青贮等，将玉米粉碎成玉米面饲喂的方式在国外已经很少使用。

而我国到目前为止，几乎所有的肉牛标准化养殖场对玉米的利用还停留在以玉米面为主要利用形式的阶段。很多养牛场的技术人员都存在着误区，认为玉米籽粒粉碎越细，饲喂肉牛的效果越好。其实事实正好相反，玉米用辊磨机粗粉碎时，牛的采食量、增重和饲料转化率要比细粉碎时高 10 个百分点；用锤片机粗粉碎时，牛的采食量、增重和饲料转化率比细粉碎时提高 10 ～ 15 个百分点。粉碎过细导致的饲料转化率低主要是因为玉米在瘤胃内被降解的比例提高，而玉米在瘤胃中降解的利用效率远低于在肠道内消化吸收的利用效率，因而玉米的经济性和肉牛的增重都受到不利影响。玉米收获前最好的利用方式是制成青贮饲料饲喂，收获后最好的利用形式是蒸汽压片和湿磨，通过蒸汽压片，玉米所含的淀粉受高温高压的作用而发生糊化作用，形成糊精和糖，产生了芳香的气味，适口性大为提高；玉米淀粉的糊化作用还使淀粉的颗粒结构发生变化，其主要消化部位从瘤胃后移到小肠，减少了瘤胃发酵的甲烷损失，淀粉转化率提高；淀粉的颗粒结构还使小肠消化过程中消化酶更易与淀粉颗粒发生反应。以上方式可以使玉米饲料转化率提高7%～10%，进而显著提高肉牛的增重效果。

2. 小麦

过去由于小麦等其他谷物的价格远高于玉米，因此，除大麦用于高档肉牛育肥外，其他谷物饲料原料很少被用于饲喂肉牛。但最近几年，随着燃料乙醇和玉米深加工业的飞速发展，大量的玉米被用于深加工业，带动玉米的价格持续走高，有些年份已经高于小麦价格。进口大麦的价格也一度低于玉米。在这种情况下，开发新的谷物饲料原料就显得十分必要。在猪、禽上的使用经验表明，小麦经过合理加工并添加特定的酶制剂以后完全可以替代玉米。肉牛饲养试验表明，在价格适宜时使用小麦替代一半以上的玉米对肉牛育肥的效果没有任何负面影响，还可以显著降低饲料成本，并且不需要添加任何酶制剂，在高档肉牛育肥中还可以用于替代大麦。小麦在瘤胃内的降解比玉米快，因此作为肉牛的饲料原料使用时不要加工成小麦粉饲喂，应采用粗破碎的方式，每粒破碎成4～5块即可。

（二）提高青粗饲料利用效率

过去牛的饲料主要以粗饲料为主，精料补充料的喂量很少，农民在实践中发现，将粗饲料充分铡短后饲喂牛，即使不补精料补充料也能使牛上膘，农谚"寸草铡三刀，无料也上膘"就充分说明对粗饲料进行加工调制的重要性。但是不是粗饲料铡得越短越好？其实不然，牛必须保持瘤胃能获得一定长度的粗纤维，否则就会影响瘤胃发酵，导致发病。在过去，由于没有专门的机械，人工铡草特别费时费力，饲草也不可能铡得很短。现在采用机械粉碎的情况下粗饲料铡短的长度可以人为随意控制，要防止粉碎过度影响肉牛的正常反刍和饲料消化利用效率。正常情况下干玉米秸、小麦秸等铡短长度以0.8～1.0cm为宜，优质牧草以2～3cm为宜。

牛采食青草的效果要远远优于采食稻草，农谚有"一千根稻草，比不上一根青草"的说法，充分说明了优质青粗饲料的重要性。在肉牛养殖生产中，如果能将尚处于青绿阶段的作物秸秆或青绿牧草加工制作成青贮，不仅保质时间长，还可大大提高其营养价值和利用效率。随着裹包青贮等技术的成熟，所有的肉牛标准化养殖均可采用青贮技术贮存全年所需要的青粗饲料。

五、保持适量运动

散放饲养和拴系饲养各有利弊。从牛的生理特点而言，其天生适应放牧饲养，因此散养最符合其生理习惯。但经过几千年的人工驯化，肉牛又和野生牛有了很大区别，在一定条件下能够很好地适应拴系饲养的环境。关于肉牛饲养采用拴系饲养和散放饲养，哪个效果更好一直存在争议，但多数研究表明，在饲养周期较长的情况下采用散放饲养的效果要好于拴系饲养；而对于短期架子牛强度育肥，限制运动的饲喂效果更好。特别是高档肉牛养殖时散放饲养效果明显优于拴系饲养，对于繁殖母牛而言，散放饲养的效果要远远优于拴系饲养。

大量的生产实践证明，不运动或运动不足会降低肉牛对气温及其他因素急剧变化的适应力，容易患感冒、消化道和繁殖疾病。繁殖母牛即使采用拴系饲养时也必须保持必要的运动，这是维护牛群健康、提高繁殖性能的重要措施。运动时间和强度视牛群的健康状况和季节灵活掌握，在一般情况下以逍遥运动较为适宜，不宜做剧烈运动，在天气良好的情况下每天自由活动不应少于 8h。繁殖母牛标准化养殖场由于饲养的牛数量较多，如果采用拴系饲养，每天都要将牛进行拴系和解开的操作，工作量很大，所以最好采用散养。

对于育肥期较长的肉牛既要有一定的活动量，又要让它的活动受到一定限制。采用长绳拴系的方法，也可采用繁殖母牛的饲养方法，但运动时间每天控制在 4h 以内。

六、定期刷拭牛体

农谚中有"刷拭牛体，等于补料"的说法，"六净"中对圈舍和牛体也都提出了明确要求，要求圈干、牛净。刷拭牛体不仅可清除牛体上黏结的粪土、尘土和体外寄生虫等，保持皮肤清洁卫生，做到牛净；还能促进血液循环，改善胃肠消化功能，增强牛的食欲和增重速度，也可增加牛和饲养员的亲和力。刷拭顺序为颈部、背腰部、尻部及尾根，刷拭应在饲喂结束后进行，每天应定时刷拭 2～3 次；并将污垢、脱毛等清除干净。肉牛标准化养殖场由于养殖规模大，逐一进行刷拭牛体工作量很大，特别是在招工日趋困难的情况下严格按照要求刷拭牛体不太现实，可以通过安装自动按摩器解决，但自动按摩器投资太大。通过在运动场建设简易的木桩投资小，简单方便，也可以起到一定的效果。

七、保证充足的清洁饮水

水占牛体重的 65% 左右，研究表明，牛饮水不足会直接影响其增重和健康，农谚就有"冬牛体质好，饮水不可少""冬牛不患病，饮水不能停"的说法。

肉牛采用自由饮水最为适宜，饮水设备的位置最好设在饲喂通道或排水通畅的地方，以保证溢出的水很快可以排走，不会弄湿牛栏地面。在北方安装自动饮水设备要注意解决冬季防冻问题，最好采用带辅助加热的自动饮水器。不具备自由饮水条件的，每天至少给牛饮水 3 ～ 4 次，夏季天热时每天至少饮水 5 次。采用水槽、饲槽一体的牛场，可以每次饲喂结束后在饲槽中保持足量的清洁饮水，直至下次饲喂时再把剩余的水放掉。冬季要注意水温不低于 15℃，避免饮冰碴子水，否则容易造成能繁母牛繁殖障碍病，肉牛增重下降。

必须保持饮水的清洁，采用固定水槽的肉牛标准化养殖场应经常更换水槽内的水，并定期清洗消毒水槽。

八、做好防寒避暑

"牛房牛房，冬暖夏凉""春冷冻死牛""冬冷皮，春冷骨"，这些农谚表明做好气温交替季节肉牛防寒的重要性。

我国绝大部分肉牛品种相对耐寒不耐热，其生长的最适环境温度为 16 ～ 23℃，如果低于这个温度，肉牛就需要消耗体内的能量进行御寒，从而影响生长速度，增加饲料消耗和饲养成本。研究表明，当舍内温度低于 0℃ 时，肉牛的能量消耗会成倍增加。冬季牛舍保温主要是防风，特别注意穿堂风或贼风的侵袭。冬天开放式和半开放式牛舍可搭塑料薄膜暖棚，起到保温作用，但要留好通风口，避免舍内湿度和氨气浓度过大对牛的健康造成影响。与不恰当的保温相比，氨气等对牛的健康影响更大。饲养规模较小时可将部分精料补充料用开水调成粥状喂牛，对牛保温抗寒、增加采食、提高增重均有明显效果。

牛舍温度过高时，肉牛采食量大幅下降，从而影响肉牛增重和降低饲料利用效率。采用架子牛育肥的肉牛标准化养殖场应尽量避开夏季最炎热的月份购牛。如果采用长期育肥，可在牛舍内安装风扇以加快舍内气流速度，同时尽量控制牛舍内空气相对湿度在 80% 以下。具备条件的标准化养殖场还可安装喷头，洒水洗浴，使牛体散热。夏季要合理搭配日粮，适当提高能量浓度，增加青饲料的饲喂量，饮足新鲜凉爽的水。

第三节　春季肉牛饲养管理要点

春季气温逐渐回升，日照时间逐渐延长，但气温仍骤冷骤热。温差很容易对肉牛的机体造成应激反应，诱发各种疾病。因此，做好春季肉牛的饲养管理与保健尤其重要。春寒期间肉牛的饲养与保健要注意以下几个方面。

一、加强日常管理

初春是肉牛膘情最差的季节，同时也是母牛产犊及产后开始发情的季节，此时能否把牛养好，事关全年的生产效率。牛场应尽量提供一个温暖、安静、舒适的肉牛养殖环境。同时还要重点加强肉牛日常管理：定期进行牛体刷拭，牛场内可安装电动牛体刷；保持牛体清洁；经常观察牛的精神状态、食欲、粪便等情况；适当加强肉牛运动，促进牛体新陈代谢，增强牛只对外界环境变化的适应能力，防止牛体质衰退和肢蹄病的发生。

另外还要注意以下几点。

1. 加强保暖工作

春季天气时冷时热，昼夜温差较大，饲养户容易忽视对肉牛的防寒工作，导致肉牛疾病的发生，造成饲养成本过高。肉牛最适宜的环境温度为5～21℃，所以牛舍内温度应保持在5℃以上。若在封闭式牛舍育肥，舍饲前要搞好牛舍维修，四周墙壁孔、洞、隙要堵严，晚上门窗要挂棉布帘，白天舍内保持通风3～5h后，要及时关闭门窗和调节好通风孔，定期消毒。水泥或砖地面可铺以垫草，并经常更换。同时应及时清理肉牛的粪便，保持舍内干燥清洁，并及时更换被粪便浸湿污染的褥草，给肉牛创造一个良好的生活环境。

2. 科学饲喂

架子牛的育肥分为适应期、育肥前期和育肥后期。在春季料草较为匮乏的季节，育肥肉牛主要以氨化秸秆和青贮饲料为粗饲料，并结合实际的生产情况加喂精饲料，在饲喂过程中要注意合理搭配粗精饲料的比例。适应期约为15d，让肉牛自由采食粗饲料，提供充足的饮水，从第二天开始逐渐增加精料的饲喂量，以后每天增加，到过渡期结束后，每天精料的饲喂量可达到2kg左右；或者按照肉牛体重的0.8%饲喂混合精料，过渡期的日粮粗精比例有所变化，初期为3:1，中期为2:1，后期为1:1。过渡期平均每天约为1.5kg，每天饲喂2次，早、晚各1次，每次1h，喂后2h饮水。育肥前期通常约为30d，此时肉牛的采食量增加，增重速度变快，可适当降低日粮中蛋白质的含量，同时要提高日粮中的能量水平，每天饲喂2次，早、晚各1次。育肥后期约为45d左右。日粮主要以精饲料为主，此阶段精料量可占整个日粮总量的70%～80%，同时要降低日粮中蛋白质的含量，提高能量的水平，并按照每100kg体重1.5%～2%喂料，粗精比例可达到3:1，可以适当增加每天的饲喂次数，同时保证充足的饮水。大架子牛的育肥期不可以使用瘤胃素，瘤胃素的使用可使肉牛的日增重提高9.4%～27.3%。瘤胃素通常以添加剂的形式与饲料充分混合后饲喂肉牛，一般每千克日粮中混合40～60mg。

最初的添加量要低些，以后可以逐渐增加到需要量，注意增重剂的添加不能过量，否则会对肉牛产生不利的影响，一般每头肉牛每天的饲喂量不能超过360mg。

母牛围产期管理（产前15d至产后15d），产前15d，产房应干燥、舒适，注意通风换气，并铺设厚垫草，牛舍内相对湿度保持在60%～70%为宜。要保持产房内的安静。待产母牛转入产房，转群时禁止暴力驱赶。赶牛通道地面保持平整、干燥、无尖锐异物，避免造成母牛摔伤。做好接产准备工作，包括接产、助产器具的消毒处理。及时处理异常现象。产后15d饲养管理，母牛圈舍铺设厚垫草，加强通风换气，保持干燥、舒适；避免贼风，需定期消毒。粗饲料应为优质青干草，精饲料2～3kg/d。犊牛生后要在0.5～1h吃足初乳，最少2.2L以上，初乳饲喂量一般为犊牛体重的10%。用5%的碘酒对脐带进行消毒，12h后还可以进行第二次消毒，以避免脐带炎的发生。第4d开始补饲犊牛专用颗粒料。从7日龄开始，训练自由采食柔软的优质干草。给犊牛提供干燥柔软的厚垫草。冬季或寒冷天气，前7d可采用犊牛岛进行保温，第1天至第3天犊牛岛内每日24h不间断使用红外线灯保温，第4天至第7天仅每天晚上使用保温灯。母牛区要做到"舒适、卫生、干燥"，铺设厚垫草，保持食槽、水槽清洁。母牛日粮以优质粗料为主，精料的给予量根据粗饲料和母牛膘情而定，一般精料的饲喂量3～5kg/d。饲料种类要实现多样化。牛舍内温度应控制在5～15℃，低于0℃时，可适当增加玉米饲喂量0.5～1kg用于御寒。犊牛设犊牛栏，栏内设置水槽、精料槽和粗饲料槽，保持食槽、水槽清洁；栏内铺设厚垫草，勤换垫草；注意防寒保暖；加强通风换气和消毒，保证犊牛舒适度。每日早、晚2次定时进行哺乳。犊牛采食精料为犊牛颗粒料，少填、勤填为原则，3～4月龄可采食1.5～2kg。粗饲料为优质干草。犊牛生后10～20d进行去角。可选择去角灵软膏或者去角器进行去角。犊牛60d内禁止饲喂青贮等发酵类饲料。

3. 适时出栏

肉牛经数月育肥后体重达500～700kg或更高体重时要停止育肥，及时出栏。具体判断出栏时间的方法：一是发现牛采食量逐渐减少，经调饲后仍不能恢复；二是用手触及腰角或用手握住耳根有脂肪感时，表示肌肉丰满，即可出栏。

4. 品种选择

饲养肉牛一定要选择优良品种，积极推行肉牛杂交改良工作。

5. 适当加强运动

在育肥期间，要注意限制育肥架子牛的运动，力求在最短的时间内快速增重，以达到理想的育肥效果，限制架子牛运动的措施有两种，一种是采取密集饲养的方式，使每头牛的活动空间为 3 m²，使架子牛的活动空间受到限制，另一种方法是将牛拴系住，使其无法运动。另外，为保证牛的健康，可以在无风雪的天气，选择在 8:00—15:00，将牛拴在舍外晒太阳，注意拴系的牛绳不能过长，以限制肉牛运动。保证每天对牛体刷拭 2 次，不仅可以保持牛体的清洁，还对育肥有利。

6. 饮用水

饲喂肉牛时要注意定时定量，一般每天饲喂 2 次，早、晚各 1 次，每次 1～2 h，饲喂日粮中粗、精比例搭配要合理，喂料顺序要先粗后精，春季饲喂青贮饲料时，要在前一天下午就将青贮饲料取出，放在舍内预温，要注意青贮饲料的品质，发生霉变的饲料要禁止饲喂肉牛，以防肉牛患病。每天饮水 1～2 次，在春季温度较低，应尽量让肉牛饮用温水，并且要保证饮用水的清洁，最好是自来水或者深井水。

二、疾病预防

很多肉牛场都选择冬季为肉牛配种。冬季配种可避开炎热的夏季产犊，不但有利于肉牛获得高产，也便于犊牛饲养，提高犊牛的健康水平。在春寒期间，每天一定要及时观察肉牛的阴部分泌物有无异常，做好子宫炎等疾病的预防工作，发现疾病，及早治疗，确保春寒期间肉牛的平安健康。因为是春季的缘故，冷空气还未完全消失，所以养殖户一定要注意对牛舍的保暖工作，尤其是正在哺乳期的小牛。春季也是各种疾病的高发时期，要制定科学合理的免疫程序，及时防止各种疾病的传染，保障牛舍的干净。具体如下。

（一）严格防疫

春季是疾病的高发期，做好牛的日常保健工作是提高养殖水平和经济效益的前提，合理制订免疫程序，及时防病、治病，适时计划免疫接种等预防措施十分必要。另外，还要定期进行消毒，保持饲养环境的清洁卫生，防止病原微生物的增加和蔓延；在育肥过程中，要注意观察牛群的采食、排泄及精神状况。

（二）减少应激

刚入舍的牛由于环境变化、运输、惊吓等原因，易产生应激反应，可在饮水中加入 0.5% 食盐和 1% 红糖，连饮 1 周，并多投喂青草或青干草，2d 天后喂少量麸皮，逐步过渡到饲喂精补料。

（三）定期驱虫

肉牛在进入舍饲育肥前进行 1 次全面驱虫。可采用内外虫杀每 100kg 体重按 50g 投服，或左旋咪唑 6～8mg，以驱除体内多种寄生虫。在有肝片吸虫的地方，可用硝氯酚等药物进行驱虫；再用 0.25% 螨净乳剂进行一次普遍擦拭；也可以在每吨饲料中添加 500g 吩苯达唑，按正常饲喂方法饲喂，对肉牛体内、体外的寄生虫均有良好的驱除效果。驱虫 3d 后，用健胃散、人工盐、小苏打或其他健胃药健胃，1 剂 /（d·头），连用 2d，可增强牛的食欲。

三、日粮配比

春季的肉牛是发育生长最快速的时期，养殖户应在饲料中补充足够的维生素与各种矿物质。由于春季的季节性变化大，在喂养时也要根据实际的情况，针对正在哺乳的母肉牛，在相对比较稳定的环境中，让牛可以自由进食。经过一个漫长的冬季，牛的膘情消耗较为严重。

春季养牛对于营养搭配一定要全面均衡，饲料配比中的能量饲料、蛋白饲料、矿物质饲料、微量元素和维生素要均衡搭配。牛在春季需要均衡的营养来恢复在冬季消耗的营养，否则会因营养不良，导致牛出现健康问题。在饲料配置上，为满足肉牛瘤胃微生物的活动，一定要保证充足的粗饲料。粗饲料最好选用青贮玉米、氨化稻草、花生秧、地瓜秧等。粗饲料以玉米青贮优先，禁止用发霉变质草料喂牛，以防发病。为了促进肉牛快速生长，还要给肉牛饲喂精饲料。精饲料的饲喂量按肉牛体重每 100kg 饲喂 1.5 ～ 2kg。推荐精饲料按以下配比配制：玉米 48%、豆粕 30%、麸皮 17%、肉牛预混料 5%。

粗精饲料一定要合理搭配，一般喂料先粗后精，先喂粗草，再喂酒糟，然后喂精补料，直至喂饱为止。有条件可使用 TMR 混合机将所有草料混合均匀后饲喂。常用的搭配如下。

（1）氨化秸秆加精料秸秆氨化后可提高其营养价值，改善适口性及消化率。经氨化处理后的秸秆粗蛋白可提高 1 ～ 2 倍，有机物质消化率可提高 20% ～ 30%，采食量可提高 15% ～ 20%。

（2）青贮饲料加精料在农区，可作青贮用的原料易得，特别是青贮玉米是育肥肉牛的优质饲料，在低精料水平条件下，饲喂青贮饲料能达到较高的增重。试验证实，完熟后的玉米秸，在尚未成枯秸之前青贮保存，可为饲喂肉牛的优质精料，加饲一定量精料，进行肉牛育肥仍能获得较好的增重效果。

第四节　夏季肉牛饲养管理要点

夏季高温高湿，且高温期时间长，往往影响肉牛食欲和精神状态，极易发生热应激，增重减慢，引发疾病。夏季蚊蝇较多，不但会打扰肉牛休息，还易传播多种疾病，最为重要的是夏季高温会引起肉牛发生较为严重的应激反应。当肉牛发生热应激后，食欲下降，采食量减少，摄入的营养物质严重不足，使抗病能力下降，导致生长育肥期的肉牛增重速度减慢，犊牛生长发育受阻，妊娠母牛发生流产或者难产，种公牛则会出现性欲下降，精液品质降低。总之，夏季高温对于肉牛养殖极其不利。夏季养殖肉牛为获得最佳的养殖经济效益，需要掌握关键的养殖要点。

一、加强日常管理

（一）做好牛舍的清洁工作

夏季温度高，降水量大，易出现高温高湿的环境，肉牛在这样的环境下生产性能下降，抗病能力也下降，因此发病率较高。要加强养殖环境的调控工作，提高肉牛的舒适度，保持牛舍的环境卫生，每天都坚持清扫牛舍，将舍内的粪污清理干净，并使用清水对地面进行冲刷，料槽内的剩料也要清理干净，并定期对牛舍、料槽、水槽进行彻底消毒，还要保持牛体的清洁卫生。夏季如果牛体不干净，不但会影响散热，还易造成肉牛患有体外寄生虫病。要每天都刷拭牛体 1 ~ 2 次，可以使用凉水，这样可以清洁牛体，保持牛体的清洁卫生，还可以降低牛体的温度，促进血液循环，对于增强肉牛的食欲和性欲都很有帮助。但是要注意，在冲刷牛体时，应安排在喂料前，喂料后 30min 内不能冲刷，更不能用凉水突然冲刷牛头部，以防牛头部血管强烈收缩而休克。另外，要加强牛舍的通风换气，保持牛舍凉爽干燥、清洁卫生。

（二）保证喝到充足饮水

牛的体积较大，新陈代谢旺盛，因此，需水量较多，尤其是在夏季高温季节，牛体散热，对水的需求量更大，如果夏季肉牛饮水量不足，会导致采食量下降，还会影响消化吸收，导致新陈代谢紊乱。因此，夏季要给肉牛提供充足的饮水。在正常情况下，肉牛一天的需水量在 100L 左右，夏季高温季节的需水量更多，夏季要让肉牛自由饮水，并且最好使用清凉的深井水，要保持饮水新鲜干净，水槽要定期清洗和消毒，可以在肉牛的饮水中加入适量的电解多维，这样可以有效缓解热应激。

（三）提高维生素、电解质浓度，增强抗应激能力

（1）肉牛发生热应激时，由于呼吸和排汗的增加，常常会引起矿物质不足，对钙、磷、钠、镁等元素及氯化钾、维生素 C、维生素 E 的需求量明显增加，在饲喂时需适量添加。在日粮中添加氯化钾，添加量为每天每头肉牛 60 ~ 80g。碳酸氢钠的用量一般占精料的 3.5%，或者每天每头肉牛用 300g。

（2）在肉牛饲料中添加 0.05% 的维生素 C、添加正常量 4 倍的维生素 E。维生素 C 可以抑制体温上升，促进食欲，提高抗病力；维生素 E 可防止奶牛体内脂肪氧化和被破坏，阻止体内氧化物的生成，促进维生素 A 与维生素 D

在肠道的吸收。

（四）合理饲喂

1. 掌握好饲喂方法

（1）在清晨和傍晚凉爽时喂料，尽量避开正午高温时段饲喂，此时给饲最能增进饲料采食量，做到早上早喂，晚上多喂，夜间不断料。喂料时间应循序渐进，随着温度的变化逐渐调整，不能突然改变。

（2）牛在采食后的 2～3h 为热能生产的高峰期，因此在饲喂时间上要尽量避免热能生产的高峰期与气温高峰期重叠，应选择一天中温度相对较低的时间段进行饲喂。可以把 60%～70% 的日粮在晚上 8:00 到第 2 天早上8:00 期间饲喂，尤其粗饲料宜安排在晚上 8:00、早上 5:00 前进行。同时由 3次饲喂改为 4 次饲喂，夜间可进行 1 次补饲。多次饮水时添加 0.5% 食盐。

（3）选用优质新鲜原料，采用湿拌料，水料比为 1:1，可提高采食量10% 左右，但要现拌现喂，防止酸败变质；同时多喂青绿多汁饲料，保持肉牛较高生长速度。

2. 选择好饲料搭配

（1）提供足够的粗料，满足瘤胃微生物的活动，然后根据不同类型或同一类型不同生理阶段肉牛的生产目的和经济效益配合日粮。日粮的配合应全价营养，种类多样化，适口性强，易消化，精、粗、青饲料合理搭配。

（2）炎热夏季要适量增加日粮养分含量，减少粗纤维的采食量，提高蛋白质和净能量的摄取。日粮中蛋白质含量可增加 1%～2%，能量饲料应相对减少，尽可能多饲喂青绿多汁饲料，以减少热量的消耗。

（3）适当增加日粮中蛋白质和脂肪含量，在高温条件下，肉牛通过增加新陈代谢，加速向体外散热，以保持正常体温。据测定，室温每升高 1℃，肉牛需要消耗 3% 的维持能量。因此，夏季要增加营养，而夏季高温又严重影响肉牛食欲，造成采食量下降，所以饲料中能量、粗蛋白质等营养物质浓度应适当提高，而且要有一定数量的粗纤维（15%）。

（4）青绿多汁饲料富含碳水化合物和水分，不但适口性好，而且能解渴，对防暑降温和缓解肉牛热应激十分有利。在保证食入足量干物质的前提下，适量喂些优质青草、胡萝卜等对提高肉牛生产性能有好处。在精饲料中可适当增加麸皮、豆粕 2%～3% 的用量，以提高饲料的适口性。在饲喂时不能只给牛喂青草，由于青饲料鲜嫩多汁、适口性好，牛只常因进食过饱而胃肠不适或负荷过重，导致水泻病。因此，牛日粮中的青饲料数量应逐渐增加，待牛的胃肠道慢慢适应后，再以青饲料饲喂为主，而不能突然给牛全部改喂青饲料。牛是反刍动物，即使是在青饲料充足时，也要在其日粮中适当饲喂质量较好的干草。

（五）保证适宜的环境温度

加强通风换气。夏季肉牛养殖首先要设法降低养殖环境的温度，给肉牛提供一个舒适的养殖环境。降低舍温的方法有很多，首先夏季要加强通风换气的工作，夏季牛舍的门窗一定要打开，这样可以增加空气的流动，牛舍的顶端要留有通风的地方，可以在舍内安装一些强制通风的设备设施，如换气扇、电扇等，这样有助于降低牛舍的温度，还可以促进牛体表温度的散失，尤其是在一天中温度较高的时段，更要加强通风换气。

搭建遮阳棚。目前大多数肉牛养殖场都选择舍饲养殖方式，即使是放牧也需要在遮阳的位置。因此，夏季可以搭建遮阳棚，这样可以避免阳光直射牛体，降低体表的温度，有利于体热的散发。遮阳棚的高度最好在 5m 左右，棚顶选择隔热性能好、不透光的材料，并且建成倾斜式，这样利于空气流通，也可以在棚顶铺上干草起到隔热的作用，牛棚的四周墙壁上可以喷洒适量的石灰浆，减少热辐射，还可以在牛棚周围种植树木、花草等改善牛舍的小气候。

喷水降温。目前，大多数牛舍在舍内安装一些喷头，其作用是在夏季高温季节可以进行喷雾降温。一般当牛舍的温度达到 26℃ 以上时需要每小时喷雾 1 次，同时结合使用风扇，这样可以达到快速降温的效果。另外，在使用喷雾降温时，还要避免牛舍湿度过大，一定要结合通风，否则会导致牛舍高温高湿，对肉牛养殖不利。

二、疾病预防

夏季高温季节，如果牛舍环境不适宜，卫生条件较差，会导致大量病原微生物繁殖，肉牛极易感染多种疾病。同时夏季蚊蝇滋生，会严重影响肉牛的休息和反刍，蚊蝇还是很多病菌的传播媒介，引起肉牛患病。因此，夏季要做好蚊蝇的杀灭工作。夏季牛舍要安装纱窗和纱门，防止蚊蝇进入，还可以在舍内安装驱蚊灯。牛舍要保持清洁卫生，定期消毒，定期进行牛群体外内寄生虫的驱除工作。

加强免疫接种。在有可能发生传染病的地区要根据当地疫病发生情况，有计划地对肉牛进行预防接种，尤其是夏季到来之前，对容易在夏季发生的传染病加强防范。

加强肉牛检疫工作。对肉牛群进行群检，做好检查记录，发现疫病及时处理。

加强卫生消毒工作。用 10% 漂白粉澄清液或 3% ～ 5% 来苏尔水对牛舍场所消毒，用量为 1L/m²，1 ～ 2 次 /d；每日两次清除牛舍地面上的牛粪，并将石灰均匀撒在地面消毒；如养牛场污水排放量大，要定期使用 5% ～ 10%

来苏尔水对污水沟和污水进行消毒。在肉牛养殖过程中，运送粪便和饲料的车辆是传染疾病的重要载体，所以应每天对运送车辆进行清扫，用 10% 的来苏尔水喷洒消毒，并给予足够的日晒。

三、日粮选择

夏季应选择适口性好、易消化、营养价值全面的饲料。夏季肉牛食欲降低，为了增加肉牛食欲，提高日增重，应尽量给肉牛饲喂适口性好、易消化的饲料。夏季可以适当提高精饲料的比例，玉米、麸皮、豆饼、豆粕、棉籽和饼、菜籽饼都是适口性较好的精饲料，这些精饲料粉碎后再饲喂，可促进肉牛吸收。此外，精饲料在饲喂之前用水泡软，也可促进肉牛吸收。干草也是肉牛的主要饲草之一，在各类粗饲料中干草的营养价值最高，夏季给肉牛饲喂干草可促进消化道的蠕动，提高瘤胃微生物的活力。青贮饲料是一种可以长期保存的青绿多汁饲料，是肉牛规模化养殖中的主要青绿饲料来源，夏季饲喂优质的青贮饲料也可以显著提高肉牛的食欲。但是由于青贮饲料在开封启喂后很容易发酵变质，因此在饲喂时要随取随喂，不可放置过夜后再饲喂，防止肉牛食用腐败饲料后生病。

夏季虽然天气炎热，但牧草丰盛，养牛场附近有河滩草地或草场时，利用草地资源是夏季饲养肉牛较好的选择。夏季选用草地放牧育肥肉牛优点很多。首先，利用草地放牧可以利用丰富的天然饲草，降低饲养成本，提高肉牛饲养的经济效益。其次，青草富含多种肉牛需要的营养物质，可以克服肉牛夏季厌食的问题。最后，夏季利用草地放牧育肥肉牛可以使肉牛呼吸新鲜空气，增加运动量，增强体质。夏季利用草地育肥肉牛应注意以下问题：一是夏季日光强烈、气温较高，应利用早晚天气凉爽时进行放牧，防止中午放牧造成的日射病影响肉牛健康，一般放牧时间应在上午 5:00—10:00，下午 16:00—19:00 为宜，这时天气凉爽，牛的食欲好。二是由于牧草中缺少能量、蛋白和部分无机盐，单纯使用牧草育肥肉牛会出现营养不均衡情况，因此放牧归来后要为肉牛补饲一些能量、蛋白质和无机盐，补饲配方为 7kg 能量饲料 +1kg 蛋白饲料。

第五节　秋季肉牛饲养管理要点

秋季气温适宜，牧草、农作物秸秆丰富，是肉牛催肥最好的季节，加强此期饲养管理对提高养牛效益十分重要。

一、加强日常管理

（一）营造良好的生长环境

因地制宜地建造标准规范的牛舍。秋季昼夜温差较大，在养殖过程中还要密切注意牛舍通风和保温。肉牛在气温 0～4℃时并不影响生长发育速度，但是目前许多牛场过分重视牛舍的保温，使牛舍通风不良。当牛舍湿度超过70%，牛的生长发育速度就会下降，因此在建牛舍时需要将通风设施考虑在内。另外，要保证牛有充足的光照，可在晴朗的天气将牛牵出舍外进行自然光照；秋冬季节牛进入舍饲，牛群饲养密度加大，疫病传播危险性增加，通风可以在一定程度上降低牛的发病率。

另外，秋季随着天气变冷，牛只将逐步由放牧状态进入全饲喂养，舍内饲养密度加大，疫病传播概率也会大大增加，保证通风，保持干燥洁净的圈舍环境，可以在一定程度上降低牛只的发病率。

（二）合理编群

春季所产犊牛到了秋季应及时编入育成牛群，编入前要对犊牛生长发育情况进行全面的评估鉴定，合理编群，规范饲养。同时，做好驱虫、防疫等工作，达到或者接近出栏标准的肉牛，经过秋季短期育肥后，尽早上市。

（三）搞好清洁消毒

保证牛饲料及饮水的卫生安全。牛舍要注意经常打扫，及时清除残草、粪便等，保持通风和舍内干燥清洁。经常刷拭牛体，增进血液循环，促进牛群新陈代谢，有利于秋季增膘。用10%～15%生石灰水溶液或3%来苏尔水溶液等对牛舍内用具、地面粪便、污水等进行定期消毒，消灭外界环境中的病原，防止疫病发生。消毒时尽量3种或3种以上的消毒剂轮换使用。

（四）品种选择

品种优良的牛只不仅生长快、饲料转化率高、肉质鲜美，而且发病率较低。因此，必须注重品种改良，有条件的要尽量推广冷冻精液配种新技术。在改良品种的同时，应注意配种时不能用杂种公牛，虽然杂种公牛看起来体高力大，但遗传性不稳定，极有可能造成近亲繁殖，导致后代退化，大大减少经济效益。

（五）定时饲喂

有的养殖户喂牛不定时，打乱了牛的正常饮食习惯，造成消化紊乱，极易引发消化系统疾病。应定时定量喂牛，使牛始终保持旺盛的食欲和良好的消化功能，才易长膘。

（六）及时补栏

秋末一些大型放牧地区结束了放牧期，受饲草饲料的限制，当年出生的犊牛需要进行处理。此时无论从价格上还是质量上，育肥场购进小牛都比较合适。远距离购进肉牛，还需要注意防止牛的运输应激综合征，即"烂肺病"，可以采取以下措施：请经验丰富的人帮助挑选牛，不要急于装车，先进行观察；避免双层、不避风雨的车辆，途中保障牛的饮水、补饲、镇静，避免牛倒卧；牛落地后保障饮水、补盐，逐步变料，加强营养、消毒隔离；选好药物，合理配方，适时足量控制病牛，及早淘汰病重牛。

二、做好疾病预防

放牧时，牛只在采食牧草、饮用水源和接触地面的过程中容易感染寄生虫病，体内寄生虫如仰口线虫、食道口线虫、捻转血矛线虫等，体外寄生虫如螨、蜱、虱、蝇和蛆等。这些寄生虫寄生于牛体，吸收机体营养，影响牛只生长发育，造成肉牛日增重下降，饲料转化率降低，寄生虫严重时甚至会造成死亡。因此，驱虫是养牛必不可少的环节。

一般建议在每年 3—5 月和 9—10 月进行 2 次定期驱虫，牛群在育肥开始时也要进行一次驱虫。另外，为避免晚上蚊虫叮咬，傍晚可在牛舍的上风处用辣蓼草、黄荆子、艾蒿等加干草、锯木屑点火熏烟。熏烟的地方要与牛体保持一定距离，以免烫伤牛体。

三、日粮配比

（一）根据季节优势，加大粗饲料的储备

进入秋季后，肉牛养殖方式将随着季节变化，逐步由放牧转为舍饲，此时应利用秋季农作物收获和牧草生长繁茂的优势，利用牧草、玉米、稻草秸秆等原料，采用青贮、黄贮、微贮、氨化等技术生产饲料。玉米全株青贮不但养分损失少、保存时间长，经乳酸菌发酵后，适口性得到改善。青贮玉米秸秆称为黄贮；微贮是指在青贮过程中加入高效活性发酵剂进行厌氧发酵，目前运用最广的是纤维素分解菌类；氨化主要是针对稻草、麦秸等含水量较低、木质素较高的作物秸秆，通过喷洒一定量的氨水，氨化好的秸秆为黄棕色，发亮，有一种糊香味，质地柔软，适口性增加，使用时须进行放氨处理，否则极易引起中毒。青贮、黄贮等发酵饲料的 pH 值一般在 5.0 左右，发酵过程中还会生成乙酸和乳酸，使青贮饲料的酸度过高，不但降低适口性，而且对牲畜的牙齿、胃肠道有腐蚀性和刺激性，适量加一点尿素可以解决这个问题，而且还能提高青贮饲料中的蛋白质含量。酒糟、果渣发酵产品等酸度也较大，长期饲喂育肥肉牛，牛会出现毛焦、皮紧等现象，对牛肉品质影响也很大，可以在精饲料中添加一定量的小苏打进行饲喂。

（二）加大蛋白饲料和能量饲料等精饲料的储备

目前，肉牛养殖中能量饲料主要以玉米为主，小麦也有使用。蛋白饲料一般指的是豆粕，也有较多使用价格相对便宜的棉粕和菜籽饼代替豆粕。此外，还应储备一些营养性饲料添加剂，用以补充饲料营养成分的不足，改善饲料的适口性，提高饲料利用率，增强肉牛的抗病能力，促进牛只正常发育和秋季长膘。

（三）适量补饲

为防止白天放牧时采食量不足，夜间应适量补喂一些营养丰富、适口性较好的精料，以促进长膘。秋初季节因气温较高，易消耗牛群体内的盐分，建议每头牛每天取食盐 10g 左右，将其化在洁净的饮水中调制成淡盐水溶液，每天下午让牛群饮用，其他时间饮用水依然为正常洁净水源。

（四）提高营养水平

若生产普通牛肉，可选购架子牛或成年牛，采用短期催肥法，经过 7 ～ 10d 的准备期和 10 ～ 20d 的过渡期，即可将精料水平提高到日粮的 40% ～ 50%，一直持续到出栏屠宰。为强化育肥效果，后期可加喂混合精料，混合精料配方：玉米面 72%，麦麸 8%，食盐 1%，尿素 1%，添加剂 2%，混合精料每日的饲喂量，以占体重的 1% 为宜。

若生产高档牛肉，主要选购架子牛，育肥期应适当延长，宜持续增加精料水平，具体安排：1 ～ 20d，日粮中精料的比例为 55% ～ 60%；21 ～ 50d，日粮中精料的比例为 65% ～ 70%；51 ～ 80d，日粮中精料的比例为 75%；81 ～ 100d，日粮中精料的比例为 80% ～ 85%。

第六节　冬季肉牛饲养管理要点

冬季寒冷漫长，由于青饲料缺乏及寒冷等应激因素的影响，牛的代谢功能处于低谷，牛自身抵抗能力比较低，既容易感染传染性疾病，也容易发生消化道疾病。如果饲养管理不当，会使肉牛形成"夏饱、秋肥、冬瘦、春乏"的恶性循环。因此，养殖户要加强肉牛冬季的饲养管理，从而提高肉牛饲养的经济效益。

一、加强日常管理

（一）温度

牛舍是牛活动和生产的主要场所，牛舍的作用是为牛提供一个适宜生产的环境。牛舍环境因素影响着肉牛的健康和育肥效果。在入冬前要周密检查牛舍的墙壁，堵塞缝隙，做好牛舍的防寒保暖工作。当牛处于冷应激时，为了保持代谢平衡需要增大采食量，但是由于瘤胃活动加强，食糜的通过时间会缩短，饲料的消化利用率大大降低，这样严重影响肉牛生产的经济效益。有研究显示，肉牛在 0 ～ 25℃ 的范围内适宜生长和生产，5 ～ 15℃ 是肉牛的最适温度，上限温度为 25℃，下限温度为 −18℃，当肉牛所处的环境达到最适温度时才能达到最高的生产效率，因此冬季一定要做好牛舍的保温工作。如果牛舍温度较低，可利用牛粪发酵产热，多用垫草。

（二）湿度

牛舍最适宜的相对湿度是 60% ～ 70%，高湿的环境更有利于病原微生物和寄生虫的繁殖和传播。有研究结果显示，当舍内湿度分别为 65% 和 95% 时，1 ～ 60d 犊牛的发病率分别为 33.33% 和 71.43%，死亡率分别为 0% 和 28.57%，畜舍内湿度增加时，犊牛的发病率和死亡率都会显著增加。因此，要保证舍内合适湿度，及时清理牛粪和牛尿，舍内的垫草要及时更换。天气良好时尽量赶牛到运动场运动，在运动场给牛饮水。

（三）通风换气

牛舍外空气环境一般都很稳定，由于舍内牛的排泄物及呼吸的影响会使畜舍内空气环境和舍外有较大的差别，牛舍内的空气卫生环境状况直接影响着牛的健康和生长。对牛影响最大的就是牛舍内的有害气体 CO_2、NH_3、H_2S、CH_4 等，以及牛舍内可吸入微粒。因此，牛舍必须及时通风换气，以排除舍内有害气体，保证舍内空气新鲜。在舍内安装换气扇，进行强制通风。对于圈养与放养结合的养牛户，可利用中午温度较高的时段清理圈舍卫生和通风换气。

（四）环境卫生

干净卫生的牛舍环境，能保障肉牛正常生长发育。因此，要及时清扫牛粪。每天在喂牛时要清除粪便。牛站起来吃草时清粪比较方便。每天喂完牛之后要把拌料打扫干净，及时扫净饲槽。每月进行 1 次消毒，用 2% 的氢氧化钠溶液进行牛舍地面和墙壁喷雾消毒，氨味浓时用过氧乙酸消毒，牛舍门口人经常走动的地方可用生石灰消毒。

（五）怀孕母牛的防寒

冬季科学管理怀孕母牛至关重要。一般冬春枯草时，母牛由于长期吃不到青草，营养成分会不均匀。这期间，一是保证能量、蛋白质、维生素 A、维生素 D、维生素 E 的供给；二是妊娠后期要保证逐渐加大营养及精饲料的供给，禁喂酒糟等饲料，更不能喂冰冻、发霉饲料；三是冬季应给母牛提供 40℃ 温水，若饮水温度低，需要数小时和大量的热量来恢复正常，热量来源于母牛消化吸收的营养物质。总之，怀孕后期要做好保胎工作，无论放牧或舍饲，都要防止挤撞、猛跑。天气好时，适当牵到外面进行运动，增强体质，防止难产。

（六）坚持日晒与运动

冬季牛群长时间舍养于圈内，缺少必要的运动，舍内的牛群也缺少阳光的照射，影响牛体质，容易感染疾病，因此应适量增加牛运动量。在天气晴朗气温高时，将牛群赶到舍外避风处进行适当运动并晒太阳，通过增加运动量可有效提高牛体质，多晒太阳利于维生素 D 的形成，能提高牛对钙的吸收和利用率；多运动可以增强牛的体质，从而减少疾病的发生。怀孕母牛适当运动有利于胎儿生长发育，防止母牛难产，每天坚持户外运动 2～3h。育肥牛应减少或限制其运动，以减少体能消耗。

二、加强防疫

冬季由于气温低、早晚温差大，很多冬季常见的疾病也随之而来，而且不认真对待很容易造成大面积的感染，对肉牛的生长以及经济效益带来巨大的影响。冬季肉牛常见的有感冒、百叶干病、前胃迟缓等疾病，因此，在冬季肉牛疾病预防中除了加强饲养管理，还要及时接种相关的疫苗，提高肉牛自身的抵抗力。同时，还要在天气晴朗、阳光明媚时，将牛群赶出牛舍，进行适当的运动，促进牛群机体的新陈代谢，提高牛群的体质，从一定程度上减少疾病的发病率。对于感染疾病的病牛，一定要进行隔离饲养，避免造成交叉感染，并对牛舍进行全面的清扫和消毒，防止病菌的残留。而生病的病牛要根据所得疾病，进行对症下药，待病牛完全康复以后，才能进行集体喂养。

育肥肉牛应防止感染体内外寄生虫。寄生虫不仅会夺取牛体营养，其代谢产生的有毒物质还会使肉牛出现发病症状，严重影响育肥效果。冬季育肥前要对肉牛进行驱虫和疾病筛查，确保每头牛都处于健康状态。驱虫可投喂伊维菌素，空腹或拌料一次喂完。

三、保证饲料品质和加强营养

冬季的寒冷气温会使肉牛体内散热较快，需要更多的营养来维持体温，所以必须合理搭配日粮营养水平，以保证肉牛正常地增膘长肉。养牛户可以选择优质犊牛料、妊娠母牛料，选择优质牧草，合理搭配，满足肉牛生产需求。为让肉牛吃饱、吃好，可加喂适量萝卜、胡萝卜、白菜、菠菜、油菜等青绿多汁饲料，既补充维生素和微量元素，又可改善饲料的适口性。肉牛饲喂时可以在草料中添加食盐，以提高肉牛食欲，增加采食量。入冬前要备足冬用的料草，禁止饲喂发霉变质的饲料。饲料中有丰富的营养物质，发霉变质后会转化为有毒物质，引起肉牛饲料中毒，肉牛食用后有时会造成大批死亡。因此，切忌饲喂发霉变质的饲料，必须加强对饲料的贮存管理。供给肉牛足量的优质干草和青贮饲料，同时应每日补喂 1 ～ 2kg 精料、食盐，能搭配多汁块根类饲料拌喂则效果更好。冬季牛群的日粮应少喂青绿多汁料及渣糟类，多用优质干草或玉米青贮饲料。如果平时给牛喂的是青贮饲料，那么就要多加一些干草料。因为青贮饲料含水量比较大，容易造成牛对干物质摄入量不足，加入干草料可以增加牛的干物质摄入量。同时也要增加精料量，冬天牛的热量消耗过大，可以增加精料，一般要增加10%。麦草、稻草和干玉米秸秆必须经过加工调制后再喂，严防冰冻或霉变草料喂牛。

　　冬季的维生素饲料缺乏，有青贮饲料的农户可以按照每天犊牛 1kg/100kg 体重，育成牛 2kg/100kg 体重，育肥牛 3.5 ～ 4.0kg/100kg 体重，怀孕母牛应为 4.0 ～ 4.5kg/100kg 体重的供给量饲喂，其余的用干草、农作物秸秆类粗饲料，干秸秆等干制粗饲料最好切短 3 ～ 4cm，提高粗饲料消化率。没有青贮饲料饲喂的农户，可购置一些维生素、矿物质饲料添加剂等，拌匀在精料中补饲，用量一般不超过日粮总量的 1% ～ 3%。冬季牧草干枯，营养价值降低。青贮饲料虽好，并不能完全补充牛群生长所需的所有营养。同时，天气寒冷，牛体热散失增加，导致大部分牛营养不足，犊牛生长迟缓，体质瘦弱，成活率低，青年牛发育不良，成年牛生产力低下。为了改变这种状况，应对牛群进行合理的饲料调整，多喂一些能量饲料，如育肥牛精料喂量可从 40% 提高至 45%，可在精料中添加 2% ～ 3% 的油脂，例如大豆油、菜籽油等植物油，可对牛起到较好的御寒及增膘效果，注意油脂喂量不宜过大，且饲喂时间不宜过长，仅在最寒冷的 2 个月或临出栏前 2 个月饲喂即可。

　　由于青贮饲料有轻泻作用，故怀孕牛喂量不宜过多。喂料时要遵循少喂勤添的原则，每次的采食时间以 1 ～ 1.5h 为最佳，不要让牛吃得过饱，使牛在每次饲喂时保持旺盛的食欲。饲喂次数为每天 3 次，一般早上 6:00、中午12:00、下午 18:00 点各喂 1 次。一般不宜让牛空腹饮水，在肉牛采食后 1h 饮水，防止暴饮暴食。冬季牛以吃干草料为主，所以要供给充足的饮水。饮水不足，不但影响肉牛采食，也影响肉牛对饲料的消化和利用，使牛的被毛、皮肤干燥，精神不振。冬季每天饮 2 次水为宜，在采食后 1h 左右饮水，供给的水要清洁卫生，要求水质无污染，温度要适宜（20℃）。牲畜冬季户外活动量少，日晒时间较短，无法吸收充足的紫外线，导致牲畜体内有效钙质成分流失，可能会阻碍牲畜的生长或产奶量。因此，有必要在饲料中添加适当矿物质和维生素等营养性添加剂，同时可以预防由于养分缺失造成的疾病。牛吃剩的饲草、饲料不能过顿或过夜，酒糟要新鲜、优质，腐败、冰冻、带沙土的饲料、饲草不能饲喂。

在储备好粗饲料的同时，还要进行精饲料的储备，包括能量饲料和蛋白饲料。能量饲料主要以玉米为主，蛋白饲料可用价格相对较低的菜籽饼和棉粕代替豆粕。此外，还要储备一些饲料添加剂，改善饲料的适口性和饲料利用率，增强肉牛抗病能力，促进正常发育和快速生长。

饲喂肉牛的精饲料有玉米、麸皮、油饼、专业育肥牛上膘饲料（5%育肥牛预混料）等；粗饲料有作物秸秆，如玉米秆、稻草以及牧草等。只有科学投喂饲料，才能促进肉牛的快速生长。

精料推荐配方如下。

300～400kg牛饲料配方：玉米31kg、豆粕10.5kg、麦麸5.5kg、小苏打0.4kg、预混料2.5kg；400kg至出栏牛饲料配方：玉米32kg、豆粕9.75kg、麦麸5kg、小苏打0.75kg、预混料2.5kg。

第五章　肉牛场建设、规划和环境控制

第一节　牛场厂址选址、规划设计及建设

一、场址选择条件

（一）合适的位置

牛场的位置应选在供水、供电方便，饲草饲料来源充足，交通便利且远离居民区。

（二）地势高燥、地形开阔

牛场应选在地势高燥、平坦、向南或向东南地带稍有坡度的地方，既有利于排水，又有利于采光。

（三）土壤的要求

土壤应选择砂壤土为宜，能保持场内干燥，温度较恒定。

（四）水源的要求

创建牛场要有充足的、符合卫生标准的水源供应。

（五）肉牛场周边环境要求

肉牛场周边环境同样会对肉牛生产造成重大影响或制约，肉牛场周边环境要求达到以下3点。

1. 交通便利，电力供应充足、可靠

至少保证有一条可供大型货车自由进出的通道，以方便运输干草、精料、秸秆等的车辆通行。为便于防疫，牛场离交通主干道应有适当距离。

2. 符合社会公共卫生准则

既要考虑肉牛场不致成为周围社会的污染源，同时也要注意不受周围环境所污染。牛场要远离化工厂、屠宰场、制革厂等高污染企业，与居民点之间至少有 300m 以上的距离，与其他养殖场之间也应保持一定的卫生间距。

3.具有良好的当地饲料饲草生产供应条件

这样便于就近解决饲料饲草的采购问题，尤其是青粗饲料，要尽量由当地供应，或能由本场规划出饲料地自行种植和生产。

二、肉牛场场地面积确定

肉牛场所需面积要按照生产规模、饲养管理方式和发展规划等确定。既要精打细算，节约建场，还要有长远规划，留有余地。

建场用地主要为牛舍等建筑用地，还有青贮池、干草库及精料加工车间、贮粪池、职工生活建筑用地等。牛舍面积一般可按每头肉牛 $10 \sim 15m^2$ 来估算，场地总面积按照不低于牛舍面积的 5 倍进行规划。

以存栏规模为 100 头的肉牛育肥场为例，需要牛舍面积为 $1\,000 \sim 1\,500m^2$，整个养殖场面积不应小于 $5\,000m^2$（约 7.5 亩）。但如果是农户在自家住房附近建场，且不需要另雇工人，则可省去部分职工生活区面积。

三、牛场的规划布局

按功能规划为以下分区：生活区、管理区、生产区、粪尿处理区和病牛隔离区。根据当地的主要风向和地势高低依次排列。

（一）生活区

建在其他各区的上风向和地势较高的地段，并与其他各区用围墙隔开一段距离，以保证职工生活区的良好卫生条件，也是牛群卫生防疫的需要。

（二）管理区

管理区要和生产区严格分开，保证 50m 以上的距离，外来人员只能在管理区活动。

（三）生产区

应设在场区的下风向位置，禁止场外人员和车辆进入，要保证安全、安静。

（四）粪尿处理区

生产区污水和生活区污水收集到粪尿处理区，进行无害化处理后排出场外。

（五）病牛隔离区

建高围墙与其他各区隔离，相距 100m 以上，处在下风向和地势最低处。

四、肉牛场的布局规划原则

肉牛场的布局规划，应按照牛群组成和饲养工艺安排各类建筑物的位置配备；根据兽医卫生防疫要求和防火安全规定，保持场区建筑物之间的距离；

凡属功能区相同或相近的建筑物，要尽量紧凑安排，便于流水作业；场内道路和各种运输管线要尽可能缩短，减少投资，节省人力；牛舍要平行整齐排列，并与饲料调制间保持最近距离。

（一）三大功能区的位置

主要考虑人、畜卫生防疫和工作方便，地势和当地全年主导风向，来安排各区位置。

生产区内建筑布局，主要根据牛舍种类及生产阶段特点进行，繁殖母牛舍、犊牛舍在上风向。

（二）牛舍的朝向

主要考虑日照和通风效果，以牛舍达到最理想的冬暖夏凉效果为目标。通常情况下，牛舍朝向均以南向或南偏东、偏西45°以内为宜。实践中要充分考虑当地的地形地势及地方性小气候特点，做到因地制宜。

（三）牛舍的间距

牛舍间距主要考虑日照、通风、防疫、防火和节约占地面积。经专业计算，朝向为南向的牛舍，舍间距保持檐高的3倍（6～8m）以上，就可以保证我国绝大部分地区冬至日（一年内太阳高度角最低）9:00—15:00时南墙满光照，同时也可以基本满足通风、排污、卫生防疫防火等要求。

五、牛场建设

牛舍一般横向成排（东西）、竖向成列（南北），整个生产区尽量按方形或近似方形布置，以缩短饲料、粪便运输距离，便于管理和工作联系。根据场地形状、牛舍数量和每栋牛舍的长度，牛舍可以是单列、双列或多列式。

（一）牛舍类型

肉牛舍包括拴系式牛舍、开放式牛舍、围栏式牛舍和塑料暖棚式牛舍。

1.拴系式肉牛舍

目前国内采用舍饲的肉牛舍多为拴系式，尤其高强度肥育肉牛。拴系式牛舍是将牛只颈部套住，使牛只并排于饲槽前，也称为固定架方式。这种方式多用于肉牛肥育，尤其是幼龄肥育的养牛场。拴系式养牛占地面积少，节约土地，管理比较精细。同时，牛只活动量少，饲料利用较高。但牛只出入时，系放比较麻烦。

拴系式牛舍内部排列常见的有单列式和双列式。饲养规模小时可采用单列，规模较大的一般采用双列对头式。

牛床长度依牛体大小而异，一般为160～180cm，牛床宽110～120cm。拴系式牛舍饲养母牛，应于分娩前将母牛移至产房。

2. 开放式肉牛舍

牛只可以自由出入牛舍和进入运动场。舍内部有休息室及饲喂场。休息场的面积以每头 6 ～ 8m² 宜，运动场的面积至少应为牛舍的 2 倍。开放式牛舍饲养管理所需劳力少，适于大群饲养。其缺点是不能做到牛只按个体饲养。

3. 围栏式牛场

围栏式肉牛场是按牛的头数，以每头繁殖牛 30m²，幼龄肥育牛 13m² 的比例加以围栏，将肉牛养在围栏内，除树木、土丘等自然物或饲槽外，栏内一般不设棚或仅在采食区和休息区设有凉棚。在围栏式牛场，牛粪、尿随处排放，不利于卫生管理。可采用倾斜地面，铺垫沙床，时常更换饲养所，在饲槽处铺水泥地面等方法加以解决。适合大规模养殖，特别是在气候温暖而雨量又不多，土质和排水较好的地区。目前，围栏式牛场在世界上比较流行。

4. 塑料暖棚牛舍

主要用于北方寒冷地区。育肥肉牛以每头 4m² 为宜。选用白色透明的不凝结水珠的塑料薄膜，规格 0.02 ～ 0.105 mm 厚。棚架材料可根据当地情况，选用木杆、钢筋，防寒材料可用草帘、棉等。塑料薄膜盖棚面积以棚面积的 2/3 的联合式暖棚为最好。在中原地区，塑料坡度可掌握在 40 ～ 60°。封盖适宜时间是 11 月中旬以后至次年的 3 月上旬。塑料薄膜应绷紧拉平，四边封严，不透风。夜间和寒冷阴雨天加盖草帘等防寒材料。暖棚要设置换气孔或换气窗，以排出潮湿空气及有害气体，维持适宜温度、湿度。一般进气孔设在南墙 1/2 的下部，排气孔设在 1/2 的上部或棚面上。每天应通风换气两次，每次 10 ～ 20min。

（二）牛舍结构

1. 地基与墙体

地基深 80 ～ 100cm，砖墙厚 24cm 双坡式牛舍脊高 4.0 ～ 5.0m，前后檐高 3.0 ～ 3.5m。牛舍内墙的下部设墙围，防止水气渗入墙体，提高墙的坚固性、保温性。

2. 门窗

门高 2.1 ～ 2.2m，宽 2.0 ～ 2.5m。封闭式的窗应大一些，高 1.5m，宽 1.5m，窗台高距地面 1.2m 为宜。

3. 屋顶

最常用的是双坡式屋顶。

4. 牛床

一般的牛床设计是使牛前躯靠近料槽后壁，后肢接近牛床边缘，粪便能直接落入粪沟内即可。

5. 料槽

料槽建成固定式的、活动式的均可。水泥槽铁槽、木槽均可用作牛的饲槽。

6. 粪沟

牛床与通道间设有排粪沟，沟宽 35 ～ 40cm，深 10 ～ 15cm，沟底呈一定坡度，以便污水流淌。

7. 清粪通道

清粪通道也是牛进出的通道，多修成水泥路面，路面应有一定坡度，并刻上线条防滑。清粪道宽 1.5 ～ 2.0m。牛栏两端也留有清粪通道，宽为 1.5 ～ 2.0m。

8. 饲料通道

在饲槽前设置饲料通道。通道高出地面 10cm 为宜，饲料通道一般宽 1.5 ～ 2.0m。

9. 运动场

多设在两舍间的空余地带，四周栅栏围起，将牛拴系或散放其内。每头牛应占面积为：成牛 15 ～ 20m²、育成牛 10 ～ 15m²、犊牛 5 ～ 10m²。

第二节 环境与肉牛生产的关系

一、温热环境

（一）温度

牛舍气温的高低直接或间接影响牛的生长和繁殖性能。牛的适宜环境温度为 5 ～ 21℃。牛在高温环境下，特别是在高温高湿条件下，机体散热受阻，体内蓄热，导致体温升高，引起中枢神经系统功能紊乱而发生热应激，肉牛主要表现为体温升高、行动迟缓、呼吸困难、口舌干燥、食欲减退等症状，降低机体免疫力，影响牛的健康，最后导致热射病。

在低温环境下，对肉牛造成直接的影响就是容易出现感冒、气管炎和支气管炎、肺炎以及肾炎等症状，所以必须加以重视。初生牛由于体温调节能力尚未健全，更容易受低温的不良影响，必须加强牛犊的保温措施。

（二）湿度

牛舍要求的适宜相对湿度为 55% ～ 80%。湿度主要通过影响机体的体温调节而影响肉牛生产力和健康，常与温度、气流和辐射等因素综合作用对肉牛产生影响。舍内温度不适时，增加舍内湿度可减弱机体抵抗力，增加发病率，且发病后的过程较为沉重，死亡率也较高。如高温、高湿环境使牛体散热受阻，且促进病原性真菌、细菌和寄生虫的繁殖；而低温、高湿，牛易患各种感冒性疾病，如风湿、关节炎、肌肉炎、神经痛和消化道疾病等。当舍内温度适宜时，高湿有利于灰尘下沉，空气较为洁净，对防止和控制呼吸道感染有利。而空气过于干燥（相对湿度在 40% 以下），牛的皮肤和口、鼻、气管等黏膜发生干裂，会降低皮肤和黏膜对微生物的防卫能力，易引起呼吸道疾病。

（三）气流

任何季节牛舍都需要通风。一般来说，犊牛和成牛适宜的风速分别为 0.1 ～ 0.4m/s 和 0.1 ～ 1m/s。舍内风速可随季节和天气情况进行适当调节，在寒冷冬季，气流速度应控制在 0.1 ～ 0.2m/s，不超过 0.25m/s；而在夏季，应尽量增大风速或用排风扇加强通风。夏季环境温度低于牛的皮温时，适当增加风速可以提高牛的舒适度，减少热应激；而环境温度高于牛的皮温时，增加风速反而不利。

二、有害气体

舍内的有害气体不仅影响到牛的生长，对外界环境也造成不同程度的污染。对牛危害比较大的有害气体主要包括氨气、二氧化碳、硫化氢、甲烷、一氧化碳等。其中，氨气和二氧化碳是给牛健康造成危害较大的两种气体。

（一）氨气（NH_3）

牛舍内 NH_3 来自粪、尿、饲料和垫草等的分解，所以舍内 NH_3 含量的高低取决于牛的饲养密度、通风、粪污处理、舍内管理水平等。肉牛长期处于高浓度 NH_3 环境中，对传染病的抵抗力下降，当氨气吸入呼吸系统后，可引起上部呼吸道黏膜充血，支气管炎，严重者可引起肺水肿和肺出血等症状。国家行业标准规定，牛舍内 NH_3 含量不能超过 20mL/m³。

（二）二氧化碳（CO_2）

CO_2 本身无毒，是无色、无臭、略带酸味的气体，它的危害主要是造成舍内缺氧，易引起慢性中毒。国家行业标准规定，牛舍内 CO_2，含量不能超过 1 500mL/m³。北方冬季由于门窗紧闭，舍内通风不良，CO_2 浓度可高达 2 000mL/m³ 以上，造成舍内严重缺氧。

（三）微粒

微粒对肉牛的最大危害是通过呼吸道造成的。牛舍中的微粒少部分来自外界的带入，大部分来自饲养过程。微粒的数量取决于粪便、垫料的种类和湿度、通风强度、牛舍内气流的强度和方向、肉牛年龄、活动程度以及饲料湿度等。国家行业标准规定，牛舍内总悬浮颗粒物（TSP）不得超过 4mg/m³，可吸入颗粒物（PM）不得超过 2mg/m³。

（四）微生物

牛舍空气中的微生物含量主要取决于舍内空气中微粒的含量，大部分的病原微生物附着在微粒上。凡是使空气中微粒增加的因素，都会影响舍内空气中的微生物含量。据测定，牛舍在一般生产条件下，空气中细菌总数为121 ～ 2 530 个 /L，清扫地面后，可使细菌达到 16 000 个 /L。另外，牛咳嗽或打喷嚏时喷出的大量飞沫液滴也是携带微生物的主要途径。

第三节　牛舍环境控制

适宜的环境条件可以使肉牛获得最大的经济效益，因此在实际生产中，不仅要借鉴国内外先进的科学技术，还应结合当地的社会、自然条件以及经济条件，因地制宜地制订合理的环境调控方案，改善牛舍小气候。

一、防暑与降温

（一）屋顶隔热设计

屋顶的结构在整个牛舍设计中起着关键作用，直接影响舍内的小气候。

1. 选材

选择导热系数小的材料。

2. 确定合理的结构

在夏热冬暖的南方地区，可以在屋面最下层铺设导热系数小的材料，其上铺设蓄热系数较大的材料，再上铺设导热系数大的材料，这样可以延缓舍外热量向舍内的传递；当夜晚温度下降时，被蓄积的热量通过导热系数大的最上层材料迅速散失掉。而在夏热冬冷的北方地区，屋面最上层应该为导热系数小的材料。

3. 选择通风屋顶

通风屋顶通常指双层屋顶，间层的空气可以流动，主要靠风压和热压将上层传递的热量带走，起到一定的防暑效果。通风屋顶间层的高度一般平屋顶为 20cm，坡屋顶为 12 ～ 20cm。这种屋顶适于热带地区，寒冷地区或冬冷夏热地区不适于选择通风屋顶，但可以采用双坡屋顶设天棚，两山墙上设通风口的形式，冬季可以将风口堵严。

4. 采用浅色、光平外表面

外围护结构外表面的颜色深浅和光平程度，决定其对太阳辐射热的吸收和发射能力。为了减少太阳辐射热向舍内的传递，牛舍屋顶可用石灰刷白，以增强屋面反射。

（二）加强舍内的通风设计

自然通风牛舍可以设天窗、地窗、通风屋脊、屋顶风管等设施，以增加进、排风口中心的垂直距离，从而增加通风量。天窗可在半钟楼式牛舍的一侧或钟楼式牛舍的两侧设置，或沿着屋脊通长或间断设置；地窗设在采光窗下面，应为保温窗，冬季可密闭保温；屋顶风管适用于冬冷夏热地区，炎热地区牛舍屋顶也可设计为通风屋脊形式，增加通风效果。

（三）遮阴与绿化

夏季可以通过遮阴和绿化措施来缓解舍内的高温。

1. 遮阴

建筑遮阴通常采用加长屋檐或遮阳板的形式。根据牛舍的朝向，可选用水平遮阴、垂直遮阴和综合遮阴。对于南向及接近南向的牛舍，可选择水平遮阴，遮挡来自窗口上方的阳光；西向、东向和接近这两个朝向的牛舍需采用垂直遮阴，用垂直挡板或竹帘、草苫等遮挡来自窗口两侧的阳光。此外，很多牛舍通过增加挑檐的宽度达到遮阴的目的，考虑到采光，挑檐宽度一般不超过80cm。

2 绿化

绿化既起到美化环境、降低粉尘、减少有害气体和噪声等作用，又可起到遮阴作用。应经常在牛场空地、道路两旁、运动场周围等种草种树。一般情况下，场院墙周边场区隔离地带种植乔木和灌木的混合林带；道路两旁既可选用高大树木，又可选用攀缘植物，但考虑遮阴的同时，一定要注意通风和采光；运动场绿化一般是在南侧和西侧，选择冬季落叶夏季枝叶繁茂的高大乔木。

（四）搭建凉棚

建有运动场的牛场，运动场内要搭建凉棚。凉棚长轴东西向配置，以防阳光直射凉棚下地面，东西两端应各长出3～4m，南北两端应各宽出1～1.5m。凉棚内地面要平坦，混凝土较好。凉棚高度一般3～4m，可根据当地气候适当调整棚高，潮湿多雨地区应该适当降低，干燥地区可适当增加。凉棚形式可采用单坡或双坡，单坡的跨度小，南低北高，顶部刷白色，底部刷黑色较为合理。

凉棚应与牛舍保持一定距离，避免有部分阴影射到牛舍外墙上，造成无效阴影。同时，如果牛舍与凉棚距离太近，影响牛舍的通风。

（五）降温措施

夏季牛舍的门窗打开，以期达到通风降温的目的。但高温环境中仅靠自然通风是不够的，应适当辅助机械通风。吊扇因为价格便宜是目前牛场常用的降温设备，一般安装在牛舍屋顶或侧壁上，有些牛舍也会选择安装轴流式排风扇，采用屋顶排风或两侧壁排风的方式。在实际生产中，风扇经常与喷淋或喷雾相结合使用效果更好。安装喷头时，舍内每隔 6m 装 1 个，每个喷头的有效水量为 1.2 ～ 1.4L/min 时，效果较好。

冷风机是一种喷雾和冷风相结合的降温设备，降温效果很好。由于冷风机价格相对较高，肉牛舍使用不多，但由于冷风机降温效果很好，而且水中可以加入一定的消毒药，降温的同时也可以达到消毒的效果，在大型肉牛舍值得推广。

二、防寒与保暖

（一）合理的外围护结构保温设计

牛舍的保温设计应根据不同地方的气候条件和牛的不同生长阶段来确定。目前，冬季北方地区牛舍的墙壁结冰、屋顶结露的现象非常严重，主要原因在于为了节省成本，屋顶和墙壁的结构不合理。选择屋顶和墙壁构造时，应尽量选择导热系数小的材料，如可以用空心砖代替普通红砖，热阻值可提高41%，而用加气混凝土砖代替普通红砖，热阻值可增加 6 倍。近几年来，国内研制了一些新型经济的保温材料，如全塑复合板、夹层保温复合板等，除了具保温性能外，还有一定的防腐、防潮、防虫等功能。

在外围护结构中，屋顶失热较多，所以加强屋顶的保温设计很重要。天棚可以使屋顶与舍空间形成相对静止的空气缓冲层，加强舍内的保温。如果在天棚中添加一些保温材料，如锯末、玻璃棉、膨胀珍珠岩、矿棉、聚乙烯泡沫等，可以提高屋顶热阻值。

地面的保温设计直接影响牛的体热调节，可以在牛床上加设橡胶垫、木板或塑料等，牛卧在上面比较舒服。也可以在牛舍内铺设垫草，尤其是小群饲养，定期清除，可以改善牛舍小气候。

（二）牛舍建筑形式和朝向

牛舍的建筑形式主要考虑当地气候，尤其是冬季的寒冷程度、饲养规模和饲养工艺。炎热地方可以采用开放舍或半开放舍，寒冷地区宜采用有窗密闭舍，冬冷夏热的地区可以采用半开放舍，冬季牛舍半开的部分覆膜保温。

牛舍朝向设计时主要考虑采光和通风。北方牛舍一般坐北朝南，因为北方冬季多偏西风或偏北风，另外，北面或西面尽量不设门，必须设门时应加门斗，防止冷风侵袭。

三、饲养管理

（一）调整饲养密度

饲养密度是指每头牛占床或占栏的面积，表示牛的密集程度。冬季可以适当增加牛的饲养密度，以提高舍温，但密度太大，舍内湿度会相对增加，有的牛舍早上空气相对湿度可高达90%，有害气体（如氨气和二氧化碳）浓度也会随之增加。而且密度太大，小群饲养时会增加牛的争斗，不利于牛的健康生长。夏季为了减少舍内的热量，要适当降低舍内牛的饲养密度，但一定要考虑牛舍面积的利用效率。

（二）控制湿度

每天肉牛可排出约20kg的粪便和18kg左右的尿液，如果不及时清除这些污水污物，很容易导致舍内空气的污浊和湿度的增加。通风和铺设垫草是较便捷、有效地降低舍内湿度的方法。一年四季每天定时通风换气，既能排出舍内的有害气体、微生物和微粒，又能排出多余的热量和水蒸气。冬季通风除了排出污浊空气，还要排除舍内产生的大量水蒸气，尤其是早上通风特别关键。

为了保持牛床的干燥，可以在牛床上铺设垫草，以保持牛体清洁、健康，而且垫草本身可以吸收水蒸气和部分有害气体，如稻草吸水率为324%，麦秸吸水率为230%。但铺设垫草时，必须勤更换，否则污染会加剧。

（三）利用温室效应

透光塑料薄膜和阳光板起到不同程度的保温和防寒作用，冬季应经常在舍顶和窗户部位覆盖这些透明材料，充分利用太阳辐射和地面的长波辐射热使舍内增温，形成"温室效应"。但应用这种保温措施时，一定要注意防潮控制。

总之，这些管理措施虽然可以改善牛舍的环境，但必须根据牛场的具体情况加以利用。此外，控制牛的饮水温度也是肉牛养殖的一个重要环节，夏季饮用地下水、冬季饮用温水对于夏季防暑和冬季的防寒有重要意义。

第四节　粪污处理和利用

肉牛粪尿中含有大量的有机质、氮、磷等营养物质，是一些动物和植物所需的养分。如经无害化处理后，不仅能化害为利，变废为宝，同时也起到保护环境，防止环境污染的作用。目前，我国对牛场粪尿无害化处理与利用的有效方法如下所示。

一、生产沼气

沼气工程是处理牛场粪污实用而有效的方式，是牛场粪污综合治理的纽带工程。

二、用作肥料

牛粪是一种非常好的有机肥，但必须经过腐熟后方可使用。如牛粪数量少，可通过堆肥发酵后直接使用；如数量较大，则适宜在腐熟基础上进行有机肥深加工，便于更大范围销售和使用。

（一）牛粪堆肥发酵技术

传统的堆肥为自然堆肥法，无须设备，但占地大、腐熟慢、品质差、效率低，而且劳动强度大、周围环境恶劣。

现代规模化牛场多采用原料好氧堆肥工艺，即利用堆肥设备使牛粪等，在有氧条件下利用好氧微生物作用达到稳定化、无害化，进而转变为优质肥，主要有条垛式堆肥工艺和太阳能发酵槽式堆肥工艺两种方法。根据牛粪原料水分情况，可以选择上述一种堆肥工艺，也可以将两种堆肥工艺结合起来堆肥。如先将牛粪通过槽式堆肥方式完成高温堆肥，无害化后从发酵槽中移出物料至条垛堆肥场区，进行二次发酵，并进一步降低水分，促使有机养分进一步腐殖质化和矿质化，最终彻底腐熟。两种工艺结合设备投资略增，但堆肥效率和品质有所提高。

发酵过程中添加菌剂，可以快速提高堆肥温度，促进牛粪发酵腐熟，缩短堆制时间，提高堆料纤维素和半纤维素的降解率。

在现代规模化牛粪发酵过程中，都配有专门的生产设备和机械，且有专业的技术要求。在具体实际操作时，还需要进行专业的学习。

（二）牛粪生产有机肥技术

由于牛粪堆肥产品总体养分偏低，且其中氮磷等营养元素与现有的农艺种植习惯和作物需肥特性存在差异。所以，在利用牛粪生产商品肥过程中，往往加入一部分氮、磷、钾化肥制成商品有机、无机复混肥。有机肥厂的规划设计通常将有机无机复混肥作为主导产品，兼顾生产有机肥产品。有机肥产品可以制成颗粒状，也可以制成粉状，包装规格也有不同，这都取决于市场需求。目前，市场上有专用花卉有机肥、蔬菜有机肥等，肥效更加有针对性，营养素利用率更高。

有机肥生产需要专业的配套设备，生产中可根据生产规模生产效率等进行选择。

三、养殖蚯蚓

蚯蚓消化利用牛粪的能力很强，牛的粪便是蚯蚓喜欢的食料。蚯蚓体内可分泌出一种能分解蛋白质、脂肪和木质纤维的特殊酶，能很好地利用牛粪中的营养元素。因此，蚯蚓是良好的"牛粪处理场"，蚯蚓养殖工厂即是一个良好的"环境净化装置"，可在一定程度内消除环境污染。

要成功利用牛粪养殖蚯蚓，主要做好两点：一是牛粪必须经过发酵，保证蚯蚓的"食品安全"；二是按照蚯蚓的生活习性，满足其生活条件需要。

四、种植双孢菇

双孢菇菌肉肥嫩，味道鲜美，营养丰富，享有"保健食品"和"素中之王"美称，深受人们喜爱。牛粪作为培养料生产的双孢菇，与其他培养料生产的双孢菇没有差别，且能充分消化利用牛粪中的氮磷元素，是牛粪变废为宝应用的典型案例。

双孢菇通常采用床式覆土模式种植，即在种植菌种的培养料床上覆盖一层土，待到双孢菇长到适宜大小时采收。培养料料厚一般在 20cm 左右，每平方米可使用培养料 25kg 左右，即每 40m² 的双孢菇种植面积就相当于普通 1 亩农田正常牛粪的施肥量。可见利用牛粪种植双孢菇是处理牛粪的一种高效方式。

由于牛粪自身不能满足双孢菇生长所需培养料的碳氮比要求，故需要添加一些肥料才能达到要求。即利用牛粪进行双孢菇生产，牛粪仅仅是其中培养料中的组成部分之一。配方举例：干牛粪 650kg，麦秸 350kg，豆饼粉 15kg，尿素 3kg，硫酸铵 6kg，碳酸铵 15kg，过磷酸钙 10kg。

五、发展生态循环农业

随着我国环境保护意识的加强和生态农业的发展，运用生物工程技术对家畜粪尿进行综合处理与利用，合理地将养殖业、种植业结合起来，形成物质的良性循环模式。按照这种生态农业模式进行规划、设计和改造养殖场，将是我国现代化养殖业发展的必然走向。种植业—养殖业—沼气工程三结合物质循环利用模式是最典型的代表。

第五节　卫生防疫

一、常规消毒

（一）消毒流程

要做好牛场的卫生防疫，首先要做好消毒工作。从消毒流程角度来讲，可分为预防消毒、临时消毒和终末消毒3个环节。

1. 预防消毒

为防止肉牛发生传染病，配合一系列的兽医防疫措施所进行的消毒，称为预防消毒。预防消毒要根据不同的消毒对象，可定期、反复地进行消毒。

2. 临时消毒

在非安全地区的整个非安全期内，以消灭病牛所散播的病原为目的而进行的消毒，称为临时消毒。临时消毒应尽早进行，消毒剂根据传染病的种类和具体情况选用。

3. 终末消毒

当病牛解除隔离、痊愈或死亡后，或在疫区解除封锁之前，为了消灭疫区内可能残留的病原微生物所进行的全面大消毒，称为终末消毒。消毒时不仅要对病牛周围的一切物品和牛舍消毒，对痊愈牛的体表和牛舍也要同时进行消毒。消毒剂的选用与临时消毒相同。

（二）消毒常识

消毒是利用物理、化学和生物方法对外界环境中的病原微生物及其他有害微生物等进行清除或杀灭，从而达到预防和阻止疫病发生、传播和蔓延的目的。消毒方法主要包括物理消毒、化学消毒和生物消毒法。

1. 物理消毒法

（1）日晒法。一般病毒和非芽孢的菌体，在阳光直射下，只需几分钟或几小时就能被杀死。抵抗力很强的芽孢，在强烈的阳光下连续反复暴晒，也可使其活性变弱或致死。这种方法用于养殖场的饲草、垫料、用具和运动场的消毒效果比较好。

（2）机械除菌法。使用清扫、洗刷、通风和过滤等手段机械清除带有病原体废弃物的方法，可大大减少人、肉牛体表、物体表面及空气中的有害微生物，是最普通、最常用的消毒方法。但它不能杀死病原体，所以还必须配合其他消毒方法同时使用，才能取得良好的消毒效果。

①前期准备。

器械：扫帚、铁锹、清扫机、污物桶、喷雾器、水枪等。

防护用品：雨靴、工作服、口罩、防护手套、毛巾、肥皂等。

②操作方法。

清扫：用清扫器具清除牛舍的粪便、垫料、尘土、废弃物等污物。清扫要全面彻底，不遗漏任何地方。

洗刷：对水泥地面、地板、食槽、水槽、用具或牛体等用清水或消毒液进行洗刷，或用喷水枪冲洗。冲洗要全面彻底。

通风：一般采取开启门窗和用换气扇排风等方法进行通风。通风不能杀死病原体，但能使牛舍内空气清洁、新鲜，减少空气病原体对肉牛的侵袭。

空气过滤：在牛舍的门窗、通风口等处安装过滤网，阻止粉尘、病原微生物等进入牛舍。

（3）火烧法。该方法简单、彻底，可用于处理病牛粪便、垫料、残余饲料及病牛尸体等带菌的废弃物。一方面对于病死牛、垫料、污染物品等养殖废弃物可直接采用焚烧消毒。另一方面对于金属物品（铁质工具、隔栏、笼架）、土、砖、石和混凝土墙壁及非木质饲槽等可用喷灯的火焰消毒。

①前期准备。

器械：火焰喷灯或火焰消毒机、汽油、煤油或酒精等。

防护用品：手套、防护眼镜、工作服等。

②操作方法。

消毒对象：选择消毒的对象是牛舍墙壁、地面、用具、设备等耐烧物品。

点燃：将装有燃料的火焰喷灯或火焰消毒机用电子打火或人工打火点燃。

灼烧：用喷出的火焰对被消毒物进行烧灼，消毒时一定要按顺序进行，以免遗漏，但不要烧灼过久，防止消毒物品的损坏和引起火灾。

（4）高温煮沸法。利用煮沸消毒一般温度不超过100℃，几分钟即可杀灭繁殖体类微生物，但要达到灭菌则往往需要较长的时间，一般应煮沸20～30min。高温煮沸法能使大部分非芽孢病原菌死亡。芽孢耐热，但煮沸1～2h也可使其死亡。凡煮沸后不会被损坏的物品和用具均可采用此法，消毒金属用具时，可在水中加1%～2%的碳酸钠，能提高煮沸消毒的效果和防锈。

2. 化学消毒法

使用化学消毒剂进行消毒，是应用最广的一种方法。化学消毒剂的种类很多，在进行消毒时应根据消毒目的和对象的特点，选用合适的消毒剂。所选用的消毒剂性质应稳定，无异臭、易溶于水、广谱杀菌和杀菌力强，对物品无腐蚀性，对人、牛无害。在牛肉中无残毒，毒性低，不易燃烧爆炸，使用无危险性，价格低，便于运输。

（1）常用化学消毒剂。消毒剂应选择对人、畜和环境比较安全，没有残留毒性，对设备没有破坏和在牛体内不产生有害积累的消毒剂。常用的消毒剂有氢氧化钠（烧碱）、草木灰、石灰乳（氢氧化钙）、漂白粉、克辽林、石炭酸、40%甲醛、高锰酸钾、过氧乙酸、苯扎溴铵、氨水、碘酊等。

（2）化学消毒法步骤。

前期准备

器具：消毒器械、喷雾器、抹布、刷子、天平、量筒、容器、消毒池、加热容器、温（湿）度计等。

消毒药品：根据消毒目的选择消毒剂。选择的消毒剂必须具备广谱抗菌，对病原体杀灭力强，性质稳定，维持消毒效果时间长，对人、牛毒性小，价廉易得，运输、保存和使用方便，对环境污染小等特点。使用化学消毒剂时要考虑病原体对不同消毒剂的抵抗力、消毒剂的杀菌谱、有效使用浓度、作用时间、对消毒对象及环境温度的要求等。

防护用品：防护服、防护镜、高筒靴、口罩、橡皮手套、毛巾、肥皂等。

消毒液的配制：根据消毒面积或体积、消毒目的，按说明正确计算溶质和溶剂的用量，按要求配制。

（3）常用消毒方法。根据消毒对象和目的采取不同的方法。

洗刷：用刷子蘸消毒液刷洗食槽、水槽、用具等设备，洗刷后用清水清洗干净。

浸泡：将需要消毒的物品浸泡在装有配制好的消毒液的消毒池中，按规定浸泡一定时间后取出。如将各种器具浸泡在0.5%～1%苯扎溴铵中消毒。浸泡后用清水清洗。

喷洒：喷洒消毒是用喷雾器或喷壶对需要消毒的对象（畜舍地面、墙壁和道路等）进行喷洒消毒。畜舍喷洒消毒一般以"先里后外、先上后下"的顺序为宜，即先对畜舍的最内侧、最上面（顶棚或天花板）喷洒，然后再对墙壁、门窗、设备和地面仔细喷洒，从里到外逐渐到门口。水泥地面、棚顶、墙壁等每平方米用药量控制在800mL左右，土地面、土墙壁等每平方米用药量控制在1 000～1 200mL，设备每平方米用药量控制在200～400mL。

熏蒸：先将需要熏蒸消毒的场所等彻底清扫、冲洗干净；关闭所有门窗、排气孔；将盛装消毒剂的容器均匀摆放在要消毒的场所内，如场所长度超过50m，应每隔20m放一个容器；根据消毒空间大小，计算消毒药的用量，进行熏蒸。熏蒸常用4种化学试剂。一是高锰酸钾和福尔马林混合。用高锰酸钾和福尔马林混合熏蒸进行畜舍消毒时，一般每立方米用高锰酸钾7～25g、福尔马林14～50mL、水7～25mL，熏蒸12～24h。如果反应完全，剩下的是褐色干燥残渣；如果残渣潮湿，说明高锰酸钾用量不足；如果残渣呈紫色，说明高锰酸钾加得太多。二是过氧乙酸。过氧乙酸熏蒸消毒使用浓度是3%～5%，每立方米0.5mL、在相对湿度60%～80%条件下，熏蒸1～2h。三是固体甲醛。固体甲醛熏蒸消毒按每立方米305g用量，置于耐烧容器中，放在热源上加热，当温度达到20℃以上时即可发出甲醛气体。

（4）化学消毒注意事项。现场消毒时要保证实效，除选择杀菌力强、效力较高的消毒药外，还必须注意消毒现场的环境，以便进行彻底消毒。消毒对象要求表面洁净、干燥，若存在有机物会造成消毒力的减低。因此，在进行现场消毒时，首先要注意人、牛的安全，然后清除对所要消毒的物品表面残留的污物。

3. 生物学消毒法

生物学消毒的原理就是利用微生物分解有机物质而释放出的生物热进行消毒。生物热的温度可达60～70℃，各种病原微生物及寄生虫卵等在这个温度环境下，经过10～20min以至数日即可相继死亡。生物学消毒是一种最经济、简便、有效，无环境污染、无残留的消毒方法。

（三）活体牛消毒

活体牛消毒是指在正常生产状态下进行的一种常规消毒，主要是对牛体及舍内环境的病原微生物进行杀灭或控制生长，所选取的消毒药物应该是广谱杀菌，毒性刺激性小的药物，按照药物使用说明进行配比，采用喷雾式消毒。药物使用剂量一般在每立方米室内空间5～25mL药物剂量，可根据生产情况采取每3～5d或1d 2次进行喷雾消毒，喷雾消毒时应向上喷雾，让药物的雾滴自由下落，以期达到净化空气的作用，切忌直接对牛体进行喷雾。

（四）饮水消毒

饮水消毒的作用是杀灭饮水中的病原微生物，防止因水源中病原微生物引起的消化道疾病，切忌将饮水变成药水。药物一定要选择适合饮水消毒的无毒无刺激物残留的消毒药物，严格按照产品说明书配制饮水，避免使用浓度过高或长时间饮用引起中毒。

一批牛全部卖出后，或在新牛未进之前要对牛舍进行彻底消毒，并保持空舍至少21d，这期间不能将任何污染物品带入牛舍内，同时对牛舍环境也要进行消毒灭菌。

（五）消毒制度

1. 环境消毒

牛舍周围环境包括运动场，每周用2%火碱消毒或撒生石灰1次；场周围及场内污水池、排粪坑和下水道出口，每月用漂白粉消毒1次。在大门口和牛舍入口设消毒池，使用2%的火碱溶液。

2. 人员消毒

工作人员进入生产区应更衣和紫外线消毒 3 ～ 5min，工作服不应穿出场外。

3. 牛舍消毒

牛舍在每批次牛群下槽后应彻底清扫干净，用高压水枪冲洗，并进行喷雾消毒和熏蒸消毒。

4. 用具消毒

定期对饲喂用具、食槽、水槽和饲料车等进行消毒，可用 0.1% 新洁尔灭或 0.2% ～ 0.5% 的过氧乙酸消毒，日常用具如兽医用具、助产用具、配种用具等在使用前应进行彻底消毒和清洗。

5. 带牛环境消毒

定期进行带牛环境消毒，有利于减少环境中的病原微生物，以减少传染病和蹄病的发生。可用于带牛环境消毒的药物有：0.1% 的新洁尔灭，0.3% 的过氧乙酸，0.1% 次氯酸钠。带牛环境消毒应避免消毒剂接触到饲料。

6. 牛体消毒

助产、配种、注射治疗及任何对肉牛进行接触操作前，应先将牛有关部位，如乳房、阴道口和后躯等，进行消毒擦拭，以保证牛体健康。

二、免疫和检疫

肉牛养殖场应根据《中华人民共和国动物防疫法》及配套法规的要求，结合当地实际情况，有选择地进行疫病的预防接种工作，并注意选择适宜的疫苗、免疫程序和免疫方法。每年至少需接种炭疽疫苗 2 次，口蹄疫疫苗 2 次。

三、动物疫病控制和扑灭

当肉牛养殖场发生疫病或怀疑发生疫病时，应根据《中华人民共和国动物防疫法》及时采取如下措施：驻牛场兽医应及时进行诊断，并尽快向当地畜牧兽医管理部门报告情况。确诊发生口蹄疫、牛瘟、牛传染性胸膜肺炎时，肉牛养殖场应配合当地畜牧兽医管理部门，对本场牛群实施严格的隔离、扑杀措施；发生蓝耳病、牛出血病、结核病、布鲁氏菌病等疫病时，应对本场牛群实施清群和净化措施，扑杀阳性牛。全场进行彻底清洗消毒，病死或淘汰牛的尸体按《病死及病害动物无害化处理技术规范》农医发〔2017〕25 号进行无害化处理，消毒按《畜禽产品消毒规范》(GB/T 16569) 进行。

四、病死牛及产品处理

对于非传染病或机械创伤引起的病牛，应及时进行治疗，并定点进行无害化处理，场内发生牛传染病后，应及时按照《病死及病害动物无害化处理技术规范》农医发〔2017〕25 号的规定对病牛进行隔离或作无害化处理。

五、废弃物处理

场区内应在位于生产区的下风口处设贮粪池，供粪便及其他污物存放，并对其进行有序管理。场区内的饲养员应每天及时除去牛舍内及运动场内的褥草、污物和粪便，并进行减量化、无害化和资源化处理后，再将粪便及污物运送到贮粪池。

第六章　肉牛常见病及防治技术

第一节　春季常见病及防治

春季气候主要表现在气温逐渐回升，天气多变，时寒时暖，疾病多发且易传染。春天牛的代谢功能仍处于低谷时期，抵抗能力较差，极容易感染传染性疾病，也容易发生消化系统疾病。一方面是由于气候变暖，另一方面是饲草发生了改变。如果管理不当，易引发多种疾病。如感冒、肺炎、瘤胃积食、皮肤病等。

一、感冒

家畜感冒俗称伤风，是以上呼吸道黏膜炎性变化为主的急性全身性疾病，是临床常见的一种普通病，一年四季均可发生，风邪为发病的主要原因，其病理总由肺卫首先受邪，因肺主皮毛，风、暑、湿、燥、寒侵袭皮毛而入，俗云："疏忽麻痹不注意，万病皆由感冒起"。但因畜体反应的不同，病邪的兼挟有别而传变各异，故在具体的治法上亦有所区别。

由于感受风邪的原因不同，感冒有风寒、风热的区别。

（一）诊断要点

（1）早春深秋季节气候多变或冬季天气寒冷，忽冷忽热，昼夜温差较大，或寒夜露天饲养，受到雨雪侵袭，或过度疲劳，大量流汗。家畜体虚，突然受寒，鼻腔和咽喉黏膜潜在的一些病毒和细菌就会乘机大量繁殖，使上呼吸道黏膜发生肿胀而感冒。

中兽医认为，家畜患感冒是指畜体感受外邪而引起的一种疾病，在临症上多以发热、恶寒、咳嗽、鼻塞、流涕为主症，本病一年四季皆可发生，而春冬二季为多，一般多是散发，如果由于气候反常，"春时应暖而反寒，夏时应热而反冷，春时应凉而反热，冬时应寒而反温"，感冒这种非时之气，就很容易造成广泛的流行，《诸病源候论》称为"时行病"。

（2）突然受到寒冷侵袭、劳役过度、雨淋等均可引起。某些呈高度接触传染性和明显由空气传播的感冒则可能是病毒引起的流行性感冒。

（3）多数病例体温升高，精神不振，食欲减少；初期流浆液性鼻液，后变为黄色黏稠状，鼻黏膜肿胀显著；羞明流泪，可视黏膜潮红，肿胀；脉搏、呼吸增数，咳嗽，胸部听诊肺泡音增强；皮温不匀，四肢末端和耳尖发凉。

（4）中兽医根据感冒证候不同，分为风寒感冒和风热感冒。

风寒感冒（外感风寒）。寒冷季节较为多见。病畜发热，恶寒，以恶寒为主，即怕冷。其症状为颈项紧缩，腰背弓起，尾巴夹于后腿，被毛竖立，发抖，特别是早晚气温偏低时更为明显。头低耳耷，有时摇头，喜卧，不愿行走（系全身疼痛表现），鼻流清涕，喷鼻或咳嗽，耳鼻发凉。脉浮紧，舌色淡。

风热感冒（外感风热）。春季较为常见，大多具有前述症状，但风热感冒发热重，恶寒轻或没有恶寒症状。病畜口渴喜饮，脉浮数，舌苔白带黄，舌尖红。

（二）治疗

处方1：30%安乃近注射液40mL；板蓝根注射液20mL。

用法：分别肌内注射。

说明：30%安乃近注射液40mL可用氨基比林注射液30mL，或柴胡注射液30mL替代；板蓝根注射液20mL可用鱼腥草注射液30mL替代。二者不要同时注射。

处方2：

（1）氯化铵15g，远志酊40mL，复方甘草合剂200mL。

用法：加水适量，灌服。

说明：咳嗽严重患牛使用。

（2）人工盐500g，复方龙胆酊100mL。

用法：加水适量，灌服。

说明：食欲不振者患牛使用。

（3）复合维生素B注射液20mL。

用法：肌内注射。

说明：食欲不振者患牛使用。

中兽医认为，风寒感冒治宜辛温解表，风热感冒治宜辛凉解表，而对寒热夹杂之症，若只采取辛凉解表法，往往发汗不出；独用辛温解表则汗出而热未解；此时应辛凉辛温并用，则能寒热双解。

由于感冒有风寒、风热型之分，故其治法不同，如对风寒症候，误用凉药，易伤害畜体阳气；而对风热者误施热剂，则耗损津液，甚至继发其他疾病。所以感冒初起，邪在皮毛肌表，还未入里时，就应采用汗法，使邪从表解，从而控制疾病的发展，达到早期治疗的目的。但是，汗法必须在具有表证的情况下使用。例如："阳虚"病畜感受外邪者，单一发汗解表，就会造成汗多亡阳，因此须在发汗解表方剂中兼顾助阳补气，如酌加党参、附子、大枣、生姜等药。若属"阴虚"病畜感受外邪者，虽然表邪宜汗，但因汗是阴液所化，若先令发汗，不但病不能祛，反而造成津液耗损，产生不良后果。如果先滋阴，又滞留外邪，表不能解，也不利于病情。在这样的情况下，必须"滋阴、发表"同时并用，如施以当归、白芍、麦冬、羌活、葛根、石膏、麻黄、川芎、杏仁、木香（少许）、甘草等药以达两全。

寒热是可以互相转化的。家畜一般多里热，一旦感冒，容易寒从热化，或热为寒闭，形成寒热夹杂之症。如独用辛凉药往往汗出不透，独用辛温解表药，则汗出热未解。在这种情况下，应辛温辛凉并用。根据实际情况，当寒邪重时，辛温应重于辛凉，当热邪重时，辛凉应重于辛温。如应用辛凉解表的方剂，着重用于外热，但热重于寒，其处方可用荆芥、防风、二花、连召、薄茶、牛籽、淡豆豉、黄芩、茯苓、淡竹叶等。如寒重于热时，就用以辛温为主的方剂，其处方可用荆芥、防风、紫苏、羌活、白芷、淡豆豉、薄荷、黄芩、竹叶、白葱根等。如遇暑热天，家畜容易出汗，辛温发汗药应谨慎使用。或属表症，伴有发热、自汗、烦躁不安、口渴喜饮、小便短赤时最忌发汗，可选用辛凉解肌的方剂，导邪外出。如用香茹、白扁豆、厚朴、藿香、黄连、银花、连召、滑石等，使营卫气血调和，微微得汗，表证自解。

家畜患感冒后，容易引起其他继发病。出现不同的兼症时，则应随症加减对症治疗。发热引起的咽喉肿痛，水草难下者，宜在解表药中酌加桔梗、玄参、板蓝根、黄芩等；伴有消化不良的，可加炒枳壳、焦山楂、麦芽、建曲等。牛食欲大减，粪便干燥成球时，除给以消导药外，还应给予轻泻剂，如油类和芒硝制剂等。

处方1：麻黄9g　　桂枝15g　　荆芥15g　　防风15g
　　　　云苓15g　　细辛6g　　　紫苏12g　　陈皮12g
　　　　葛根12g　　川芎12g　　杏仁12g　　羌活12g
　　　　白芍12g　　白芷9g　　　甘草9g　　　生姜、葱白为引

用法：共研细末，生姜、葱白煎汤，趁热倒入药末，候温灌服。

说明：辛温解表，主治外感风寒。

处方2：麻黄20g　　防风20g　　桂枝25g　　荆芥10g
　　　　细辛15g　　紫苏15g　　陈皮20g　　茯苓20g
　　　　羌活20g　　葛根15g　　川芎15g　　白芷15g
　　　　杏仁10g　　甘草10g　　生姜、葱白为引

　　用法：共研细末，生姜、葱白煎汤，趁热倒入药末，候温灌服。

　　说明：辛温解表，主治外感风寒。

　　处方 3：羌活 50g　　　紫苏 50g　　　荆芥 50g　　　独活 40g
　　　　　　防风 40g　　　生姜 50g

　　用法：加水煎药 2 次；或共为末，开水冲服。

　　说明：辛温解表，主治外感风寒。

　　处方 4：生姜 30g　　　葱白 120g

　　用法：煎汤，加入红糖 90g，候温灌服。

　　说明：辛温解表，主治风寒感冒。

　　处方 5：银花 15g　　　薄荷 15g　　　霜桑叶 15g　　淡豆豉 15g
　　　　　　杭菊 15g　　　连翘 18g　　　荆芥 12g　　　桔梗 12g
　　　　　　牛蒡子 9g　　 炒杏仁 12g　　芦根 24g　　　甘草 9g

　　用法：共研细末，加淡竹叶适量为引，开水冲调，候温灌服。

　　说明：辛凉解表，主治风热感冒。如发热盛，气粗喘促，咳嗽重，可用麻黄 12g，杏仁 15g，黄芩 15g，薄荷叶 15g，生石膏 30g，芦根 30g，甘草 9g。共研细末，开水冲调，候温灌服。

　　处方 6：麻黄 20g　　　金银花 30g　　连翘 25g　　　薄荷 25g
　　　　　　荆芥 15g　　　桔梗 20g　　　牛蒡子 20g　　桑叶 20g
　　　　　　菊花 20g　　　杏仁 15g　　　芦根 20g　　　竹叶 5g
　　　　　　甘草 15g

　　用法：共研细末，水煎灌服，每天 1 剂，连服 3 剂，效果良好。

　　说明：辛凉解表，主治风热感冒。

　　处方 7：羌活 45g　　　防风 35g　　　苍术 35g　　　细辛 21g
　　　　　　川芎 24g　　　白芷 21g　　　生地 30g　　　黄芩 30g
　　　　　　生姜 21g　　　甘草 21g　　　大葱 1 棵

　　用法：水煎取汁，候温灌服；或共为末，温开水冲服，1 剂 /d，3d 1 个疗程。

　　说明：发汗祛湿，兼清里热，主治外感风寒湿邪。证见恶寒发热，无汗，肢体疼痛，运步不灵，口渴喜饮，舌苔薄白，脉浮紧。

　　处方 8：生石膏 200g　黄芩 50g　　　栀子 40g　　　桑叶 40g
　　　　　　桔梗 35g　　　百部 35g　　　白前 40g　　　甘草 30g

　　用法：加水共煎（生石膏先煎）2 次，候温灌服。

　　说明：本方清热，止咳化痰，主治外感初起的支气管炎。鼻流黏液，加瓜蒌、茯苓各 40g。

　　处方 9：大青叶 100g　荆芥 40g　　　防风 30g　　　柴胡 50g

葛根 40g　　　黄芩 60g　　　前胡 40g　　　牛蒡子 40g

桔梗 30g

用法：煎药 2 次，候温灌服。

说明：主治感冒发热，咳嗽，鼻流清涕，倦怠身痛。

处方 10：金银花 50g　　连翘 50g　　桔梗 35g　　荆芥 35g

薄荷 30g　　　淡竹叶 30g　　牛蒡子 40g　　芦根 60g

甘草 30g

用法：煎药 2 次，候温灌服。

说明：金银花、连翘清热解毒，配合薄荷、荆芥解毒祛邪；桔梗、甘草、牛蒡子化痰利咽，疏散风热；芦根清热生津。辛凉解表，清热解毒。主治家畜外感风热或流行性感冒，功效确实。里热重时，可加石膏解肌清热。

二、支气管肺炎

支气管肺炎是肺小叶或肺小叶群的黏液性炎症，也称为小叶性肺炎。

（一）诊断要点

（1）本病多因受寒感冒，吸入刺激性物质或气体，饲养管理不良，使其抵抗力下降，各种病菌趁虚侵入而导致发病。尤其是幼、弱、老龄的牛最易发生，若时间较长未得到治愈，易继发感染腐败菌和化脓菌，而引起肺坏疽或化脓性肺炎，出现自体中毒。

（2）病初呈现支气管炎的症状，混合性呼吸困难体温可达 40℃以上，弛张热型，但体质衰弱的病例，体温无明显变化。胸部听诊，病灶部位初期肺泡音减弱、捻发音，后期呈干啰音或湿啰音；肺小叶炎灶互相融合后，则肺泡音消失而出现支气管呼吸音；健康部肺泡音增强。胸部叩诊，病灶浅表时，可出现岛屿状浊音区，多位于肺的前下三角区内；病灶深在时则可能无变化，或出现鼓音；炎灶互相融合，则可出现大面积浊音区；一侧肺脏发炎，对侧叩诊音高朗。

（3）实验室检查，白细胞总数和嗜中性粒细胞增多，核型左移；单核细胞增多，嗜酸性粒细胞缺乏。尿液常呈酸性，尿中含蛋白质。

（4）X 线检查肺纹理增强，散在的炎性病灶呈大小不等的阴影，似云雾状，或扩散融成一片。

（5）应与细支气管炎、大叶性肺炎等疾病相区别。

（二）治疗

处方 1：硫酸卡那霉素 15mg/kg 体重（新霉素、庆大霉素等均可），肌内注射；5% 葡萄糖盐水 1 000mL，25% 葡萄糖注射液 500mL，10% 水杨酸钠注射液 100mL，40% 乌洛托品注射液 30mL，20% 安钠咖注射液 20mL，一次静脉注射。

处方 2：青霉素 100 万～ 200 万 U，肌内注射，每日 2 ～ 3 次。病重，可同时用以青霉素 100 万 U，溶解后加复方氯化钠注射液 500mL 或 5% 葡萄糖生理盐水 500mL，静脉滴注。链霉素 2 ～ 3g，肌内注射，每日 2 次，连用 5 ～ 7d。

处方 3：10% 葡萄糖 500mL，3% 氨茶碱 70mL，20% 安钠咖 20mL，10% 维生素 C 30mL，5% 盐酸普鲁卡因 10mL，氢化可的松 60mL，混合后静脉注射。

中兽医可参考咳嗽、痰饮、气喘等证进行辨证施治。

处方 1：生石膏 180g　　麻黄 60g　　　杏仁 60g　　　金银花 60g
　　　　黄芩 60g　　　　板蓝根 60g　　连翘 45g　　　甘草 45g

用法：水煎 2 次，混合煎液后分 2 次灌服。连用 3 ～ 5 剂。

说明：本方宣肺化痰、清热解毒，适用于风温闭肺型支气管炎。证见发热，咳嗽，气促喘急，鼻流黄涕。如咳嗽厉害，可在煎好后在药液中加入氯化铵 10g，待溶解后再灌服。

处方 2：石膏 120g　　　大枣 60g　　　麻黄 60g　　　杏仁 60g
　　　　葶苈子 45g　　　甘草 40g

用法：水煎 2 次，混合煎液后分 2 次灌服。连用 3 ～ 5 剂。

说明：本方清热解毒、宣肺祛痰，适用于痰热阻肺型支气管炎。证见病势急骤，痰鸣喘促，气急鼻煽，高热不退。如咳嗽厉害，可在煎好后在药液中加入氯化铵 10g，待溶解后再灌服。

三、犊牛肺炎

犊牛肺炎是附带有严重呼吸障碍的肺部炎症性疾患。主要原因是管理不当，导致病菌感染所致，危害较大。

（一）诊断要点

（1）初生至 2 月龄的犊牛较多发生。

（2）病牛不吃食，喜卧，鼻镜干，体温高，精神郁闷，咳嗽，鼻孔有分泌物流出，体温升高，呼吸困难和肺部听诊有异常呼吸音。根据临床症状可分为支气管肺炎和异物性肺炎。

①支气管肺炎。病初先有弥漫性支气管炎或细支气管炎的症状。如精神沉郁，食欲减退或废绝，体温升高为 40 ～ 41℃，脉搏 80 ～ 100 次 /min，呼吸浅而快，咳嗽，站立不动，头颈伸直，有痛苦感。听诊，可听到肺泡音粗哑，症状加重后气管内渗出物增加则出现啰音，并排出脓样鼻汁。症状进一步加重后，患病肺叶的一部分变硬，以致空气不能进出，肺泡音就会消失。

让病牛运动则呈腹式呼吸，眼结膜发绀而呈严重的呼吸困难状态。

②异物性（吸入性）肺炎。因误咽而将异物吸入气管和肺部后，不久就出现精神沉郁、呼吸急速、咳嗽。听诊肺部可听到泡沫性的啰音。当大量误咽时，在很短时间内就发生呼吸困难，流出泡沫样鼻汁，因窒息而死亡。如吸入腐蚀性药物或饲料中腐败化脓细菌侵入肺部，可继发化脓性肺炎，病牛发高烧、呼吸困难、咳嗽，排出多量的脓样鼻汁。听诊可听到湿性啰音，在呼吸时可嗅到强烈的恶臭气味。

（二）治疗

处方1：注射液青霉素钠1.3万～1.4万U/kg体重，链霉素3万～3.5万U/kg体重。

用法：加适量注射水，每日肌内注射2～3次，连用5～7d。

处方2：盐酸土霉素注射液2.5～5.0mg/kg体重。

用法：每天2次肌内注射。

说明：对病重者，可同时静脉注射磺胺二甲基嘧啶、维生素C、维生素B_1、5%葡萄糖盐水500～1 500mL，每日2～3次。还可用一种抗组织胺剂和祛痰剂作为补充治疗。另外，应配合强心、补液等对症疗法。

对重症病例，可直接向气管内注入抗生素或消炎剂，或者用喷雾器将抗生素或消炎剂以超微粒子状态与氧气一同让牛吸入，可取得显著的治疗效果。

在治疗过程中，要将病牛置于通风换气良好、安静的环境中进行治疗。在发生感冒等呼吸器官疾病时，应尽快隔离病牛。最重要的是，在未达到肺炎程度以前，要进行适当的治疗，但必须达到完全治愈才能终止。给因病而衰弱的牛灌服药物时，不要强行灌服，最好经鼻或口，用胃导管准确地投药。

四、瘤胃臌气

牛瘤胃臌胀在中兽医称为气胀、肚胀，是饲料停滞瘤胃，异常发酵产生气体超过瘤胃的正常容积，而引起患畜反刍、嗳气受阻，腹胀作痛的一种疾病。一般高发季是初春和夏季。本病是牛的一种消化性疾病，没有传染性，兽医临床中出现概率较高。

春季水草丛生，牛过食易于发酵的青料（如紫云英、青草等），特别是从舍饲转为春季第一次开始放牧，或突然饲喂大量肥嫩多汁的青草时，最易发生本病。因冬季草缺，牛长期喂饲干草，营养不足，导致脾胃运化机能衰退。食入腐败、变质饲草，冰冻的马铃薯、萝卜、甘薯等块状类饲料，品质不良的青贮饲料，有毒植物（毒芹、毛茛和其他毒草），以及放牧时过食带霜露雨水的牧草，脾胃一时运化不足或脾阳受损，以致大量饲料积于瘤胃，草料腐熟不全，在短时间内迅速发酵，产生大量浊气，而且胃气升降失常，浊气不得排除，阻于胃腑发生臌气，遂成本病。如果吃食大量的新鲜豆科牧草，如豌豆藤、苜蓿、花生叶、三叶草等，由于含有丰富的皂角苷、果胶等，则引起泡沫性臌气，治疗比较困难。

（一）诊断要点

急性瘤胃臌气，发病迅速，腹部急剧膨大，尤以左肷部为甚，严重者可高出脊背。叩诊瘤胃紧张有弹性而呈鼓音。病牛常出现回头顾腹、用后肢踢腹，心跳加快，每分钟可达 100 次以上。口中流有泡沫唾液，呼吸每分钟可达 60～80 次。体温变化不大，但偶有发热现象出现。拉稀或无粪便，有粪便时，粪便恶臭，且含有未消化的饲料，不反刍，不吃草，不吃料。末期病牛，运动失调，站不稳或倒地不肯起，不断呻吟、哞叫，最后常因呼吸严重困难，或心脏麻痹而死亡。发病严重的牛，发展迅速，在 1～2h 内死亡。甚至有的牛瘤胃臌气好后，仍会复发，其病程往往长达 7d 或半月。

该病一年四季均可发生。但春夏青草阶段及阴雨季节多发，发病率在45% 以上，秋冬季节也可发生。但有一部分是过多吞食干物质引起的前胃积食引起的臌气，要与此病区别开来。

临床上，要注意进行类症鉴别。

（1）黑斑病红薯中毒。类似处：瘤胃稍膨满，呼吸增数、困难，张口伸舌，发吭，只能站立不肯卧下。不同处：采食有黑斑病的红薯及其粉渣而发病，肺有啰音、破裂音，胸围膨大，后期颈、肩、背部皮下有气肿。

（2）食道梗塞。类似处：瘤胃膨满，叩之呈鼓音，呼吸困难，头颈伸直，不安，不愿卧下。不同处：口鼻流涎，插导管时有梗塞不能入瘤胃，有黏液流出。食管可在颈静脉沟摸到梗塞物，梗塞物前方食管膨大而柔软。

（3）氢氰酸中毒。类似处：瘤胃臌胀，呼吸困难，吃草反刍废绝。不同处：采食新鲜的或再生的高粱和玉米苗而发病，发病很急，可视黏膜呈鲜红色，呼出气有杏仁气，口流白色泡沫，肌肉痉挛。

（4）毒芹中毒。类似处：食欲反刍停止，瘤胃膨气，腹痛不安。不同处：因吃毒芹而发病。流涎，由头至全身出现阵发性强直性痉挛，突然倒地，头颈后仰，牙关紧闭，体温升高，瞳孔散大。后期体温下降。

（5）瘤胃积食。类似处：胃部膨大。不同处：有吃料过多的病史；腹部变大，左面瘤胃背侧充盈，腹侧朝外兴起；腹痛，揉捏瘤胃，内部充溢，坚固，很难压下而且留指压痕，活动次数削减。

（二）治疗

根据临床特征，可分为实胀和虚胀。实胀常在放牧时或采食大量易发酵饲料后突然发生。宜先行手术放气，然后以行气、化气、通肠导滞药物治疗。泡沫性肚胀则应逐水通便、消积导滞。虚胀则病势缓和，病程较长，时胀时消，反复发作。食欲、反刍减少，常在食后臌气，数小时后可自行消胀，但可再发。治宜益气消胀。

处方1：手术放气疗法

（1）按压左腹放气法。病牛站立保定，头略向上提起，术者用手将牛舌拉出口处，让助手用脚用力反复下压左腹部，至瘤胃内气体排出，腹部膨胀减轻为止，然后内服药物治疗。凡妊娠、产后不久母牛、膀胱炎患牛均忌用本法放气，否则易引起流产或出血。

（2）气针放气法。在左肷自腰角至最后肋骨划一水平线，两端向下形成一个三角形，在三角区中央部位用刀将皮肤切一小口，再用小号套管针刺入瘤胃放气，或用16～14号静脉注射针头猛刺皮肤入瘤胃放气，放气时必须用手捏住、压紧套管针或针座，防止针尖脱出瘤胃外。如遇泡沫性臌胀，或食管梗塞一时难以排除，则应预先准备好松节油70mL、石蜡油250mL混合后通过放气针管注入瘤胃，不可等放气快结束时再注药，以免发生药溢出瘤胃外而引起腹膜炎。

处方2：

（1）新斯的明10～20mg（或酒石酸锑钾6g，或毛果芸香碱20～50mg）。

用法：皮下注射。

（2）10%氯化钠注射液200～300mL。

用法：静脉注射。

说明：可促进瘤胃蠕动。也可用0.2%硝酸士的宁注射液8～10mL皮下注射。

处方3：10%氯化钠500mL，10%安钠咖30mL，25%葡萄糖500mL，10%维生素C注射液30mL。

用法：静脉注射。

说明：瘤胃放气后可用。如发现有脱水，再加注葡萄糖盐水2 000～3 000mL。

处方4：鱼石脂15g，95%酒精30mL。

用法：瘤胃穿刺放气后注入，或胃管灌服。

说明：用于非泡沫性臌气。

处方5：二甲硅油片4g。

用法：配成2%～5%酒精或煤油溶液，一次灌服。

说明：用于泡沫性臌气，也可用松节油。

处方6：

（1）鱼石脂15g，松节油30mL，95%酒精40mL。

用法：穿刺放气后瘤胃内注入。

（2）硫酸镁800g。

用法：加常水3 000mL溶解后，一次灌服。

说明：用于积食较多的泡沫性与非泡沫性臌气。

中兽医将瘤胃臌胀分为气滞郁结、脾胃气虚及水湿困脾三型，应分别施治。

1. 气滞郁结型（或称急性原发性瘤胃鼓胀）

多因过食易于发酵产气的饲料，如初春嫩草，带露水的青绿饲料，开花前的苜蓿、紫云英、菜叶、甘蔗渣、番薯藤、酒糟；或过食难消化而易于发酵的油渣、豌豆，以及喂饲已经发酵或霉变的饲料，在胃内迅速发酵产气，引起瘤胃急性臌胀。喂饲后未经反刍，急于使役、赶路，也会促使该病发生。临床上以行气破结、消积化滞为治则。可试用以下处方。

处方1：炒莱菔子120g 小茴香60g　　枳壳45g　　木香45g

陈皮30g　　槟榔30g

用法：加水共煎，加独头蒜泥100g，一次灌服。

处方2：丁香30g　　青皮15g　　藿香15g　　陈皮15g

槟榔15g　　木香9g

用法：共研细末，开水冲调，加麻油250mL，候温灌服。

处方3：药用烟叶300g 牵牛子15g

用法：加水共煎，加食醋500mL，一次灌服。

2. 脾胃气虚型

多因长期饲养失宜，使役过重，饥饱不均，损伤胃气，以致役牛脾胃气虚，不能消化而发病。也常继发于宿草不转、百叶干、误食伤胃等病。治宜健脾理气，消积除胀。可试用以下处方。

处方1：党参45g　　茯苓45g　　白术45g　　木香30g

砂仁30g　　陈皮30g　　莱菔子30g　甘草30g

用法：加水共煎，候温灌服。

处方2：芒硝250g　　大黄120g　　槟榔60g　　枳壳45g

莱菔子40g　山楂30g　　神曲30g　　麦芽30g

甘草21g

用法：共研细末，开水冲调，加豆油500mL，候温灌服。

3. 水湿困脾型（泡沫性瘤胃胀气）

常因脾胃素虚，饲养失宜，饱食后过饮冷水，水湿不能转运排出体外，于是清浊相混，凝聚于胃腑成为泡沫而发该病。治宜逐水通便，消积导滞。

处方1：大黄120g　　木香30g　　枳实30g　　莱菔子30g

当归30g　　青皮30g　　牵牛子15g　大戟15g

甘遂 15g　　　　芫花 15g　　　　甘草 30g
　　用法：共研细末，开水冲调，加植物油 500mL，候温灌服。
　　处方 2：芒硝 500g　　大黄 120g　　枳实 45g　　厚朴 30g
　　　　　　三棱 30g　　莪术 30g　　生甘草 30g　　大戟 15g
　　　　　　芫花 15g　　甘遂 15g
　　用法：共研细末，开水冲调，加清油 1 000mL，候温灌服。

五、瘤胃积食

　　瘤胃积食也叫瘤胃食滞、宿草不转、急性瘤胃扩张，是由于反刍兽贪食了大量的粗纤维饲料或容易臌胀的饲料引起瘤胃胃容积增大，瘤胃壁扩张，内容物停滞或阻塞，瘤胃正常的消化和运动机能紊乱，形成胀水和毒血症的一种严重疾病。触诊瘤胃坚硬，蠕动音减弱或消失。

　　1. 过食伤胃型

　　多因使役或饥饿后，一次贪食或连续喂给难消化、易膨胀的草料，如干稻草、麦秸、豆类、谷物等；或食后大量饮水，运动不足；或突然更换可口的饲料及脱缰后偷食精料等，导致胃纳过多、脾胃受伤而发病。

　　2. 胃热型

　　多因热邪内侵，热伤津液，导致胃津枯竭，遂成胃热燥实之证。

　　3. 脾胃虚弱型

　　因体弱、消化力不强，运动不足，采食大量饲料而又饮水不足，脾胃虚弱，腐熟运化无力，导致草料难以消导，停滞于胃，不能运转。

　　4. 瘤胃弛缓、瓣胃阻塞、创伤性网胃炎等也可继发

　　（一）诊断要点

　　因过食大量难以消化易膨胀的饲料所引起的瘤胃积食，食欲、反刍、嗳气、瘤胃蠕动音减少或停止，腹痛，左腹中下部膨大，触诊硬感如面团样，有时左腹上部有少量气体。排软便或腹泻，恶臭，重则混血液或黏液。压迫膈和胸腔时呼吸困难。后期肌肉震颤，走路摇摆，运动失调。

　　过食大量豆谷类精料引起的瘤胃积食，食欲、反刍减少或废绝，可从粪便或反刍物中发现大量豆谷粒，有时出现臌气或腹泻，继而出现神经症状：视力障碍、盲目直行或转圈，重则狂躁不安，头抵墙壁或攻击人、畜，或嗜睡、卧地不起。出现严重脱水、酸中毒是本病的特征。

　　（二）治疗

　　本病的治疗原则是及时清除瘤胃内容物，恢复瘤胃蠕动，解除酸中毒。病畜停食 2d，多给饮水，适当运动。在牛的左肷部用手掌按摩瘤胃，每次 5～10min，每隔 30min 按摩 1 次。

处方 1：

（1）硫酸镁（或硫酸钠）500～800g，常水 6 000mL。

用法：一次灌服。

（2）10% 氯化钠注射液 300mL，5% 氯化钙注射液 150mL，10% 安钠咖注射液 30mL。

用法：一次静脉注射。

处方 2：

（1）0.1% 新斯的明注射液 10～20mL。

用法：一次皮下注射，2h 后重复用药 1 次。

（2）5% 碳酸氢钠注射液 500mL；25% 葡萄糖注射液 500mL，25% 维生素 C 注射液 20mL；5% 葡萄糖生理盐水 2 000mL；复方氯化钠注射液 2 000mL，10% 安钠咖注射液 30mL。

用法：一次静脉注射。

说明：碳酸氢钠与维生素 C 分开静脉注射。

中兽医对宿草停聚者，治宜攻逐宿草；而对脾虚积食者，宜补虚消积。

处方 1：苍术 100g   山楂 100g   厚朴 50g   陈皮 40g

       槟榔 40g   枳壳 40g   青皮 40g   木香 40g

       茯苓 40g   神曲 80g   木通 30g   甘草 15g

用法：加水共煎，候温灌服。

说明：用于过食伤胃型瘤胃积食。胃热型患畜多口涎黏腻，舌红，小便短黄，大便干燥，方中加芒硝、黄芩、黄连、石膏；若口流清涎，舌色青白，大便稀溏，粪渣粗糙，小便清，可加砂仁、草果、牛膝、补骨脂等；若大便稀溏，色黑，混有血迹，可加黄芩、地榆、黄连等。

处方 2：醋大戟 30g   醋芫花 20g   煨甘遂 25g   滑石粉 300g

       大黄 60g   千金子 40g   二丑 40g   香附子 60g

       肉桂 20g   甘草 20g

用法：共研细末，开水冲调，候温灌服。

说明：本方以行气化积、通肠攻下为治则。用于过食精料者。

处方 3：党参 60g   白术 60g   白茯苓 50g   六曲 60g

       麦芽 45g   山楂 45g   枳壳 45g   苍术 45g

       陈皮 60g   甘草 30g

用法：共研细末，开水冲泡，候温，加白萝卜 300g，调服。

说明：本方是四君子汤合曲蘗散加减，对脾虚积食患牛有效。

六、螨和虱病

螨和虱病是由痒螨、疥螨、蠕形螨和虱在体表寄生引起。螨病以剧痒和皮炎为特征。

（一）诊断要点

（1）水牛痒螨病多发于角根、背部、腹侧及臀部。体表形成很薄的"油漆起泡"状的痂皮，此种痂皮薄似纸，干燥，表面平整，一端稍微翘起，另一端与皮肤紧贴，若轻轻揭开，则在皮肤相连端痂皮下，可见许多黄白色痒螨在爬动。

（2）牛蚧螨病常发于牛的头部、颈部、尾根等被毛较短的部位，严重时可遍及全身。

（3）螨病症状不明显时，在患部与健部交界处用锐匙或外科刀轻轻刮取表皮，装入试管内，加入10%苛性钠（或苛性钾）溶液煮沸，待毛、痂皮等固形物大部溶解后，静置20min，吸取沉渣，滴载玻片上，用低倍显微镜检查，有时还能发现幼螨、若螨和虫卵。

（4）牛虱病由寄生于牛体表的牛血虱、牛颚虱和牛毛虱引起。各种虱有宿主和部位的特异性。牛虱常寄生于牛体的背部、颈部、肩部和尾部。当数量很多时才分布到全身。病牛表现不安，采食和休息受到影响。消瘦，奶牛产奶量下降。犊牛由于体痒，经常舔吮患部，可造成食毛癖，时间久之，在胃内形成毛球，影响食欲和消化机能及其他严重疾病。毛虱在严重感染的情况下痒觉剧烈，患牛表现不安，摩擦，影响采食和休息。在牛体上发现有牛虱时即可确诊。

（二）治疗

处方1：伊维菌素80mg。

用法：一次肌内注射，按1kg体重0.2mg用药；注意禁用于产奶牛。

处方2：25%二嗪农溶液500mL。

用法：1∶（300～400）稀释，体表喷洒。

说明：处方1与处方2配伍运用疗效更好。

处方3：敌百虫30g。

用法：配成0.5%～1%水溶液体表喷洒或药浴，5d后重复1次。禁与碱性药物并用。

七、皮蝇蛆病

牛皮蝇蛆病是由于牛皮蝇和纹皮绳的幼虫寄生在背部皮下组织引起的慢性寄生虫病。临床表现皮肤发痒，患部疼痛、肿胀发炎，严重的引起皮肤穿孔。

（一）诊断要点

由牛皮蝇和纹皮绳的幼虫寄生在背部皮下组织引起，幼虫出现于背部皮下时易于确诊。最初可在背部摸到长圆形的硬结，过一段时间后可以摸到瘤状肿，瘤状肿中间有一小孔，可挤压出幼虫。此外，剖检时在食道浆膜下、皮下和脊椎管内可发现第一、二期幼虫。

（二）治疗

处方1：倍硫磷0.5～1.5mL。

用法：于每年11月，一次臀部肌内注射，成年牛1.5mL，青年牛1～1.5mL，犊牛0.5～1mL用药。

处方2：蝇毒磷溶液40g。

用法：配成0.02%～0.05%的乳剂，外用。

处方3：敌百虫6g。

用法：用温水配成2%溶液涂擦穿孔处，每头牛不超过300mL。在3—5月，每隔20d处理1次，共2～3次。禁与碱性药物并用。

八、口蹄疫

口蹄疫俗称"口疮""蹄癀"，是由口蹄疫病毒引起的一种人和偶蹄动物的急性发热性、高度接触性传染病。主要临床症状特征表现在口腔黏膜、唇、蹄部和乳房皮肤发生水疱和溃烂。

（一）诊断要点

（1）由口蹄疫病毒引起。可感染多种动物，以偶蹄兽最易感，尤其是黄牛和奶牛。传播迅速，流行范围广。一年四季均可发病，但以春、秋两季易流行。

（2）病牛体温升高达40～41℃，食欲不振，精神沉郁；流涎，1～2d后，在唇内面、齿龈、舌面和颊部黏膜上发生蚕豆至核桃大的水疱并很快破裂，形成边缘整齐的红色糜烂，如继发细菌感染，即发生溃疡。在口腔发生水疱的同时，趾间和蹄冠皮肤红、肿，进而色苍白，形成水疱，水疱破溃后留下红色糜烂面，以后结痂，如有细菌感染，则发生化脓，蹄不能着地，甚至蹄壳脱落。乳头也常发生水疱，进而出现烂斑，有继发感染时，引起乳房炎，泌乳停止。犊牛症状不明显，主要表现出血性肠炎和心肌麻痹，病死率很高；死后剖检可见心内外膜出血，心肌质地松软，有淡黄色斑纹或见不规则斑点，俗称"虎斑心"。

（3）确诊时，可无菌抽取水疱液或剪取水疱皮，装于灭菌小瓶，冷藏保存，送有关部门鉴定；或者在康复后不久采取血清，进行补体结合试验或乳鼠血清保护试验、间接血凝试验、琼脂扩散试验等测定血清抗体。

（4）应与牛病毒性腹泻、黏膜病、牛恶性卡他热等病鉴别。

（二）处置

（1）发生疫情后，一旦确诊，不允许治疗，按照《农业部关于印发〈口蹄疫防控应急预案〉的通知》的要求，立即上报，划定疫区，严格执行封锁、隔离、消毒、紧急接种等综合性扑灭措施。

（2）厩舍及用具用 2% 火碱溶液、生皮用饱和食盐水加 0.2% 火碱、毛及干皮用福尔马林消毒。病牛的粪便、残余饲料、垫草应销毁，或在指定地点堆积发酵。最后一头病牛痊愈或死亡 14d 后，再无病例出现，经彻底消毒后，报上级批准，解除封锁。

（3）无病地区严禁从有病地区或国家购进动物及其产品、饲料、生物制品等。对来自无病地区的动物及其产品应加强检疫。常发地区需要口蹄疫疫苗定期预防接种。

九、维生素 A 缺乏症

牛吃入含维生素 A 原（胡萝卜素）的青草、胡萝卜、南瓜、玉米等之后，将胡萝卜素在肠黏膜细胞转换成维生素 A。维生素 A 的大部分和少量的胡萝卜素贮存于肝脏内，其余部分维生素 A 和胡萝卜素则贮存沉积在脂肪中，需要时被利用。

一般从春天到初夏，在嫩青草中，无论是禾本科还是豆科的绿色部分中都含有大量的胡萝卜素。因此，在日粮中缺乏优质干草青贮牧草和幼嫩植物，也就缺乏胡萝卜素的来源。另外，如果母牛不缺乏维生素 A，其初乳中也含有大量维生素 A。所以让新生犊牛吃足初乳，维生素 A 就会被贮存于犊牛的肝脏中，其后不易出现维生素 A 缺乏症。但吃初乳不足，通过代用乳和人工乳让其早期断奶的犊牛，往往 4～6 周出现维生素 A 缺乏症状。另外，在种植牧草时大量施用氮肥，可导致牧草硝酸盐含量过高，硝酸盐能抑制胡萝卜素转变成维生素 A，所以一旦发现缺乏症可疑的牛或牛群，应立即调整饲料配方。

犊牛对维生素 A 缺乏症的易感性高，初期症状是夜盲症，患牛表现无论是黎明还是傍晚都撞东西。眼睛对光线过敏，引起角膜干燥症、流泪、角膜逐渐增生混浊，特别是青年牛症状发展迅速，由于细菌的继发感染而失明。也易患肺炎和下痢，引起尿结石。缺乏维生素 A 的犊牛发育明显迟缓，被毛粗糙，大多易患皮肤病。骨组织发育异常，包裹软组织的头盖骨和脊髓腔特别明显，由于颅内压增高或变形骨的压迫而出现神经症状、瞳孔扩大、失明、运动失调、惊厥发作和步态蹒跚等。防治措施为加强饲养管理，给予含维生素 A 原较多的饲料。注意观察牛群，早发现、早治疗。在治疗上首先每千克体重肌内注射 4 000IU 维生素 A，之后 7 ~ 10d 继续口服等量的维生素 A。注意精饲料给量不能过多，放牧牛青草期不会缺乏，枯草期最好每 2 个月左右补给维生素 A 50 万~ 100 万 IU。

第二节　夏季常见病及防治

夏天气温较高，肉牛养殖要特别注意防治疾病的发生，此时热应激对肉牛的影响非常大，一旦造成了一些疾病的发生，如果防治不好就会导致养牛户的效益发生亏损。

一、中暑（日射病及热射病）

中暑又称日射病或热射病，是炎热夏季最常见的热应激性疾病，它是由暑热天气，烈日暴晒头部过久，或舍内闷热，暑邪侵袭畜体不能放散而蓄积体内，造成体内产热和散热的平衡失调，导致严重的中枢神经和心血管、呼吸系统机能紊乱而猝然发病。本病为南方地区牛夏季的常见病。

（一）发病原因

1. 伤暑

当暑热季节、气候炎热、家畜在高温环境中或在烈日暴晒之下长时间使役，或畜舍狭窄，通风不良，或夏天长途运输，车船过于窄小，加上烈日直晒，失于饮水，暑热熏蒸，汗出不畅，热不得外泄，轻者则为伤暑。

2. 阳暑

伤暑重者，则热邪炽盛，由表入里，侵犯心经，则为"阳暑"。

3. 阴暑

若牛在暑热烈日下劳役，身热汗出，腠理开张，突受冷风侵袭，或被阴雨冷水浇淋，或休息时将牛赶入冷水池塘及河中，使牛受寒，毛孔闭合，汗不得外泄，热闭于内，致发阴暑之证。

（二）诊断要点

（1）气温在 30℃以上，有太阳暴晒病史。

（2）病牛有神经症状。具体如下。

①伤暑。伤暑为轻度中暑，证见身热出汗，精神沉郁，耳聋头低，四肢倦怠，步态不稳，呼吸气粗，口色发红，口干喜饮，四肢无力，脉象洪大。

②阳暑。发病较急，身热，全身震颤，汗出如浆，气促喘粗，皮肤灼热，烦躁不安，前冲乱撞，继则神昏倒地，重者可见四肢抽搐，口色赤紫，呼吸

浅促，脉微等虚脱症状。

③阴暑。患畜精神不振，耳耷头低，寒战发热，口干舌红，苔黄腻，尿短赤。

（3）剖检课件脑膜充血、出血、肺水肿，其他脏器无明显变化。

（三）治疗

治疗前，先将病牛移到阴凉通风处，并用大量冷水泼头和身体，灌服大量冷盐水或冷水灌肠。然后应用下列处方。

处方1：颈静脉放血1 000～2 000mL。维生素C 2g，葡萄糖氯化钠注射液1 500mL，20%安钠咖注射液20mL（或25%尼可刹米注射液20mL），一次静脉注射。出现酸中毒时，加5%碳酸氢钠注射液500mL。

处方2：安乃近注射液50mL，青霉素800万U，庆大霉素10mL，地塞米松磷酸钠注射液10mL，肌内注射。

处方3：5%碳酸氢钠注射液300～500mL，复方氯化钠注射液400mL（碳酸氢钠注射液与复方氯化钠注射液必须分开注射），10%安钠咖注射液30mL。一次静脉注射，每天2次。

处方4：2.5%氯丙嗪注射液15mL，一次肌内注射。当病牛情况好转时可用人工盐300g内服或10%氯化钠300～500mL静脉注射，促进胃肠机能恢复。也可用25%硫酸镁注射液静脉注射。

中兽医治疗中暑，要进行辨证施治。

1. 伤暑

中兽医以清热解暑、化痰除湿、补充津液为治则。

处方1：用清暑香茹散，藿香、陈皮、青蒿、佩兰、厚朴、生地各30g，滑石80g，香薷40g，甘草、半夏各25g，苍术35g，竹叶20g，煎水服一日两次，连服2d。

处方2：香薷散，香薷、天花粉各45g，黄芩、黄连、柴胡、当归、连翘、栀子各30g，甘草25g。水煎去渣，蜂蜜为引，候温灌服。

2. 阳暑

中医以清心安神，清热解暑为原则。

处方1：用白虎汤加味，生石膏100g，知母、香薷各60g，甘草20g，佩兰45g，朱砂15g（另研），郁金、石菖蒲各30g。水煎去渣，候温灌服（朱砂先灌）。狂躁不安者，加钩藤、茯神；汗出过多，脉甚微者，加党参、麦冬、五味子。

处方2：加味茯神散，茯神35g，香薷、薄荷、菖蒲、枣仁、栀子、知母、黄芩、乳香、藿香各30g，连翘、元参各25g，二花、甘草各20g，煎水灌服。

3. 阴暑

中药以除湿利尿，清心解暑为原则。

处方 1：加味三仁汤，香薷 40g，藿香、薏苡仁、苍术、厚朴、通草、金银花、厚朴各 30g，陈皮、滑石、半夏各 25g，杏仁、竹叶、佩兰、甘草各 20g，煎水灌服。

处方 2：香薷饮加减，香薷 60g，连翘、藿香各 45g，扁豆、滑石 30g，甘草 20g。水煎去渣，候温灌服。

二、尿石症

牛尿石症为常见疾病，气候过热、日照期长，可使尿液浓缩，有利于结石生长，我国主要发生于新疆等干旱地区。某一地区的食物和饲料中，如某种成分的含量特别高，也易引起尿石。

阉牛比种公牛更为多发，尿石症对母牛则不甚重要。对公牛之所以重要，因其是造成尿道阻塞最为常见的原因之一。

尿石症的发生由多种因素引起，主要原因是有沉淀物质的存在，如磷酸盐、硅酸盐和草酸盐等，此等沉淀物的结石由于黏蛋白而扩大，而黏蛋白则随高蛋白的饲料而增加。当尿液呈碱性时，盐类沉淀由肾脏排出后，数量增加。所以尿石症可表现为地方性疾病。结石形成的其他因素，如无临床症状的肾炎、牛出血性败血病、己烯雌酚的饲喂和植入等，能导致过多的上皮碎屑而诱导结石发生。另外，饮水过少、维生素 A 缺乏以及某些地区习惯于早期去势使尿道较细小等，也易促使尿结石的发生。

（一）诊断要点

（1）患病牛频作排尿姿势，表现尿频、尿痛、尿淋。直肠内或体外触诊膀胱充满尿液，尿道结石可探查到阻塞部。血液尿素和肌酸酐含量增加。

（2）患病牛初期排尿迟细，时间延长，有时尿淋，阴茎开口处的被毛有砂粒状物黏着。尿石完全阻塞某段尿道时，患畜烦躁不安，频呈排尿姿势，后肢张开，臀部下沉，尾根和肛门有节律颤动，阴茎抽动。直肠检查，膀胱高度充盈。膀胱破裂后，则患畜突然安静，神情呆滞，腹腔穿刺有大量尿液排出，腹腔内尿液吸收则迅速呈现自体中毒症状，食欲和反刍废绝，眼球凹陷，唇部肌肉颤抖，四肢发凉，卧地不起。

（3）"一看、二摸、三探"有助于确定尿石阻塞的部位。

看，观察病牛的排尿情况，若尿细而急，喷射有力，或龟头伸出包皮外，尿石多在龟头附近；若排尿淋漓，尿石部位一般距离龟头较远。

摸，即用手从会阴部开始沿阴茎下行方向，自上而下慢慢触摸阴茎，若摸到局部有肿胀或硬节时，则为结石部位；若患牛频频努责作排尿姿势时，可从龟头部沿阴茎向上慢慢触摸，在摸到阴茎上某一处由不波动到有尿冲波动感时，则结石部位常在波动与不波动之间。

探，即探诊，按如下顺序分三步完成。

第一步，行直肠检查与导尿。取站立保定，清除直肠内粪便，并用盐水反复清洗肠腔。术者伸进手，臂经直肠壁探测膀胱的充盈度。若无充盈感，有可能是膀胱已破裂，若充盈膨胀，可用16×50针头连接胶管经过直肠导尿，此时应防止保定不当造成膀胱破裂。

第二步，实施麻醉保定。①传统方法是采用2%盐酸普鲁卡因注射液30～40mL进行腰荐椎硬膜外腔传导麻醉，效果很好，但要求技术熟练。②会阴部麻醉法。牛站立，助手将牛头及两后腿固定，在正对着"S"状弯曲的会阴部作为预备注射的部位。术者用左手将"S"状弯曲（在阴囊后方很容易摸到，而且可以活动）拉向后方，以右手从阴茎侧方，直接将针头刺向阴茎的背面、"S"状弯曲间隙内，并在这里用12×40针头注入2%盐酸普鲁卡因40～40mL，力求使麻醉药更多地扩散到"S"状弯曲的左右侧。③化学保定加会阴麻醉法。化学保定药可选用：三碘季胺酚注射液0.4mg/kg体重静脉注射或静松灵注射液0.2～0.6mg/kg体重肌内注射。使用上述保定药后，应注意克服药品的副作用，配合麻醉时应适当减少麻醉药用量。一般注射麻醉药10～15min后，阴茎的全部游离段便发生麻痹，同时阴茎向外脱出，并伸展其"S"状弯曲，经过2.5～3h后阴茎麻醉消失。

第三步，结石定位。用消毒纱布包捏龟头，用涂有润滑剂（进入较深时可适量从导尿管中注入润滑剂）的导尿管，从尿道口轻轻探入，当遇到有阻塞处，即为尿石部位。若在下尿道和"S"状弯曲部仍未探测到阻塞物，便以导尿管继续深入直至膀胱。

（二）治疗

1. 手术疗法

常采用的手术治疗方法有结石排除、阴茎截断与造口、坐骨部尿道切开等。

结石排除适用于尿道和膀胱未破裂的病例，阴茎截断与造口适用于尿道破裂时，而坐骨部尿道切开与插管适用于膀胱破裂。插入导管若干天可自行愈合，这是由于牛的大网膜及破裂处能迅速形成纤维粘连之故。但因脐尿管憩室溃疡而致尿液漏出的病例则难以自行愈合。

（1）结石排除法。患牛侧卧或背卧位保定，最好是背卧位保定，阴囊直前或后方常规外科处理，在预定切开处中线行长约10cm的局部浸润麻醉。据临床统计，大多数尿道结石位于阴茎乙状弯曲的远曲段，所以常于阴囊的前方抓住阴茎做长5～6cm的皮肤切口，切至皮下，牵拉阴茎至切口外，确定阴茎缩肌及其与阴茎毗连之处，通常在该曲段能触知尿道内的结石。外科医生可用两种方法除去结石。如结石为硅型，用巾钳前端置于结石两侧，用力压碎结石，轻轻按摩阴茎，刺激球海绵体肌收缩，促使碎片排出。如果两次压碎动作仍未使结石破碎时，宜切开尿道壁，通过此小切口取出。磷酸盐型结石为软型结石，可以不压碎，即可从切口取出。一般说来，尿液能影响第一期愈合，故尿道应做严密缝合。

（2）阴茎截断与尿道造口术。最好行脊髓硬膜外腔麻醉，站立保定。阴囊后方的会阴部常规外科处理，于阴囊后界近端约 20cm 处开始向后做长约 12cm 的切口，确定此起点很重要，它是尿道瘘管近侧面的标记。切口深度以能抓住阴茎体为准，向后上方牵拉。如阴茎开始坏死，应分离其周围和包皮的联系，从切口将阴茎完全拉出。不能拉出时，可在牵拉同时，以剪刀剪开包皮，尽可能地向近端切断阴茎缩肌。旋转阴茎 180°，结扎截断处近侧阴茎背侧血管，于皮肤切口上面远端 5cm 截断之，并于切口近侧以剪刀剪开尿道，排尿过程中尿道周围的阴茎海绵体会发生出血，做必要的缝合后应采取止血措施。以 1 号聚羟基乙酸合成缝线缝合阴茎余端及人工造口。缝合是在阴茎和皮肤切口的顶端开始，将缝线穿过尿道黏膜、白膜而后穿过左侧皮肤，以连续缝合法缝合这些组织约 4cm，再穿过阴茎余端之下达右侧皮肤，一直缝到近侧顶端打结。阴茎余端下面的缝合会使阴茎向外倾斜，防止尿液排至皮下。最后缝合余端远侧的皮肤。为防止阴茎海绵体出血，可用 15cm 长、直径 0.63cm 的橡胶管，向上插入尿道，以缝线将其固定在阴茎的余端上，该管有压迫尿道海绵体的作用可使止血。公牛宜同时行去势术。

（3）坐骨部尿道切开术。做一二尾椎硬膜外麻醉，站立保定。会阴部常规外科处理后，从肛门下 5cm 开始做一长约 15cm 的中线皮肤切口，切开深筋膜，暴露阴茎缩肌，再从肌间切开即露出球海绵体肌，分离至阴茎的白膜时触摸尿道沟，做一个 3cm 长的阴茎球海绵体切口，对切口近侧端以指端压迫止血。于切开的白膜缘放置巾钳，此巾钳起扩创作用以扩大尿道。确定尿道海绵体深部的白色尿道外壁，随之切开 2cm，向切口两端插入闭合的小钳鉴别是否为尿道。将 Foley 导尿管通入盆腔尿道直至膀胱，为使导管易于通入，一般是将硬而细的通管丝放入导管或用弯钳钳住导尿管顶端，导管通过尿道时，应使管端紧贴尿道下壁。如果选用钳夹的方法，待导管插入尿道后即打开钳嘴取出钳子，而后逐步将导管推入膀胱，遂以 0 号肠线或聚乙醇酸合成线环绕导管缝合白膜、球海绵体肌膜与浅筋膜，用非吸收性缝线缝合皮肤。为固定导管，可用另一缝线将其固定在皮肤上。该法用于尿道结石时，还需要除去结石，方法是放置硬的导管于尿道外口，将结石推向尿道切口之处，为移除结石，必须将曲端拉直。如膀胱破裂，可行剖腹术缝合膀胱，也可不缝合膀胱。若不缝合，则导管留在膀胱中排出积尿，破裂处能自然愈合，最初 5d 左右，裂缝形成纤维性封闭，逐渐封闭牢固足以耐受膀胱收缩的压力。根据临床实际观察，牛的腹膜炎并发症很少。为处理膀胱破裂，宜于脐和耻骨间通过中线旁的腹直肌小切口放置塑料引流管，固定在皮肤上48h 左右，借以排除腹腔中的积尿。术后一般行抗生素治疗 3 ～ 5d，注意检查导管是否通畅。如结石排除，5d 后取出导管，10d 后拆除皮肤缝线。导管口处可能会有尿液漏出，但最后常取第二期愈合而封闭。导管取出后的空气吸入膀胱不造成严重问题，因为尿道的活瓣作用又重新建立。

2. 西药治疗

在于镇痛、利尿、强心、补液等。

处方：

（1）5% 葡萄糖注射液 2 000mL，10% 葡萄糖注射液 500mL，维生素 C 注射液 50mL，青霉素 1 600 万 U，5% 碳酸氢钠注射液 500mL。

用法：一次静脉注射。

（2）4% 乌洛托品注射液 80mL。

用法：静脉注射。

（3）10% 安钠咖注射液 20mL。

用法：皮下注射。

（4）30% 安乃近注射液 40mL。

用法：肌内注射。

3. 中药治疗

处方 1：滑石 60g　　　泽泻 25g　　　茵陈 25g　　　知母 25g
　　　　金钱草 25g　　　萹蓄 25g　　　瞿麦 25g　　　海金沙 25g
　　　　石苇 25g　　　酒黄柏 20g　　　猪苓 20g　　　灯芯草 15g

用法：共研细末，开水冲调，候温灌服。

说明：本方为滑石散加减方，可清热利湿、消石通淋。用于因湿热内阻所致的排尿不畅，拱背蹲腰，后肢张开，尾巴翘起，阴茎勃动，欲尿而不出，疼痛不安甚至呻吟吼叫，尿色黄赤或带血，间或夹有砂石，如砂石堵塞尿道，尿液突然中断或呈点滴状等诸证。

本证也可用石苇散：滑石、车前子、赤茯苓各30g，石苇、冬葵子、桑白皮、瞿麦各24g，木通、甘草各15g，共研细末，开水冲调，候温灌服。

处方 2：金钱草 250g　　海金沙 100g　　当归 60g　　　赤芍 60g
　　　　赤茯苓 60g　　　瞿麦 60g　　　萹蓄 60g　　　栀子仁 50g
　　　　甘草 30g

用法：共研细末，开水冲调，候温灌服。

说明：本方活血祛瘀、行气利湿。可用于因湿阻血瘀所致的精神不振、食欲减退，反刍减少或停止，阴茎外伸，肿大青紫，或见腰部胀大，腹下水肿，肌肉震颤，呼吸和牛体有尿臭等尿闭诸证。

本证也可用金钱草100g，滑石、酒黄柏、威灵仙、茅根、海金沙各60g，石苇50g，萹蓄、瞿麦、当归、黄芩、酒知母各45g，茯苓、泽泻各40g，木通35g，柴胡30g，共研细末，开水冲调，候温灌服。同时，用速尿0.1mg/kg体重，肌内注射，以促进结石排出。

三、牛传染性角膜结膜炎

牛传染性角膜结膜炎又名红眼病，是危害牛的一种急性传染病。其特征为眼结膜和角膜发生明显的炎症变化，伴有大量流泪，之后发生角膜浑浊，浑浊物呈乳白色。

（一）诊断要点

（1）牛传染性角膜结膜炎是一种多病原的疾病。牛摩勒氏杆菌（又名牛嗜血杆菌）是牛传染性角膜结膜炎的主要病菌。只有在强烈的太阳紫外光照射下才产生典型症状。用此菌单独感染眼，或仅用紫外线照射，都不能引起此病，或仅产生轻微的症状。本菌对理化因素的抵抗力弱，一般浓的加热至59℃的消毒剂，经5min均有杀菌作用。病菌离开病牛后，在外界环境中存活一般不超过24h。

（2）本病不分年龄和性别，均易感染，但犊牛发病较多，头部的相互摩擦和通过打喷嚏、咳嗽而传染；主要发生于天气炎热和湿度较高的夏秋季节，其他季节发病率较低。一旦发病，传播迅速，多呈地方性流行性。青年牛群的发病率可达60%～90%。

（3）潜伏期一般为3～7d，初期多为单眼，然后发展为双眼。患眼畏光羞明、流泪、眼睑肿胀、疼痛，其后角膜凸起，角膜周围血管充血，结膜和瞬膜红肿，或在角膜上发生白色或灰色小点严重病例角膜增厚，并发生溃疡，形成角膜瘢痕及角膜翳。病程一般为20～30d。

（4）应与传染性鼻气管炎、恶性卡他热等鉴别。

（二）治疗

处方1：2%～4%硼酸水　3%～5%蛋白银溶液

用法：对病牛先用2%～4%硼酸水洗眼，拭干后再用3%～5%蛋白银溶液滴入结膜囊，每日2～3次。

说明：在用硼酸水洗眼并擦干后，也可滴入青霉素溶液（每毫升含5 000U），或涂四环素眼膏。

处方2：菊花30g　　　连翘30g　　　栀子30g　　　柴胡30g

车前子 30g　　　泽泻 30g　　　生地 30g　　　防风 6g

甘草 15g

用法：加水煎服，一天 1 剂，3d 为一疗程。

说明：本方法可与处方 1 同时使用。

处方 3：川芎 16g　　　山栀子 60g　　　菊花 50g　　　炒白蒺藜 30g

防风 30g　　　木贼草 30g　　　荆芥穗 30g　　　羌活 30g

蔓荆子 30g　　　密蒙花 30g　　　蝉蜕 30g　　　谷精草 30g

决明子 30g　　　甘草 30g

用法：加水煎煮去渣，候温灌服，每天 1 剂，3d 为一疗程。

说明：本方可祛风，清热明目。如果病牛眦多干结，脉象洪数，口渴贪水，要减去防风、荆芥、羌活，而加入黄连、麦冬、黄芩、生地、前胡，从而宣散风热；如果病牛眦瘀，肝热盛，口干舌燥，要减去防风、荆芥、羌活，适量添加大黄、木通、黄芩、钩藤、连翘、黄连等；如果病牛属阴虚火盛，要减去防风、蝉蜕、蔓荆子、羌活，添加石决明、熟地、黄柏、夏枯草、生地、知母，以平肝明目，滋阴降火。

四、牛流行热

简称牛流行性感冒，又称三日热或暂时热，是牛的一种急性、热性、高度接触性传染病。临床特征表现为：突发高热、流泪、流涎、呼吸促迫，四肢关节障碍及精神抑郁。

（一）诊断要点

（1）由流行热病毒引起，主要侵害黄牛和奶牛。多发于蚊蝇活动频繁的季节（6—9 月）。

（2）病牛突然高热（40℃以上），一般维持 2～3d；流泪，眼睑和结膜充血、水肿；呼吸急促，发出哼哼声，流鼻液；食欲废绝，反刍停止，多量流涎，粪干或下痢；四肢关节肿疼，呆立不动，呈现跛行；孕牛可流产；奶牛泌乳量下降或停止。发病率高，病死率低，常取良性经过，2～3d 可恢复正常。

（3）剖检，主要病变在呼吸道，有明显肺间质性气肿，部分病例可见肺充血及水肿，肺体积增大。严重病例全肺膨胀充满胸腔。在肺的心叶、尖叶、隔叶出现局限性暗红色乃至红褐色小叶肝变区。气管和支气管泡沫状液体。全身淋巴结呈不同程度的肿大、充血和水肿。实质器官多呈现明显的浑浊肿胀。此外，还发现关节、腱鞘、肌膜的炎症变化。

（4）实验室检查。用病死牛的脾、肝、肺、脑等组织及人工感染乳鼠脑组织制成超薄切片，或细胞培养物经处理后用负染法，在电镜下观察病毒颗粒。

血清学检查可从病牛采集的急性期和恢复期双份血清做补体结合试验、ELISA 试验和中和试验，以检测特异性血清抗体。

（5）应与类蓝舌病、牛呼吸道合胞体病毒感染及牛传染性鼻气管炎相区别。类蓝舌病不出现全身肌肉和四肢关节疼痛症状；牛呼吸道合胞体病流行季节在晚秋，症状以支气管肺炎为主，病程长；牛鼻气管炎多发生在寒冷季节，症状以呼吸道症状为主，少见全身性症状。

（二）治疗

处方 1：高免血清 200mL。

用法：肌内注射。

说明：本方为假定健康牛和受威胁牛紧急预防用。病牛应立即隔离并治疗。

处方 2：牛流行热结晶紫灭活苗 10 ～ 15mL。

用法：第一次皮下注射 10mL，间隔 3 ～ 7d 再注射 15mL，可获得 6 个月免疫力。

说明：本方用于预防用。根据本病的流行特点，预防注射应在每年 7 月以前完成。

处方 3：注射用青霉素钠 480 万 U，注射用硫酸链霉素 5g，注射用水 40mL。

用法：分别一次肌内注射，每天 2 次，连用 3 ～ 5d。

说明：也可用其他有效抗菌药等。高热时配伍 30% 安乃近注射液 30mL 或复方氨基比林注射液 30mL。

处方 4：

（1）注射用青霉素钠 800 万 U，5% 氯化钙注射液 200mL，50% 葡萄糖注射液 200mL，10% 安钠咖注射液 30mL，1% 氢化可的松注射液 30mL，5% 葡萄糖注射液 2 000mL。

用法：分别一次静脉注射。

（2）2.5% 盐酸异丙嗪注射液 10 ～ 16mL。

用法：一次肌内注射。

（3）2.5% 醋酸泼尼松龙注射液。

用法：一次肌内注射。

说明：四肢关节疼痛，有跛行症状时用。也可使用水杨酸钠溶液。

处方 5：银花 45g　　　连翘 45g　　　桔梗 30g　　　薄荷 30g
　　　　　竹叶 30g　　　荆芥 30g　　　牛蒡子 30g　　淡豆豉 30g
　　　　　芦根 45g　　　甘草 30g

用法：水煎去渣，候温灌服。

说明：本方辛凉解表，用于外感风热所致的发热重，恶寒轻，咳嗽，口干舌燥，色微红，苔薄黄，脉浮数，热在皮毛而发热重者。

如病牛热在肺而咳嗽重，方用桑菊饮：

桑叶 25g	杏仁 20g	芦根 20g	桔梗 20g
菊花 20g	连翘 15g	薄荷 10g	甘草 10g

用法：水煎去渣，候温灌服。

处方 6：
羌活 50g	防风 50g	苍术 50g	黄芩 45g
白芷 45g	川芎 45g	生姜 45g	细辛 30g
甘草 45g	大葱 3 根		

用法：水煎去渣，候温灌服。

说明：本方发汗、祛湿、清热，用于外感风寒湿邪所致的恶寒壮热，肌肤无汗，头痛项强，口渴喜饮，四肢关节因轻度肿胀和疼痛而长时间跛行等证。寒热往来加柴胡，跛行严重加木瓜、牛膝、千年健；腹胀加青皮、枳壳、青果；咳嗽重加杏仁、瓜蒌；粪便干加大黄、芒硝等。

五、传染性胸膜肺炎

牛传染性胸膜肺炎又称牛肺疫，是由支原体引起的牛的传染性肺炎。以纤维素性肺炎和胸膜肺炎为特征。病牛隔离治疗，以抗菌消炎为原则。

（一）诊断要点

（1）本病是由丝状支原体引起的一种高度接触性传染病。

（2）本病易感动物主要是牦牛、奶牛、黄牛、水牛、犏牛、驯鹿及羚羊。各种牛对本病的易感性，依其品种、生活方式及个体抵抗力不同而有区别，发病率为 60% ～ 70%，病死率 30% ～ 50%。主要传染源是病牛及带菌牛。

（3）症状发展缓慢者，常是在清晨冷空气或冷饮刺激或运动时，发生短干咳嗽，初始咳嗽次数不多而逐渐增多，继之食欲减退，反刍迟缓，泌乳减少，此症状易被忽视。症状发展迅速者则以体温升高 0.5 ～ 1℃开始。随病程发展，症状逐渐明显。按其经过可分为急性和慢性两型。

急性型症状明显而有特征性，体温升高到 40 ～ 42℃，呈稽留热，干咳，呼吸加快而有呻吟声，鼻孔扩张，前肢外展，呼吸极度困难。由于胸部疼痛不愿行动或下卧，呈腹式呼吸。咳嗽逐渐频繁，常是带有疼痛短咳，咳声弱而无力，低沉而潮湿。有时流出浆液性或脓性鼻液，可视黏膜发绀。呼吸困难加重后，叩诊胸部，患侧肩胛骨后有浊音或实音区，上界为一水平线或微凸曲线。听诊患部，可听到湿性啰音，肺泡音减弱乃至消失，代之以支气管呼吸音，无病变部分则呼吸音增强，有胸膜炎发生时，则可听到摩擦音，叩诊可引起疼痛。病后期，心脏常衰弱；脉搏细弱而快，每分钟可达 80 ～ 120 次，有时因胸腔积液，只能听到微弱心音或不能听到。此外还可见到胸下部及肉垂水肿，食欲丧失，泌乳停止，尿量减少而比重增加，便秘与腹泻交替出现。病畜体况迅速衰弱，眼球下陷，眼无神，呼吸更加困难，常因窒息而死。急性病程一般在症状明显后经过 5 ～ 8d，约半数取死亡，有些患畜病势趋于静止，全身状态改善，体温下降、逐渐痊愈。有些患畜则转为慢性，整个急性病程为 15 ～ 60d。

慢性型多数由急性转来，也有开始即取慢性经过者。除体况消瘦，多数无明显症状。偶发干性短咳，叩诊胸部可能有实音区。消化机能扰乱，食欲反复无常，此种患畜在良好护理及妥善治疗下，可以逐渐恢复，但常成为带菌者。若病变区域广泛，则患畜日益衰弱，预后不良。

（4）特征性病变主要在胸腔。典型病例是大理石样肺和浆液纤维素性胸膜肺炎。肺和胸膜的变化，按发生发展过程，分为初期、中期和后期 3 个时期。

初期病变以小叶性支气管肺炎为特征。肺炎灶充血、水肿，呈鲜红色或紫红色。中期呈浆液性纤维素性胸膜肺炎，病肺肿大、增重，灰白色，多为一侧性，以右侧较多，多发生在膈叶，也有在心叶或尖叶者。切面有奇特的图案色彩，犹如多色的大理石，这种变化是由于肺实质呈不同时期的改变所致。肺间质水肿变宽，呈灰白色，淋巴管扩张，也可见到坏死灶。胸膜增厚，表面有纤维素性附着物，多数病例的胸腔内积有淡黄透明或混浊液体，内混有纤维素凝块或凝片。胸膜常见有出血，肥厚，并与肺病部粘连，肺膜表面有纤维素附着物，心包膜也有同样变化，心包内有积液，心肌脂肪变性。肝、脾、肾无特殊变化，胆囊肿大。后期，肺部病灶坏死，被结缔组织包围，有的坏死组织崩解（液化），形成脓腔或空洞，有的病灶完全瘢痕化。本病病变还可见腹膜炎、浆液性纤维性关节炎等。

（5）确诊有赖于血清学检查和细菌学检查。本病常用的血清学检查方法为补体结合试验。也可应用凝集反应试验，此法操作较简便，但因凝集素在病牛体内持续时间短，故其准确性不如补体结合试验。在本病疫区，也有应用间接血凝试验、玻片凝集试验作为辅助诊断。细菌学检查时，取肺组织、胸腔渗出液及淋巴结等接种于 10% 马血清马丁肉汤及马丁琼脂，37℃培养 2 ～ 7d，如有生长，即可进行支原体的鉴定。

（6）注意与牛巴氏杆菌病、牛肺结核病等进行鉴别诊断。

（二）治疗

处方 1：牛肺疫氢氧化铝菌苗 1 ～ 2mL。

用法：成年牛 2mL，6 ～ 12 月龄牛 1mL，一次臀部肌内注射，免疫期

1 年。

说明：预防用。

处方 2：替米考星注射液 10 ～ 20mL。

用法：静脉注射。

处方 3：注射用新胂凡纳明（914）2 ～ 4g。

用法：用生理盐水稀释成 5% 的浓度，一次静脉注射，按每千克体重 5 ～ 10mg 用药。视病情间隔 5 ～ 7d 再用 1 ～ 2 次。

说明：治疗传染性胸膜肺炎应尽量避免静脉输液，以免增加病牛肺部压力，加重病情，甚至导致窒息死亡。补充体液可口服补液盐，每天 2 次。

处方 4：生石膏 180g 黄芩 45g   板蓝根 60g   川贝 45g
　　　　杏仁 45g   甜葶苈子 45g 桔梗 24g   桑白皮 24g
　　　　牛蒡子 24g 麻黄 15g   甘草 18g

用法：水煎 2 次，混合 2 次煎液，一次灌服。

说明：次方宣肺解热，止咳平喘，可用于肺热咳喘。证见高热稽留，体温达 40 ～ 42℃；鼻孔扩张，鼻翼翕动，流出浆液或脓性鼻液；伸颈气喘，腹式呼吸，呼吸急促并极度困难，可视黏膜发绀；脉细而快，每分钟 80 ～ 120 次；前肢分开，肋间触压敏感，喜站不卧，发出呻吟声，臀部或肩胛部肌肉震颤；前胸下部和颈垂水肿，胸部叩诊有实音，有痛感；听诊时肺泡音减弱，病情严重时出现胸腔积液，叩诊有浊音。

处方 5：沙参 60g   麦冬 60g   玉竹 60g   山药 60g
　　　　山楂 60g   天花粉 50g   桑白皮 45g   地骨皮 45g
　　　　茯苓 45g   半夏 30g   陈皮 24g   甘草 24g

用法：水煎 2 次，混合 2 次煎液，一次灌服。

说明：本方止咳化痰，滋阴养肺。用于肺虚咳嗽。证见病牛消瘦，精神不振，被毛粗乱无光，伴发痛性咳嗽或干性短咳，食欲时好时坏，腹泻与便秘交替发生。

六、肝片吸虫病

肝片吸虫病是由肝片形吸虫寄生于牛肝脏胆管引起，主要表现食欲减退、反刍异常、腹胀、贫血、消瘦、被毛粗乱，颌下水肿、腹泻，并伴发有肝炎、胆管炎等。

（一）诊断要点

（1）由肝片吸虫寄生于牛的肝脏和胆管中引起。其发生于中间宿主椎实螺密切相关，多发于低洼地、湖泊草滩、沼泽地带。干旱年份流行轻，多雨年份流行重；夏季为主要感染季节。

（2）患肝片吸虫病的牛，其临床表现与虫体数量、宿主体质、年龄、饲养管理条件等有关。当牛体抵抗力弱，又遭大量虫体寄生时，症状较明显。急性症状多发生于犊牛，表现为精神沉郁、食欲减退或消失、体温升高、贫血、黄疸等，严重者常在3～5d死亡。慢性症状常发生在成年牛，主要表现为贫血、黏膜苍白、眼睑及体躯下垂部位发生水肿、被毛粗乱无光泽、食欲减退或消失、肠炎等，往往死于恶病质。

（3）病理剖检，急性病例肝肿大、质软，包膜有纤维素沉积，有长2～5mm的暗红色虫道，虫道有凝固的血液和很小的童虫；腹腔中有血色的液体，有腹膜炎病变。慢性病例肝实质萎缩、褪色、变硬，胆管肥厚、扩张呈绳索样突出于肝表面，胆管内壁粗糙，内含大量血性黏液和虫体及黑褐色或黄褐色磷酸盐结石。

（4）生前诊断常采用水洗沉淀法检查虫卵。如果在粪便中能检出吸虫虫卵则可以确诊。但由于牛片形吸虫排卵是间歇性的，因此，粪便虫卵检查比较困难。血液学检查会出现低清蛋白血症，在移行阶段，谷氨酸脱氢酶会升高。一旦胆管黏膜脱落，血浆中的 γ–谷氨酸转移酶会升高，这是一种有效的诊断指标。

（二）治疗

处方1：硝氯酚（拜耳9015）1.2～2.8g。

用法：一次内服，按1kg体重3～7mg用药。

处方2：阿苯达唑（丙硫咪唑）5g。

用法：一次内服，按1kg体重10～15mg用药；注意禁用于产奶牛和怀孕前期45d牛。

处方3：硫双二氯酚（别丁）16～24g。

用法：装于小纸袋内一次投服，按1kg体重40～60mg用药。

处方4：苏木30g　　　贯众45g　　　槟榔30g　　　茯苓30g
　　　　木通20g　　　泽泻20g　　　肉豆蔻20g　　龙胆草30g
　　　　厚朴20g　　　甘草20g

用法：共研细末，开水冲调，候温灌服。

处方5：茵陈蒿150g　栀子60g　　　大黄45g　　　黄芩45g
　　　　黄柏45g　　　连翘45g　　　木通30g　　　甘草20g

用法：水煎，候温灌服。

说明：本方清肝利胆，除湿去热，可用于牛肝胆湿热之证。病牛见可视黏膜黄染，发热，尿液短赤或黄浊，苔黄腻，脉象弦数。

处方6：苍术60g　　　泽泻45g　　　厚朴40g　　　陈皮40g
　　　　猪苓30g　　　生姜30g　　　茯苓30g　　　白术30g

桂枝 25g　　　大枣 20g　　　甘草 20g

用法：水煎，候温灌服。

说明：本方温中燥湿，健脾利水，可用于寒湿困脾之证。病牛见头低耳聋，四肢沉重，倦怠喜卧，食欲不振，饮欲降低，粪便稀薄，排尿不爽，水肿，口腔黏滑，口色青白或黄白，苔白腻，脉迟细。

七、口炎

口炎是口腔黏膜的炎症，中兽医称"口疮""舌疮"，它包括各种舌炎、腭炎、齿龈炎，按其性质有卡他性口炎、水泡性口炎、溃疡性口炎等多种类型。临床上以采食、咀嚼障碍、流涎、口腔黏膜红肿及口温增高为特征。

有原发性和继发性。

1. 原发性口炎

（1）卡他性。机械性损伤（粗硬性饲料）、化学和物理因素的影响，食刺激性或腐蚀性较强的药物（石灰水等），长期饲喂霉烂变质的饲料。

（2）水泡性。一般长期饲喂霉烂饲料或继发卡他性口炎。

（3）溃疡性。主要是口腔不洁和两种口炎的继发。

2. 继发性口炎

常继发于咽炎、喉炎、急性胃肠卡他等内科病、维生素缺乏症、中毒病及某些传染病（如口蹄疫、恶性卡他、坏死杆菌病、钩端螺旋体病、泰勒虫病、牛黏膜病、牛恶性卡他热、猪水疱病、犬瘟热、羊痘等特殊病原疾病）。

中兽医认为，暑热炎天，劳役过度，心经积热，而心连舌，舌为心之苗，故心热上攻于舌，致使舌体肿胀，继而溃烂成疮；或饮食不调，口渴失饮，役后未得休息，乘热而喂草料，邪热积于脾胃，上攻唇、舌，而发口疮。

（一）诊断要点

（1）口腔黏膜红、肿、热、痛，敏感性增高，采食小心，咀嚼缓慢，食欲减退，或略经咀嚼又成团吐出，常有大量唾液流出，呼出气体有腥臭或恶臭味儿，局部淋巴结肿大，拒绝检查口腔。

（2）卡他性口炎病牛口腔黏膜充血、水肿，大量稠黏液分泌；水泡性口炎病牛在口腔黏膜上出现大小不等、内含透明或黄色液体的水泡，破溃后形成糜烂；溃疡性口炎病牛可在口腔黏膜及齿龈上有糜烂、坏死和溃疡，齿龈易出血，口流灰色恶臭液体，若并发败血症或其他疾病，则预后不良，但少见。霉菌性口炎，在口腔黏膜上形成柔软、灰白色、稍隆起的斑点，口角流出浓稠的唾液。

根据临床特征及口黏膜的炎症变化，不难诊断。临床上发现病牛有流涎症状时，应注意与咽炎、药物中毒、口蹄疫、恶性卡他热等疾病进行鉴别；

采食、咀嚼困难者应与牙齿疾病、咽炎鉴别；与传染性水泡性口炎鉴别。

（二）治疗

消除对口腔黏膜产生刺激的各种因素，机械、理化因素及生理因素（不整的牙齿），积极治疗继发性口炎的原发病。给予清洁饮水和质地柔软、富有营养的青绿饲料。

本病的治疗原则是：除去病因、清洗口腔、消炎、收敛、改善饲养管理、给予清洁饮水和柔软而富有营养的饲料。

处方 1：2%～3% 硼酸溶液。

用法：冲洗口腔，2～4 次 /d。

说明：口腔有恶臭时用 0.1% 高锰酸钾溶液冲洗；不断流涎时，用 1%～2% 明矾或鞣酸溶液冲洗口腔。

处方 2：

（1）硝酸银棒（5% 硝酸银），生理盐水，碘甘油，0.1% 高锰酸钾溶液。

用法：溃疡性口炎或真菌性口炎，病部用硝酸银棒（5% 硝酸银）腐蚀，然后用生理盐水充分冲洗，再用碘甘油（碘酊与甘油 1∶9）（或龙胆紫、2% 硫酸铜、2% 硼酸钠甘油或 10% 磺胺甘油混悬液）涂布患部；溃疡面好转后，继续用 0.1% 高锰酸钾溶液冲洗口腔。

（2）维生素 B_6 30mL，10% 维生素 C 注射液 30mL。

用法：肌内注射。

处方 3：黄连素 2g　　明矾 10g　　冰片 1g

用法：将上药混合装入布袋内，衔在病牛口中，饲喂时取出。每天换 1 次，连用 3d。

处方 4：青黛、黄连、黄柏、桔梗、儿茶各等份。

用法：共研细末，混匀，装瓶。用时，布袋口嚼或吹撒于患部。

处方 5：冰硼散。

用法：吹撒患部。

八、肠痉挛

肠痉挛是牛的一种急性腹痛性疾病，水牛和黄牛均有发生，奶牛少见。临床上以急性腹痛，肠蠕动增加，不断排粪为特征。

（一）诊断要点

（1）常见的发病原因是：炎热夏天，牛出汗较多，没有及时补充水分，饮水时饮用冰凉水；炎热夏天，牛在太阳底下露晒后突遇冷雨浇淋；冬季天气突然变化，寒流来袭或牛舍遭寒风吹袭；牛采食冰冻的湿草；容易兴奋的牛在兴奋期间。

（2）主要临床特征是间歇性腹痛，常有受冷的病史。发作时呈现不同程度的腹痛，起卧不安，倒地滚转，耳鼻发凉，口腔湿润，两侧大小肠音连绵高朗，有的出现金属性肠音，排粪频繁，粪量少且稀软松散带水，持续数分钟后进入间歇期，动物采食和饮水似与健康时并无明显区别；经一定时间后，腹痛再度发作。

（3）治疗不及时的病例可继发肠变位、肠套叠、便秘，腹痛症状加剧，全身症状迅速加重。

（4）动物发生肠道寄生虫病时，也可引起肠管痉挛性收缩。

（二）治疗

处方1：30%安乃近注射液40mL，10%安钠咖20mL。

用法：一次肌内注射。

说明：严重病例可同时用0.2%盐酸普鲁卡因注射液100mL，缓慢静脉注射。

处方2：

（1）硫酸阿托品注射液30mg。

用法：肌内注射。

（2）猪大油1kg。

用法：加温水一次灌服。

说明：可同时进行温水深部灌肠。

处方3：颠茄酊30mL。

用法：加温水3 000mL，一次灌服。

处方4：氨溴注射液100mL（或0.2%盐酸普鲁卡因注射液300mL）。

用法：缓慢静脉注射。

中兽医治疗可分两种情况进行辨证施治。

若证见病牛剧烈腹痛，或平卧于地，时发哀鸣，舌色灰白，口腔湿润，口温偏低，耳鼻冷凉，口色淡白或青黄。此为寒气凝滞所致，治宜理气和血、温中散寒。用下列处方：

处方5：小茴香60g   桂心60g   厚朴60g   当归60g
       青皮45g   陈皮45g   白芷24g   细辛24g
       炒盐24g

用法：共研为末，加葱白适量，50%vol以上白酒100mL，开水冲调，候温灌服。连用3剂。

处方6：荜澄茄90g   小茴香30g   青皮30g   酒大黄30g
       木香30g   川椒60g   茵陈60g   白芍60g
       甘草15g

用法：煎汤去渣，候温一次灌服。连用 3 剂。

若证见病牛腹痛不安，肠音高亢，连绵不断，随肠音的增强，粪泻如水，舌色灰白。此为寒湿困脾，治宜健脾利湿、温补脾胃。可用下列处方。

处方 7：当归 60g　　　苍术 60g　　　厚朴 45g　　　青皮 45g

　　　　益智仁 45g　　细辛 24g　　　甘草 24g

用法：共研细末，加大葱 5 根，醋 250mL，开水冲调，候温一次灌服。

九、膈痉挛

膈痉挛俗称跳肷，是由于膈神经受到异常刺激，兴奋性增高，致使膈肌发生强烈收缩而出现有节奏的肷部颤动，中兽医称为跳肷。马属动物较多见，有时也见于牛。

（一）诊断要点

（1）通常是因为胃肠炎、结症、食管扩张、肿瘤以及靠近胸腔入口处的神经，特别是上颈部脊神经（脊髓膈神经中枢）受到惊吓等刺激和压迫等刺激，或通过迷走神经反射性地刺激膈神经引起的。过度劳役、蓖麻籽中毒、因胃肠疾病导致的某些电解质平衡紊乱（如急性胃肠炎、低钾血症、低钙血症）、心搏动强盛、心动过速，也常引起膈痉挛。此外，膈神经与心脏位置关系存在先天性的异常，也是发生本病的重要原因之一。

中兽医认为，跳肷是由于饱后急饮冷水、急赶快跑、立即重役；或受到惊吓，长途奔跑，出气不均，致使肺气壅塞，逆气凝于膈间；外感风寒，内伤阴冷，均可致冷热不和，逆气上冲于膈，而致痉挛。脾胃虚寒，结症后大量内服寒凉之品，也可引发膈痉挛。外感风热，内热炽盛，如急饮冷水，突遇雨雪浇淋，寒热相交，也可发生本病。

（2）多突然发病，患畜心神不安，少食或不食，鼻孔开张，呼气多，吸气少，头低耳耷，嗳气，流涎，喜站立，行步拘谨。严重的患畜，可见两肷部呈现有节奏的跳动，特别是肋弓处跳动明显，数步之外即能见到；轻微的膈痉挛，把手放在肋弓部，能感觉出膈的规律性痉挛。部分病例，膈的跳动频率与心搏动一致心，称为同步性膈痉挛；而大部分病例膈的跳动多不与心搏动一致，称为非同步性膈痉挛。肷部颤动时，在鼻孔附近可听到明显的呃逆音。发作时心跳增数，流涎。听诊，全身有心动音，洪大，严重的病例，心撞击膈膜，震响有声。脉象沉迟，口色青黄。

（二）治疗

处方 1：25% 水合氯醛硫酸镁溶液 200mL，10% 溴化钠溶液 200mL（或氨溴合剂 150mL），5% 葡萄糖 500mL。

用法：一次静脉滴注。

处方 2：

（1）阿托品 20mg。

用法：肌内注射。

说明：也可用 30% 安乃近 30mL，480 万 U 青霉素，一次肌内注射。

（2）水合氯醛硫酸镁 100mL。

用法：静脉注射。

（3）5% 葡萄糖 1 000mL，10% 安钠咖 20mL，维生素 C 30mL。

用法：静脉注射。

对因受到惊吓而致的膈痉挛，当以理气散滞，止痛活血，强心补血为治则。可选用处方 3 和处方 4。

处方 3：陈皮 40g　　当归 50g　　白术 40g　　肉桂 30g

　　　　厚朴 30g　　炙黄芪 60g　　枳壳 30g　　茯苓 30g

　　　　炙甘草 30g

用法：共研细末，加入鲜生姜，开水冲服。

说明：本方中，陈皮、枳壳、厚朴理气解郁，调气破瘀；茯苓、白术、甘草健脾燥湿；当归、黄芪补气养血；肉桂引火归经。诸药相合，共奏理气散滞之功效。

处方 4：木香 30g　　乌药 50g　　香附 50g　　陈皮 30g

　　　　川芎 30g　　当归 50g　　血竭 30g　　没药 30g

　　　　刘寄奴 30g　　桔梗 30g　　百合 50g　　骨碎补 50g

用法：共研细末，开水冲服。

说明：方中，木香、乌药、香附、陈皮理气散瘀，燥湿行水；当归、川芎、血竭、没药活血止痛，消肿散淤；刘寄奴消散血瘀，破胸中滞气；百合、桔梗清肺理气；骨碎补行血定疼。诸药相合，可解膈痉挛。

对因患畜体弱，劳役过度而致的膈痉挛，宜健脾养血，可用当归散加减。可用处方 5。

处方 5：当归 50g　　赤芍 30g　　枳壳 30g　　青皮 30g

　　　　桔梗 30g　　枇杷叶 30g　　花粉 30g　　丹皮 25g

　　　　元胡 25g　　木星 25g　　没药 25g　　红花 20g

　　　　甘草 20g

用法：共研细末，开水冲调成糊状，候温，童便为引，一次灌服。

重役、长途奔跑后突饮冷水所致的膈痉挛，治宜宽胸利膈，行气解郁。可用处方 6。

处方 6：枳壳 50g　　当归 30g　　青皮 30g　　藿香 30g

　　　　香附 30g　　益智仁 30g　　苍术 30g　　半夏 25g

莱菔子 25g　　枇杷叶 25g　　大腹皮 20g　　甘草 20g

用法：共研细末，开水冲服。

因结症而致的膈痉挛，在结症治愈后，患畜多心气不足，心血匮乏。治宜强心补血，清邪火。可用处方 7。

处方 7：当归 50g　　川芎 30g　　白芍 30g　　生地 30g
　　　　　党参 30g　　柏仁 30g　　枣仁 30g　　莲肉 30g
　　　　　茯神 25g　　五味子 25g　　远志 20g　　麦冬 20g
　　　　　黄连 20g　　甘草 20g

用法：共研细末，开水冲服。

因外感风寒内伤阴冷所致的膈痉挛，当以温中祛寒，理气活血为治则，可用处方 8。

处方 8：党参 60g　　白术 50g　　当归 50g　　陈皮 50g
　　　　　乌药 50g　　川芎 40g　　桔梗 40g　　没药 40g
　　　　　干姜 45g　　川朴 30g　　木香 30g　　甘草 20g

用法：共研细末，干姜为引，开水冲服。

因外感风热，内热炽盛所致的膈痉挛，当以疏散风热，宽胸润燥为治则，可用处方 9。

处方 9：薄荷 30g　　蝉蜕 30g　　甜葶苈子 30g 生地 30g
　　　　　鬼针草 25g　　五指柑 25g　　鸭脚木蜜 25g 葛根 25g
　　　　　生石膏 120g　　三桠苦 20g　　地胆头 20g　　大青叶 20g
　　　　　黄芩 20g　　知母 20g　　玄参 20g　　生山楂 50g
　　　　　陈皮 18g　　生甘草 20g

用法：共研细末，开水冲服。

十、青草搐搦

青草搐搦又名低镁血搐搦、牧草搐搦、牧草蹒跚病、麦田中毒，乳牛、肉牛、水牛多发，泌乳母牛更易发生，故也名泌乳搐搦，是所有反刍动物的一种致命性的疾病，但以泌乳母牛发病率最高。以低镁血、通常还有低钙血为特征。临床上表现为强直性和阵发性肌肉痉挛、惊厥，并因呼吸衰竭而死。

（一）诊断要点

（1）由于血镁浓度降低而引起，而血镁浓度降低与牧草镁含量缺乏或不足（如采食低镁幼嫩青草和生长茂盛的牧草等），或存在干扰镁吸收的成分，或疾病有直接相关。

（2）急性型：乳牛、肉牛多发。放牧时突然停止吃草，甩头，对周围警惕，似乎感到不适，肌肉和两耳明显搐搦，感觉过敏，稍有轻微干扰即可促发持续的吼叫和狂奔。牛的步态蹒跚，倒地四肢抽搐，很快转为阵挛性惊厥，持续几分钟。惊厥时，项、背、四肢震颤，角弓反张，眼球震颤，牙关紧闭，空嚼，口吐白沫，两耳竖起，眼睑回缩。惊厥间歇时静卧，如有突然音响或触动又重新发作。病畜肌肉严重疲劳后，体温 40 ～ 40.5℃，频尿，心跳、呼吸增数，离开畜体一定距离仍能听到心音，一般 30 ～ 60min 内死亡。

亚急性型：水牛多发，有 3 ～ 4d 轻度食欲不振，面部表情狂躁，四肢运动加剧，对驱赶和突然转动其头部进行反抗，尿闭和频频排粪是特征性的。病牛瘤胃蠕动减弱，肌肉震颤，后肢轻度痉挛，摆尾，站立不稳，又开腿走路，并伴有缩头和牙关紧闭。运动、声音、针刺均能引起剧烈的惊厥。如卧地不起，颈呈"S"状弯曲。少数兴奋不安、发狂、向前冲或奔跑，眼露凶光，卧地后抽搐，伸舌喘气，呼吸加深，流涎，体温不高（37.8℃），心跳加快，心音高，有的几天内可以自愈，但有复发趋势。

慢性型：血清镁水平低，但不表现临床症状。少数表现模糊的综合征，包括迟钝、健康不佳，食欲减退。也见于亚急性型康复的病畜。

（二）治疗

处方 1：25% 硫酸镁注射液 400mL，25% 硼葡萄糖酸钙注射液 500mL。

用法：乳牛、肉牛一次缓慢静脉注射。

说明：水牛两者各减 100mL，一次皮下注射。

处方 2：用 25% 硫酸镁 150 ～ 250mL，10% 葡萄糖 1 000mL。

用法：缓慢静注。在静注过程中，如出现呼吸困难、心跳加快，应立即停止用药。

处方 3：氯化钙 35g，氯化镁 15g。

用法：溶于 1 000mL 生理盐水中，乳牛、肉牛一次缓慢静脉注射。

处方 4：白术 60g　　党参 60g　　阿胶 60g　　当归 45g
　　　　　川芎 45g　　黄芩 45g　　熟地 45g　　升麻 30g
　　　　　砂仁 30g　　陈皮 30g　　苏叶 30g　　白芍 30g
　　　　　生姜 30g　　甘草 25g

用法：共研细末，开水冲调，候温灌服。

说明：本方参考中兽医虚劳而成，能补益气血，升阳益胃，养阴安胎，用于气血两虚病牛。证见食欲废绝，瘤胃蠕动减弱，四肢无力，卧地不起，流产多难避免。

处方 5：生地 60g　　当归 60g　　白芍 60g　　枣仁 45g
　　　　　川芎 45g　　木瓜 30g　　炙甘草 45g

用法：共研细末，开水冲调，候温灌服。

说明：本方参考中兽医肝阴不足而成，能养血滋阴，柔肝舒筋，可用于肝阴不足病牛。证见谨慎昏聩，烦躁不安，牙关紧闭，口吐泡沫，运步蹒跚，肌肉僵硬，后肢强直，眼球震颤，阵性咳嗽，继之卧地不起。

第三节　秋季常见病及防治

秋季是肉牛快速生长的黄金时期，牛长膘的最佳时期。气候温热交替白天夜晚温差大，许多牛会出现拉稀与咳嗽症状，需要及时治疗。

一、传染性鼻气管炎

牛传染性鼻气管炎又称坏死性鼻炎、红鼻病，是I型牛疱疹病毒引起的一种牛呼吸道接触性传染病。临床表现形式多样，以呼吸道为主，伴有结膜炎、流产、乳腺炎，有时诱发小牛脑炎等。

（一）诊断要点

（1）各年龄、品种的牛均可感染发病，肉牛比奶牛易感，其中以20～60日龄犊牛最易感。主要在秋、冬季节流行，舍饲和密集饲养可促进本病的传播。

（2）呼吸道型表现高热，精神极度沉郁，拒食，鼻腔有大量黏液或脓性分泌物，鼻镜发红，眼流泪，咳嗽，呼吸高度困难。生殖道型出现尿频，从阴道流黏液脓性分泌物，外阴部肿胀，有散在多量的脓疱颗粒；公牛龟头、包皮、阴茎上发生脓疱，包皮肿胀及水肿。流产型主要以母牛流产为特征。脑膜脑炎型主要发生于犊牛，病初流涕流泪、呼吸困难，之后共济失调，沉郁、兴奋、惊厥、口吐白沫，倒地抽搐，角弓反张。肠炎型多见于犊牛，表现呼吸道症状，出现腹泻，排血便。结膜角膜型轻者结膜充血、眼睑水肿、流泪；重者表现为结膜出现灰色假膜，呈颗粒状外观，角膜呈云雾状，流黏脓性眼泪。

（3）剖检可见鼻腔、咽喉、气管黏膜严重充血、肿胀，有浅溃疡，被覆黏脓性腐臭的渗出物，肺有成片的化脓灶；真胃黏膜充血、肿胀、有溃疡，大、小肠黏膜充血、肿胀、有黏液；流产胎儿皮下水肿，肝、脾有局灶性坏死。

（4）应与牛流行热、恶性卡他热等鉴别。

（二）治疗

处方1：

（1）30%安乃近注射液50mL，四环素7g。

用法：一次肌内注射。

（2）维生素 K 300mg。

用法：肌内注射。

说明：肠道出血病牛使用。

（3）复方氯化钠注射液 1 000mL，20% 安钠咖注射液 50mL。

用法：一次静脉注射。

说明：有腹泻的病牛使用。

处方 2：马勃 18g　　　牛蒡子 30g　　　玄参 30g　　　柴胡 30g

　　　　　板蓝根 120g　　升麻 18g　　　黄芩 30g　　　黄连 20g

　　　　　桔梗 20g　　　连翘 30g　　　薄荷 20g　　　甘草 30g

用法：加水共煎，候温灌服。

说明：本方透卫清热、解毒消肿。方中用薄荷、牛蒡子、柴胡透卫泄热；用黄芩、黄连苦寒直折气分火热，并用连翘、板蓝根、马勃解毒消肿，玄参滋肾水而上制邪火，用升麻、柴胡、桔梗升载诸药，直达病所，诸药同用，共奏透卫清热、解毒消肿之功。临床应用时，可根据具体病情加减：呼吸道型的，可加荆芥穗 30g、麻黄 18g、葛根 20g，以增强透表疏散之力；结膜角膜型的，可加桑白皮 30g、蒲公英 30g、薏苡仁 90g，以增强清热利湿之功；生殖道型的，上方减去升麻、薄荷、桔梗，加红藤 30g、败酱草 60g、土茯苓 30g、萹蓄 20g，以求利湿化瘀之效；流产不孕型的，上方减去升麻、薄荷、桔梗、黄连，加桃仁 30g、红花 30g、川芎 20g、当归 45g、赤芍 30g、熟地 60g，增强活血化瘀、益肾固本之功；脑膜脑炎型的，上方加生牡蛎 240g、代赭石 90g、生石膏 90g；肠炎型的，去薄荷、升麻，加猪苓 20g、草果 20g、炒白术 20g。

二、结核病

结核病是由结核分枝杆菌引起的人畜和禽类的一种慢性传染病。其特征是病牛逐渐消瘦，在多种组织器官形成肉芽肿和干酪样、钙化结节病变。该病在世界各地均有发生，在公共卫生上具有重要意义。

（一）诊断要点

（1）由牛分枝杆菌引起。以牛（特别是奶牛）最易感，多为散发，厩舍拥挤、卫生不良、营养不足等均可诱使本病的发生与传播。

（2）潜伏期一般为 10 ～ 15d，有时达数月以上。

病程呈慢性经过，表现为进行性消瘦，咳嗽、呼吸困难，体温一般正常。

因病菌侵入机体后，由于毒力、机体抵抗力和受害器官不同，症状亦不一样。在牛中本菌多侵害肺、乳房、肠和淋巴结等。

肺结核：病牛呈进行性消瘦，病初有短促干咳，渐变为湿性咳嗽。听诊肺区有啰音，胸膜结核时可听到摩擦音。叩诊有实音区并有痛感。

乳房结核：乳量渐少或停乳，乳汁稀薄，有时混有脓块。乳房淋巴结硬肿，但无热痛。

淋巴结核：不是一个独立病型，各种结核病的附近淋巴结都可能发生病变。淋巴结肿大，无热痛。常见于下颌、咽颈及腹股沟等淋巴结。

肠结核：多见于犊牛，以便秘与下痢交替出现或顽固性下痢为特征。

神经结核：中枢神经系统受侵害时，在脑和脑膜等可发生粟粒状或干酪样结核，常引起神经症状，如癫痫样发作、运动障碍等。

（3）剖检，在肺脏、乳房和胃肠黏膜处形成特异性白色或黄白色结节。结节大小不一，切面呈干酪样坏死或钙化，有时坏死组织溶解和软化，排出后形成空洞。胸膜和肺膜发生密集的结核结节，形如珍珠状。

（4）取患病器官的集合结节及病变与非病变交界处的组织直接涂片，或采取痰、尿、乳及其他分泌物作抹片，抗酸染色后镜检，如发现红色成丛杆菌时，可以作出初步诊断。这是本病最可靠的诊断依据。

（5）结核菌素作变态反应，是诊断本病的主要方法，常用的有皮内法、点眼法。

皮内法：将牛型提纯结核菌素稀释后经颈部皮内注射0.1mL（10万/mL）72h判定反应。局部有明显的炎性反应，皮肤红肿皮厚差在4mm以上者即判为阳性；红肿不显著，皮厚差在2～4mm者，为疑似；皮厚差在2mm以内者为阴性。凡判为疑似反应的牛，30d后需复检1次，如仍为疑似，经30～50d再次复检，如仍为疑似可判为阳性。

点眼法：用硼酸棉球擦净眼部外周污物，在结膜囊内点入结核菌素3～5滴，防止风沙进入眼内，避免阳光直射和摩擦，于点眼后3h、6h、9h观察1次，必要时24h再观察一次。如果有两个大米粒大或2mm×10mm以上的黄白色半透明分泌物自眼角流出，或有明显的结膜充血、水肿、流泪的可判定为阳性；无明显的结膜炎，仅有两个米粒大或2mm×10mm以上的灰白色半透明分泌物者可判定为可疑；无反应或仅轻微充血，流出透明浆液者为阴性。对可疑牛可在72h后再重复一次点眼试验。

（6）注意类症鉴别。牛肺结核与慢性牛肺疫都有短咳和消瘦等症状，两病容易混淆，但慢性牛肺疫对结核菌素阴性反应，肺脏切面无结核结节，而呈大理石样病变。牛肠结核与牛副结核症状相似，但牛副结核症状表现以持续性下痢为主，并伴有下颌、胸垂、腹部的水肿。

（二）治疗

处方1：异烟肼2mg/kg体重。

用法：口服，每天3次。

说明：发现病牛，立即全群检疫，扑杀有明显症状的开放性病牛，内脏销毁或深埋，肌肉经高温处理或充分煮熟后方可食用。对结核菌素阳性牛，如数量少或是犊牛，立即淘汰。对价值高的牛，才使用本法治疗。使用异烟肼的同时，也可使用链霉素、对氨基水杨酸等药物。

处方2：熟地 60g　　生地 40g　　麦冬 30g　　百合 20g

　　　　炒芍药 20g　　当归 20g　　川贝 20g　　玄参 20g

　　　　桔梗 15g　　　甘草 20g

用法：水煎灌服。

说明：本方养阴益气，可用于因内伤所致的咳嗽，病牛证见发病缓慢，干咳日久，声低无力，日轻夜重，痰少黏稠，食欲不振，反刍减少，毛焦体瘦，舌红津少，脉细数。本证也可使用沙参麦冬汤：沙参、白扁豆各 60g，麦冬、玉竹各 50g，桑叶、天花粉各 45g，川贝、杏仁、生甘草各 30g，水煎灌服。

处方3：五味子 30g　　熟地 30g　　党参 30g　　肉桂 30g

　　　　附子 30g　　　山药 30g　　补骨脂 30g　　山茱萸 30g

　　　　泽泻 25g　　　茯苓 25g　　丹皮 25g

用法：水煎灌服。

说明：本方补肾纳气，可用于肾不纳气所致的咳喘，病牛证见咳嗽气喘，日久不愈，呼多吸少，毛焦体瘦，脉细弱。

处方4：苇茎 250g　　薏苡仁 120g　　桃仁 120g　　金银花 90g

　　　　鱼腥草 90g　　蒲公英 90g　　紫地丁 90g　　冬瓜仁 90g

用法：共研细末，开水冲调，候温灌服。

说明：本方清热解毒，化瘀消痈。可用于肺痈咳喘。证见高热寒战，咳嗽气急，鼻流腥臭脓液，叩诊胸部有疼痛，听诊有湿性啰音，口津少而黏，口色红，苔黄腻，脉滑数。

三、巴氏杆菌病

巴氏杆菌病是由多杀性巴氏杆菌所引起的发生于各种家畜、家禽和野生动物的一种传染病的总称。牛巴氏杆菌病又称牛出血性败血症，是牛的一种急性传染病。以发生高热、肺炎和内脏广泛出血为特征。

（一）诊断要点

（1）由多杀性巴氏杆菌所引起，秋末、冬初及天气骤变时容易发病。

（2）潜伏期 2～5d。根据临床表现，本病常表现为急性败血型、浮肿型、肺炎型。

急性败血型：病牛初期体温可高达 41～42℃，精神沉郁、反应迟钝、肌肉震颤，呼吸、脉搏加快，眼结膜潮红，食欲废绝，反刍停止。病牛表现为腹痛，常回头观腹，粪便初为粥样，后呈液状，并混杂黏液或血液且具恶臭。一般病程为 12～36h。

浮肿型：除表现全身症状外，特征症状是颌下、喉部肿胀，有时水肿蔓延到垂肉、胸腹部、四肢等处。眼红肿、流泪，有急性结膜炎。呼吸困难，皮肤和黏膜发绀、呈紫色至青紫色，常因窒息或下痢虚脱而死。

肺炎型：主要表现纤维素性胸膜肺炎症状。病牛体温升高，呼吸困难，痛苦干咳，有泡沫状鼻汁，后呈脓性。胸部叩诊呈浊音，有疼感。肺部听诊有支气管呼吸音及水泡性杂音。眼结膜潮红，流泪。有的病牛会出现带有黏液和血块的粪便。本病型最为常见，病程一般为 3～7d。

（3）剖检主要呈全身性急性败血症变化，内脏器官出血，在浆膜与黏膜以及肺、舌、皮下组织和肌肉出血。浮肿型主要表现为咽喉部急性炎性水肿，病牛尸检可见咽喉部、下颌间、颈部与胸前皮下发生明显的凹陷性水肿，手按时出现明显压痕；有时舌体肿大并伸出口腔。切开水肿部会流出微混浊的淡黄色液体。上呼吸道黏膜呈急性卡他性炎；胃肠呈急性卡他性或出血性炎；颌下、咽背与纵隔淋巴结呈急性浆液出血性炎。肺炎型牛出败主要表现为纤维素性肺炎和浆液纤维索性胸膜炎。肺组织颜色从暗红、炭红到灰白，切面呈大理石样病变。胸腔积聚大量有絮状纤维素的渗出液。此外，还常伴有纤维素性心包炎和腹膜炎。

（4）病变部位采取组织或渗出液涂片，用碱性美蓝染色镜检，可见两极浓染的短杆菌。

（5）应与气肿疽、恶性水肿、炭疽等鉴别。

（二）治疗

处方1：

（1）巴氏杆菌抗血清 80mL。

用法：一次皮下注射。

（2）10% 复方磺胺嘧啶钠注射液 80mL。

用法：一次肌内注射，每天 2 次，连用 5d。

说明：也可用其他巴氏杆菌敏感药物，重症配合强心补液。

处方2：金银花 50g　　连翘 60g　　射干 60g　　山豆根 60g
　　　　　天花粉 60g　　桔梗 60g　　黄连 50g　　黄芩 50g
　　　　　栀子 50g　　　茵陈 50g　　马勃 50g　　牛蒡子 30g

用法：水煎取汁，一次灌服。

处方3：牛出血性败血症氢氧化铝菌苗。

用法：体重 100kg 以上的牛 6mL，体重 100kg 以下的小牛 4mL，皮下或肌内注射。

说明：发病地区，每年定期接种1次。

四、腐蹄病

腐蹄病是由于蹄部损伤、坏死杆菌感染引起指（趾）间皮肤及其下组织发生炎症。特征是病蹄间质皮肤充血，肿胀腐烂，有腐败性分泌物排出，重症伴有体温升高。秋冬季节，气温较低，长期舍饲使得钙、磷等矿物质缺乏，导致肉牛蹄部角质疏松。一方面，圈舍潮湿，使蹄部经常为粪便等所浸泡，导致局部组织软化而发生腐蹄病；另一方面，圈舍内或运动场水泥地面、石子等易对牛蹄造成机械性损伤，进而引起坏死杆菌等厌氧菌感染。肉牛蹄部出现问题，轻则引起跛行，重则引起瘫痪，影响养牛经济效益。

（一）诊断要点

（1）急性型，为一肢或数肢突发跛行，患部皮肤潮红、肿胀、疼痛、频频举肢。严重时，蹄球、蹄冠发生化脓、腐烂，流出恶臭脓性液体。病牛体温升高，达40～41℃，精神沉郁，食欲不振，产乳量下降。后期蹄匣角质脱落，多继发骨、腱、韧带的坏死，严重者可致蹄匣脱落。

（2）慢性型，病程较长，可达数月，炎症由蹄部向深部组织及周围组织蔓延时，可引起患肢部粗大，皮肤被毛脱落，有时可在蹄冠、蹄球等部位形成瘘管，患牛高度跛行，有时可继发败血症而死亡。检查蹄部，病初可见患蹄趾间皮肤红肿，温热。后期，蹄底部出现大小不一的腐败孔洞，周围坏死组织呈污灰色或黑褐色，孔洞流出恶臭液体。有的在削蹄后可发现蹄底角质腐烂，从腐败形成的孔洞中流出污黑恶臭的液体。

（二）治疗

处方1：

（1）1%高锰酸钾溶液1 000mL。

用法：对肿胀严重的患蹄60～70℃温脚浴。

说明：也可用2%来苏儿水温热洗浴。

（2）10%碘酊100mL，碘仿磺胺粉20g，松馏油100mL。

用法：充分修蹄、清创后涂碘酊，撒碘仿磺胺粉，外用松馏油后包扎蹄绷带。

处方2：注射用青霉素钠480万U，注射用硫酸链霉素4g，注射用水40mL。

用法：一次肌内注射，每天2次，连用5d。

说明：重症可用四环素静脉注射，必要时强心补液。

处方3：血竭粉200g。

用法：彻底清创，涂 10% 碘酊后，创面撒血竭粉，用烙铁使其熔成保护膜，也可将血竭熔化后灌入创腔。

处方 4：激光烧烙。

方法：蹄底清创，去除坏死组织，用二氧化碳激光等将创面烧焦。

五、风湿症

由于溶血性链球菌感染或贼风、冷雨侵袭等多种原因引发的一种急性或慢性非化脓性炎症。其特征是反复突发、肌肉或关节游走性疼痛，肢体运动障碍。治宜祛风除湿，通经活络，解热镇痛。

（一）诊断要点

（1）机体内曾有过溶血性链球菌在上呼吸道感染的病史，过劳、感冒、受风寒、潮湿等为诱因。

（2）肌肉风湿病。

①主要发生于活动性较大的肌群，其特征是患部肌肉疼痛，表现运动不协调，步态强拘不灵活，常发生 1～2 肢的轻度肢跛、悬跛或混合跛行，跛行随运动量的增加和时间的延长而有减轻或消失的趋势。

②常有游走性，一个肌群好转，而另一个肌群又发病。触诊患部肌群有痉挛性收缩，肌肉表面凹凸不平而有硬感、肿胀。急性经过时疼痛症状明显。多数肌群发生急性风湿性肌炎时可出现明显的全身症状。病牛精神沉郁，食欲减退，体温升高 1～1.5℃，结膜和口腔黏膜潮红，脉搏和呼吸增数，血沉稍快，白细胞数稍增加。重者出现心内膜炎症状，可听到心内性杂音。

③急性肌肉风湿病的病程较短，一般经数日或 1～2 周即好转或痊愈，但易复发。当转为慢性经过时，病牛全身症状不明显。病牛肌肉及腱的弹性降低。重者肌肉僵硬，萎缩，肌肉中常有结节性肿胀。病牛容易疲劳，运步强拘。

（3）关节风湿病。

①最常发生于活动性较大的关节，如肩关节、肘关节、髋关节和膝关节等。脊柱关节（颈、腰部）也有发生。对称关节同时发病，有游走性。

②急性期呈现风湿性关节滑膜炎的症状。关节囊及周围组织水肿，滑液中有的混有纤维蛋白及颗粒细胞。患病关节外形粗大，触诊温热。疼痛、肿胀。运步时出现跛行。跛行可随运动量的增加而减轻或消失。病牛精神沉郁，食欲不振，体温升高，脉搏及呼吸均增数。有的可听到明显的心内性杂音。

③慢性经过时呈现慢性关节炎的症状。关节滑膜及周围组织增生、肥厚，因而关节肿大且轮廓不清，活动范围变小，运动时关节强拘。强迫运动时能听到噼啪音。

（4）心脏风湿病（风湿性心肌炎）。

主要表现为心内膜炎的症状。听诊时第一心音及第二心音增强，有时出现期外收缩性杂音。对于家畜风湿性心肌炎的研究材料很少，有人认为风湿性蹄炎波及心脏的最多，也最严重。

（5）到目前为止，风湿病尚缺乏特异性诊断方法，在临床上主要还是根据病史和上述的临床表现加以诊断。目前在人医临床上对风湿病的诊断已广泛应用血清中对溶血性链球菌的各种抗体与血清非特殊性生化成分的测定。

（二）治疗

处方1：

（1）10%水杨酸钠注射液200mL，10%葡萄糖酸钙注射液300mL，0.5%氢化可的松注射液40mL，5%葡萄糖生理盐水1 000mL。

用法：一次分别静脉注射。

（2）水杨酸甲酯软膏40g。

用法：患部涂擦。

说明：水杨酸甲醋软膏组成，水杨酸甲酯15g，松馏油5g，薄荷脑7g，白凡士林15g。

处方2：30%安乃近注射液，2.5%醋酸泼尼松龙注射液10mL。

用法：一次分别肌内注射。

处方3：防风50g　　独活30g　　羌活30g　　当归40g
　　　　葛根50g　　山药45g　　连翘30g　　升麻20g
　　　　柴胡20g　　制附子20g　　乌药25g　　甘草15g

用法：共研为细末，开水冲调，候温加入蜂蜜120g，一次灌服。每天1剂，连用3～5d。

说明：本方祛风养血，通络蠲痹，可用于风痹（行痹）。风痹为风邪偏盛所致，证见病牛关节或肌肉疼痛，疼痛游走不定，行无定处，四肢轮流跛行，腰背僵硬，运步困难，兼有恶寒发热，口色淡红，脉浮而缓。

处方4：当归40g　　白芍30g　　木瓜30g　　牛膝35g
　　　　巴戟天30g　　藁本30g　　补骨脂30g　　木通20g
　　　　泽泻30g　　薄荷25g　　桂枝25g　　威灵仙30g
　　　　炙黄芪50g

用法：共研为细末，开水冲调，候温加入黄酒250mL，一次灌服。每天1剂，连用3～5d。

说明：本方散寒温经，通络蠲痹，可用于寒痹（痛痹）。痛痹为寒邪偏盛所致，证见病牛痛有定处，疼痛显著，得热痛轻，遇冷加重。病多在腰胯及四肢，口色青白，脉弦而紧。

处方 5：薏苡仁 80g　　独活 30g　　　苍术 30g　　　豨莶草 30g

　　　　　当归 30g　　　川芎 25g　　　威灵仙 25g　　桂枝 25g

　　　　　羌活 25g　　　川乌 20g

用法：水煎取汁，加入黄酒 200mL，候温一次灌服。每天 1 剂，连用 3 ～ 5d。

说明：本方除湿利水，通络蠲痹，可用于湿痹（着痹）。湿痹为湿邪偏盛所致，证见病牛关节肿胀，四肢沉重，难于移动，呈黏着步样。疼痛较轻，痛处固定，或肿胀麻木，多发于四肢关节。口色白滑，脉沉而缓。

处方 6：石膏 150g　　　桂枝 30g　　　桑枝 30g　　　知母 30g

　　　　　黄柏 30g　　　赤芍 30g　　　薏苡仁 60g　　苍术 30g

　　　　　防己 25g　　　忍冬藤 30g　　甘草 20g

用法：水煎取汁，加入蜂蜜 120g，鸡蛋清 5 枚，候温一次灌服。每天 1 剂，连用 3 ～ 5d。

说明：本方清热祛风，除湿蠲痹，可用于急性风湿。急性风湿多因素体阳气偏盛，内有蕴热，又感风、寒、湿邪，里热为外邪所郁，湿热壅滞，气血不宣所致；或风、寒、湿三邪久留，郁而化热，壅阻经络关节，也可导致本病发生。证见发病急剧，肌肉或关节疼痛，有灼热感，运动时患肢强拘，提举困难，步幅缩短。伴有发热、出汗、颤抖、尿短赤、口色赤红、脉象滑数。

处方 7：独活 30g　　　桑寄生 45g　　秦艽 15g　　　熟地 15g

　　　　　防风 15g　　　炒白芍 15g　　当归 15g　　　茯苓 15g

　　　　　川芎 15g　　　党参 15g　　　杜仲 20g　　　牛膝 20g

　　　　　桂心 20g　　　细辛 5g　　　甘草 15g

用法：共研为末，开水冲调，白酒 150mL 为引，一次灌服。每天 1 剂，连用 3 ～ 4 剂。

说明：本方滋肝补肾，祛风散寒，除湿蠲痹，可用于慢性风湿。痹症日久，肝肾亏虚，气血不足，筋骨失养，可引起关节肿大、变形，但热痛不显，肌肉萎缩、筋脉拘急、运动失灵、易于疲劳，最后导致不能运动，卧地不起。

第四节　冬季常见病及防治

一、恶性卡他热

牛恶性卡他热又称恶性头卡他或坏疽性鼻卡他，是由恶性卡他热病毒引起的急性热性、非接触性传染病。

（一）诊断要点

（1）由恶性卡他热病毒引起。各种年龄的牛均易感，以 2 岁左右的小牛最易感。鹿和绵羊呈隐性感染，牛发病与接触绵羊有关。一年四季均可发生，但以冬季、早春和秋季多发。

（2）病牛突然高热稽留（41～42℃），全身迅速虚弱。不久口、鼻、眼出现炎症，口腔流出带臭味的涎液；鼻腔流出脓样鼻液；双目羞明，眼睑肿胀，流泪，用脓性分泌物，角膜浑浊甚至溃疡，最终导致失明；额窦、角窦、鼻窦发炎，角根松动或角脱落；鼻镜干裂、糜烂或坏死。少数病例伴发神经症状，沉郁或昏迷，有时兴奋，鸣叫，磨牙，攻击人、畜。

（3）剖检可见鼻腔、喉头、气管、支气管、口腔、食道、真胃和小肠等部位的黏膜充血、水肿、糜烂或溃疡；肝、脾、肾肿胀变性；心包及心外膜出血，心肌变性；全身淋巴结充血、出血和水肿。

（4）注意与牛病毒性腹泻 – 黏膜病、口蹄疫、蓝舌病、传染性角膜结膜炎等加以鉴别诊断。

（二）治疗

处方 1：

（1）0.1% 高锰酸钾溶液，2% 硼酸溶液，红霉素软膏。

用法：发现病牛立即隔离，严格消毒牛舍。0.1% 高锰酸钾溶液冲洗口腔，2% 硼酸溶液冲眼，然后涂擦红霉素软膏。

（2）青霉素 800 万 U，5% 葡萄糖氯化钠注射液 500mL。

用法：一次静脉注射。

处方 2：注射用盐酸四环素 3～4g，1% 地塞米松磷酸钠注射液 6mL，25% 维生素 C 注射液 40mL，10% 安钠咖注射液 30mL，5% 葡萄糖氯化钠注射液 3 000～5 000mL，25% 葡萄糖注射液 1 000mL。

用法：静脉注射。

说明：四环素、维生素 C、地塞米松磷酸钠应分别静脉注射。

处方 3：石膏 150g　　生地 60g　　水牛角 90g　　川黄连 20g

栀子 30g　　黄芩 30g　　桔梗 20g　　知母 30g

赤芍 30g　　玄参 30g　　连翘 30g　　丹皮 30g

鲜竹叶 30g　　甘草 15g

用法：一次煎服。石膏打碎先煎，再下其他药同煎，水牛角锉细末冲入。

二、支气管炎

支气管炎是由各种原因引起的支气管黏膜表层或深层的炎症。各年龄牛均可发生，但幼龄和老龄牛比较常见。在冬春季节，因寒风攻击、冷雨浸淋、气温变化等发生咳嗽病症，此外，因误食羽毛、饲料中尘土飞扬以及体弱劳累而引起的咳嗽，时间久后易引起慢性支气管炎。

（一）诊断要点

（1）在冬春季节，因寒风袭击、冷雨浸淋、气温变化等发生咳嗽病症，导致机体抵抗力降低，一方面病毒、细菌直接感染，另一方面呼吸道寄生菌或外源性非特异性病原菌乘虚而入，呈现致病作用。也可由急性上呼吸道感染的细菌和病毒蔓延引起。

（2）吸入过冷空气、粉尘、刺激性气体可直接刺激支气管黏膜而发病。投药或吞咽障碍时由于异物进入气管，可引起吸入性支气管炎。过敏反应常见于吸入花粉、有机粉尘、真菌孢子等引起气管支气管的过敏性炎症。

（3）流行性感冒、牛口蹄疫、恶性卡他热等疾病过程中，常表现支气管炎的症状。另外，喉炎、肺炎及胸膜炎等疾病时，由于炎症扩展，也可继发支气管炎。

（4）饲养管理粗放，如牛舍卫生条件差、通风不良、闷热潮湿以及饲料营养不平衡等，导致机体抵抗力下降，均可成为支气管炎发生的诱因。

（5）急性支气管炎。

①疾病初期表现干、短和疼痛的咳嗽，随炎性渗出物增多，变为湿而长的咳嗽。咳出较多的黏液或黏液脓性的痰液，呈灰白色或黄色。鼻孔流出浆液性、黏液性或黏液脓性的鼻液。胸部听诊肺泡呼吸音增强，并出现干啰音和湿啰音。

②中期可引起细支气管炎。

③后期可引起腐败性支气管炎。

④X线检查肺部有较粗纹理的支气管阴影。

⑤应与肺充血、肺水肿、肺炎或支气管肺炎相区别。

（6）细支气管炎。

可见全身症状，体温升高 $1 \sim 2℃$，脉搏加快。咳嗽，呼吸高度困难，结膜发绀。胸部听诊，肺泡呼吸音增强，可听到干性啰音及小水泡音。胸部叩诊音响比正常清朗。

（7）慢性支气管炎。

①长期顽固性无痛干咳，尤其在运动、采食、夜间和早晚气温较低时；鼻液少而黏稠，病情时轻时重；胸部听诊，长期有啰音；并发肺气肿时，叩诊肺界后移并呈过清音，表现呼吸困难；全身症状不明显。

②X线检查肺部支气管阴影增重而延长，发生支气管周围炎时，肺纹理增多、增粗，阴影变浓。

③应与伴发慢性支气管炎的鼻疽、结核病相区别。

（8）腐败性支气管炎。

呼吸困难，呼出气体有腐败性恶臭，两侧鼻孔流出污秽不洁和有腐败臭味鼻液。听诊肺部会出现空瓮性呼吸音。病畜全身反应明显。白细胞数增加，嗜中性粒细胞比例升高。

（二）治疗

处方1：

（1）氯化铵20g，人工盐100g，复方樟脑酊50mL（或远志酊20g）。

用法：混合，一次灌服。

说明：痰液黏稠且不易咳出时，效果好。复方樟脑酊50mL也可用远志酊20g替代。也可用10%～20%痰易净溶液于咽喉部喷雾。

（2）5%葡萄糖盐水1 000mL，25%葡萄糖注射液500mL，20%安钠咖注射液20mL。

用法：静脉注射，每天1次，连用3～5d。

处方2：

（1）青霉素1.5万U/kg体重，链霉素1万U/kg体重。

用法：肌内注射，每天2次。

（2）10%磺胺嘧啶钠0.1g/kg体重。

用法：静脉注射，每天2次。

（3）四环素5mg/kg体重，5%葡萄糖注射液500mL。

用法：静脉注射，每天2次。

说明：体温恢复正常后，不要立即停药，继续用药3d，以巩固疗效。

处方3：氨茶碱2g。

用法：肌内注射。

说明：气喘严重、呼吸困难时应用。

中兽医以止咳化痰，疏风解表为主要治则。

处方1：杏仁60g　　　麻黄40g　　　荆芥60g　　　前胡60g
　　　　紫苏60g　　　五味子45g　　桔梗45g　　　甘草45g

用法：共研细末，开水冲调，候温灌服。每天1剂，连用3～5剂。

说明：本方祛风散寒、宣肺化痰。主治证见咳嗽，痰白而稀薄，舌苔薄白之风寒束肺。

本方也可用紫苏、荆芥、前胡、防风、茯苓、桔梗、生姜各40g，麻黄30g，甘草25g替代。

处方2：桑叶60g　　　前胡60g　　　连翘60g　　　黄芩60g
　　　　杏仁50g　　　牛蒡子50g　　桔梗45g　　　芦根45g

薄荷 25g

用法：水煎灌服。

说明：本方宣肺解表、止咳泄热。主治证见病牛干咳少痰，不易咳出或咳痰黄黏，舌尖红，舌苔薄白之风热袭肺。

本方也可用下列两个方剂替代。

沙参 60g，麦冬、半夏、杏仁各 45g，白芍、丹皮、贝母、陈皮、茯苓、甘草各 30g。共研细末，开水冲调，待凉后加入氯化铵 10g，一次灌服。

或用板蓝根 100g，葶苈子 75g，桔梗、杏仁、苏子、桑白皮、贝母各 50g，甘草 30g。共研为细末，开水冲调，加蜂蜜 100g 调服。

处方 3：半夏 60g　　杏仁 60g　　茯苓 60g　　苍术 60g

白术 60g　　紫苑 45g　　白前 45g　　陈皮 40g

枳壳 30g　　白芥子 30g　　甘草 30g

用法：水煎灌服。

说明：本方燥湿化痰。主治证见咳嗽，痰多色白而黏之痰湿翻飞。

处方 4：百合 120g　　熟地 60g　　山药 60g　　黄芪 60g

玄参 45g　　麦冬 45g　　白术 45g　　茯苓 45g

陈皮 45g　　半夏 45g　　白芍 45g　　甘草 45g

用法：共研细末，开水冲调，候温灌服。每天 1 剂，连用 3 ～ 5 剂。

说明：本方补肾健脾、润肺止咳。主治证见病牛咳嗽喘息，痰多色白，或稀或稠，咳喘缠绵不愈，遇寒即发，脾肾两虚。

处方 5：阿胶 50g　　党参 50g　　百合 50g　　贝母 50g

紫苑 50g　　杏仁 50g　　黄芩 50g　　桔梗 50g

当归 50g　　知母 50g　　五味子 50g　　麦冬 50g

甘草 25g

用法：共研为细末，开水冲服。

说明：本方是固肺散加减，可补肺理气，润肺止咳，主治内伤型支气管炎患牛。内伤型患牛多因喂养失调，劳累过度而伤之于肺；或久咳不息，拖延时间过久所致。患牛常表现长期咳嗽，且咳嗽无力，体瘦毛焦，呼吸气短，口色淡白，脉象细沉。

处方 6：桑叶 40g　　菊花 40g　　金银花 40g　　连翘 40g

川贝 40g　　蝉蜕 40g　　牛蒡子 40g　　苦杏仁 30g

僵蚕 30g　　荆芥 30g　　薄荷 30g　　淡豆豉 25g

桔梗 25g　　淡竹叶 25g　　芦根 25g　　滑石 40g

绿豆 200g　　甘草 40g

用法：共研为细末，开水冲服。

说明：本方辛凉透表，宣肺止咳，清热解毒。急性支气管炎病轻时可用。

处方 7：款冬花 30g　　知母 30g　　桑叶（焙）30g　　制半夏 60g

　　　　麻黄（去根、节）60g　　阿胶 60g　　　　炒杏仁 60g

　　　　贝母（去心，麸炒）60g　　炙甘草 60g

用法：共研为细末，开水冲服。

说明：本方辛凉透表，宣肺止咳，清热解毒。急性支气管炎病重时可用。

处方 8：百合 45g　　白芍 25g　　当归 25g　　桔梗 25g

　　　　玄参 30g　　川贝 30g　　生地 30g　　熟地 30g

　　　　麦冬 30g　　甘草 20g

用法：加水共煎 2 次，混合后候温灌服。

说明：可用于各种慢性支气管炎，缓解各种呼吸道疾病引起的呼吸道症状。

三、牛病毒性腹泻－黏膜病

牛病毒性腹泻－黏膜病，是牛腹泻病毒引起牛的一种接触性传染病。牛以发热、白细胞减少、口腔及消化道黏膜糜烂、坏死和腹泻为特征，但大多数牛是隐性感染。本病呈世界分布，我国从美国、丹麦、西德、新西兰等 10 多个国家引进种牛，分离鉴定出病毒。我国已在很多省内流行该病。

（一）诊断要点

（1）由牛腹泻性病毒（又称牛黏膜病病毒）引起。不同品种、年龄、性别的牛均易感，多见于 6～8 月龄的犊牛。常发生于冬春季节，在老疫区以隐性感染和慢性病例为主，在新疫区传染迅速，突然发病，发病率和病死率变动较大。

（2）病牛体温升高到 40～42℃，鼻、眼有浆液性分泌物，口流涎，呼吸有臭味；腹泻，带有胶冻样黏液和血液；跛行；孕牛发生流产，或产下先天性缺陷的犊牛，因小脑发育不全而呈现共济失调或盲目运动。

（3）剖检可见鼻镜、齿龈、上腭、舌面、颊部黏膜糜烂，食道黏膜糜烂呈线形排列，胃黏膜糜烂、水肿，肠黏膜水肿、增厚，集合淋巴结肿胀、出血，消除黏膜特别是空肠、回肠黏膜肿胀、出血、溃疡、坏死，黏膜脱落。蹄冠和趾间糜烂、溃疡。运动失调的犊牛出现小脑发育不全和两侧脑室积水。

（4）应与口蹄疫、恶性卡他热、蓝舌病、肠结核、牛副结核病等鉴别。

（二）治疗

处方 1：牛病毒性腹泻－黏膜病弱毒疫苗适量。

用法：皮下注射，成年牛注射 1 次，犊牛 2 月龄适量注射 1 次，达成年时再注射 1 次。用量参照说明书。

说明：预防用。

处方 2：碱式碳酸铋片 30g，磺胺甲基异恶唑片 20g。

用法：一次内服。磺胺药每天 2 次，首次量加倍，连用 3 ～ 5d。

说明：也可用药用炭与其他胃肠道抗菌药内服。

处方 3：2% 盐酸环丙沙星注射液 40mL，5% 葡萄糖生理盐水 3 000mL。

用法：一次静脉注射，每天 2 次，连用 2 ～ 3d。

说明：重症配合强心、补充糖、电解质及维生素 C 等。也可应用抗生素注射液。

处方 4：葛根 60g   黄芩 60g   党参 45g   白术 45g

        茯苓 45g   山药 45g   莲肉 30g   桔梗 30g

        薏苡仁 30g   砂仁 30g   黄连 20g   丹参 20g

        地榆 20g   炙甘草 45g

用法：煎汤去渣，候温灌服。

说明：本方清热解毒、利湿健脾，用于湿热泄泻。证见病牛高热，腹泻，粪便恶臭或带血，并有大量黏液和气泡，流涎流涕，黏膜充血糜烂，结膜红，脉数滑。

处方 5：炙黄芪 90g   党参 60g   白术 60g   当归 60g

        陈皮 60g   升麻 30g   柴胡 30g   神曲 30g

        炙甘草 45g

用法：煎汤去渣，候温灌服。

说明：本方健脾止泻，用于脾虚泄泻。证见病程日久，身瘦欣吊，食欲不振，间歇腹泻，发育不良。

处方 6：冰片 12g   青黛 9g   皮硝 30g   薄荷 6g

        滑石 60g   蜂蜜适量

用法：共研细末，蜂蜜调匀，涂抹外治。

说明：外治也可用硼砂、山豆根、贯众、滑石、寒水石、海螵蛸各等份，共研细末，蜂蜜调匀，涂抹。

四、牛寒瘫病

牛寒瘫病又叫"麻脚风"。是每年冬季流行的一种牛病，主要是因为饲养管理不善，让牛睡卧在阴冷潮湿地方受凉所致。病牛轻则消瘦，重则致死，因此该病对养牛企业有重大危害。

（一）诊断要点

患病初期症状不甚明显，吃草、喝水，大小便均正常，只是被毛有些粗乱，全身发抖，呼出冷气，行动缓慢，以后浑身逐渐发冷，无力，好睡，关节和肌肉疼痛。

病重时反刍停止，四肢疼痛或麻木，不能站立，精神不振，口腔干燥，舌苔变黑或黄，尾巴、耳尖不灵活，脉细沉，心跳微弱，瘫痪，臀部发肿，后肢部分溃烂并发褥疮，严重的会死亡。

（二）治疗

处方 1：

苍术 4g	地骨皮 8g	紫苏叶 6g	猪苓 6g
泽泻 6g	麻黄 6g	桂枝 6g	厚朴 5g
陈皮 6g	甘草 4g		

用法：白酒 120g 为引，煎后放温灌服，连服 2 ～ 3 剂，每天 1 次，即可痊愈。

处方 2：

牛膝 30g	川芎 9g	全当归 30g	桂枝 7g
伸筋草 45g	薄荷叶 6g	红花 6g	防风 30g
炒山枝 30g	乳香 6g	没药 6g	甘草 7g
广木香 7g	生姜 30g		

用法：米酒 0.5kg 为引，煎服。如小便不通，加木通、车前子各 30g，连服 2 剂即可痊愈。

五、牛冬痢

（一）诊断要点

（1）由空肠弯杆菌引起，俗称牛冬痢。成年牛病情严重，易在冬季舍饲牛群中流行，呈一定地区性。气候恶劣和饲养管理不良可诱发本病。发病急、感染快，如得不到及时治疗，就有死亡危险。

（2）牛群突然发病，迅速传播，严重腹泻，排出腥臭的水样棕色粪便，混有血液；体温、食欲、呼吸、脉搏一般正常。病情严重时，表现精神不振，食欲不佳，被毛蓬乱，寒战、虚弱、不能站立。病程 2 ～ 3d。

（3）腹泻死亡牛剖检可见肠黏膜增厚，某些器官浆膜苍白。

（4）采取直肠粪便进行病原体检查，可发现大量螺旋状弯杆菌。

（5）注意与大肠杆菌、沙门氏菌、病毒、球虫等引起的腹泻加以鉴别。

（二）治疗

处方 1：松节油 25mL，克辽林 25mL。

用法：上述两药混合，一次灌服。每天 2 次，一般 2 次即可治愈。

处方 2：

黄连 60g	黄芩 60g	黄柏 60g	白头翁 60g
栀子 30g	大黄 30g	地榆 30g	苦参 30g
郁金 30g	白芍 15g	诃子 15g	

用法：水煎灌服，每天一剂，连服 3 剂为一个疗程。

说明：本方清热解毒、利湿行气止痛。热胜粪臭则不用诃子，使热毒正解；粪稀不臭，但腹泻不止，则大黄减半，诃子加为45g，以收敛止泻；热毒未解，里急后重则加大黄用量为45g，攻下泻热；加大郁金用量到45g，行血调气，使后重自除；暴泻者加大苦参用量到45g，同时加大白芍用量到30g，以利水止泻，养阴敛血，保护机体阴液。

六、钱癣

牛钱癣是人畜共患的真菌性皮肤传染病，典型症状特征是牛皮肤、角质和被毛发生皮炎和秃毛，形成界限明显的圆形、不整形或轮状癣斑。患牛有程度不同的痒觉，如果为群体养牛，该病具有显著的传染性，体质弱的患牛在冬天甚至因衰竭而亡。

（一）诊断要点

（1）由皮肤真菌引起。冬季舍饲牛易发，幼龄牛比成年牛易感。潮湿、污秽、阴暗有利于本病在牛群中传播。

（2）在头、颈、肛门等处出现癣斑，初期仅有豌豆粒大小的结节，逐渐向四周呈环状蔓延，呈现界限明显的秃毛圆斑，如古钱币。癣斑上被覆灰白色或黄色鳞屑，有时保留一些残毛。患牛瘙痒不安，日渐消瘦。

（3）在病、健交界处刮取一些毛根或少许鳞屑，放在载玻片上，加几滴10%氢氧化钠，在弱火焰上微热，待其软化透明后，覆以盖玻片，进行显微镜检查，可见菌丝及孢子。

（4）注意与牛螨病加以鉴别。

（二）治疗

处方1：5%克辽林，10%碘酊。

用法：局部剪毛，用5%克辽林洗去痂皮，涂擦10%碘酊。初期每天一次，以后每2～3d1次，直至痊愈。

说明：发现病牛后，要进行全群检查，及时隔离病牛并治疗。用克辽林除去痂皮后，也可使用10%水杨酸酒精，或5%～10%硫酸铜溶液涂擦。

处方2：巴豆24g   斑蝥9g   硫黄12g   红矾0.3g
狼毒15g   豆油600～800g

用法：将巴豆、斑蝥、红矾、狼毒碾碎，加豆油煮沸30min，冷至60℃时加硫黄，用毛刷蘸取药液涂患处，直至痊愈。

七、前胃弛缓

前胃弛缓是由多种原因导致的反刍动物前胃（瘤胃、网胃和瓣胃）兴奋性降低、收缩力减弱、内容物运转迟滞等前胃运动和消化机能紊乱综合征。

其特征是食欲、反刍紊乱，前胃蠕动减弱或异常，因此又称前胃虚弱。临床上以水草迟细、前胃蠕动减少或停滞、缺乏反刍和嗳气为特征，一年四季均可发生，尤以舍饲牛、老龄牛和使役过重的牛更易发病。

1. 原发性病因

原发性前胃迟缓多因饲养管理不善导致。如，饲料品种单一，长期使用稀软饲料（如磨细的精饲料、煮熟的洋芋、豆腐渣、啤酒糟等）或粗硬且未经加工处理（碱化、氨化等）、难以消化的作物秸秆（如麦秸、豆秸等），使用发霉变质、有霜冻或富含泥沙、石子等杂质的饲草饲料；长期拴系饲养，缺乏运动或运动量小，光照不足，突然更换饲料品种，过度劳役，长途运输等，均可直接引起前胃弛缓。

2. 继发性病因

某些疾病或不当的疾病治疗方法，可以继发牛的前胃弛缓。如，内科病中的口炎、瘤胃积食、瘤胃臌气、创伤性网胃炎、慢性胃肠炎、乳房炎、子宫内膜炎等，传染病中的结核病、布鲁氏杆菌病等，寄生虫病中的肝片吸虫病、消化道线虫病等，代谢性疾病中的酮病、骨软症等，产科病中的产后胎衣不下、子宫内膜炎、乳房炎等，甚至外科病如蹄病，都可诱发本病的发生。临床上，长期使用抗生素或磺胺类药物，破坏瘤胃内正常微生物菌群，也可导致消化机能紊乱而引发前胃弛缓。

（一）诊断要点

前胃迟缓在临床上可分为急性型和慢性型两类。

急性前胃弛缓的病牛，首先表现为食欲减退，进而多数病牛食欲废绝，反刍无力，次数减少，甚至停滞。体温一般正常或稍低，一般在38～39.5℃。瘤胃蠕动音较弱或消失，网胃和瓣胃蠕动音减弱。瘤胃触诊，其内容物松软，有时出现间歇性臌胀。病初，粪便一般变化不大，粪便坚硬，色暗，被覆黏液；继发肠炎时，出现胃肠卡他症状而腹泻，排棕褐色粥样、半液态或水样粪便。

慢性前胃迟缓的临床症状与急性型相似，但病程较长，病势起伏不定。病牛精神沉郁，鼻镜干燥或汗不成珠而成片状，食欲减退或拒食、偏食，异嗜，经常磨牙，反刍逐渐迟缓，嗳气减少，嗳出的气体常带酸臭味。瘤胃蠕动音减弱或消失，其内容物松软或呈坚硬感，多见轻度间歇性瘤胃臌胀。因瘤胃内容物酸败刺激，可导致病牛出现胃肠炎症状，临床上可见病牛腹痛呻吟，后肢踢腹，吊肚，行动小心或不肯运动。如得不到及时治疗，发生自体酸中毒后，病牛变得精神沉郁，两眼无光，毛焦吊肷，眼球下陷，后期体温下降，肌肉震颤，四肢冷凉，站立困难，卧地不起。

一般情况下，牛前胃弛缓表现食欲减退，反刍减弱或消失，精神倦怠，毛焦吊胲，瘤胃蠕动音较弱。除了具备这些共同的症状，因胃内容物酸碱性不同，临床上还会表现出不同的临床症状。如胃内容物偏碱性，则结膜潮红，鼻镜干燥龟裂，口内少津，肠蠕动音减弱，大便干硬结块，表面有黏液，气味腥臭；如胃内容物偏酸性，鼻镜多湿润，口腔滑利甚至有时口吐泡沫，粪便稀软甚或稀稀入睡，带有酸败臭味；胃内容物呈中性时，全身症状多不明显，粪便时干时软。

（二）治疗

本病在治疗前，首先要改善饲养管理。停喂精饲料，供给品质优良、易消化的粗饲料，多喂青绿多汁饲料。减轻或停止使役，多牵遛运动。

1. 西药治疗

处方1：硫酸钠（或硫酸镁）500g，鱼石脂20g，酒精50mL，常水8 000mL。

用法：溶解后一次灌服。

处方2：0.1% 新斯的明注射液20mL。

用法：皮下注射，2h重复1次。

处方3：

（1）10% 氯化钠注射液300mL，5% 氯化钙注射液100mL，10% 安钠咖注射液30mL，10% 葡萄糖注射液1 000mL。

用法：一次静脉注射。

（2）松节油30mL，常水500mL。

用法：一次灌服。

说明：松节油可用鱼石脂15g替代。

处方4：5% 葡萄糖生理盐水2 000mL，庆大霉素80万U，地塞米松磷酸钠20mg，10% 安钠咖注射液20mL，5% 碳酸氢钠注射液500mL。

用法：一次静脉注射。

处方5：

（1）50% 葡萄糖注射液500mL，10% 维生素C注射液30mL，复合维生素B 20mL，10% 安钠咖注射液20mL。

用法：一次静脉注射。

（2）30% 安乃近注射液30mL，头孢噻呋钠5g。

用法：肌内注射。每日1次，连用2 ～ 3d。

说明：体温有明显升高时使用。

处方6：

（1）植物油1 500mL（或硫酸钠300g）。

用法：一次灌服。

说明：病初时使用效果好。

（2）氨胆注射液 20mL。

用法：肌内注射。

处方 7：

（1）番木鳖酊 30mg，陈皮酊 100mg，龙胆酊 100mg。

用法：混合，一次灌服。

说明：胃内容物呈中性时使用。

（2）20% 安钠咖 20mL。

用法：肌内注射。

处方 8：

（1）番木鳖酊 30mg，陈皮酊 100mg，龙胆酊 100mg，碳酸氢钠 100g。

用法：混合，一次灌服。

说明：胃内容物呈酸性时使用。

（2）10% 氯化钠 300mL，5% 葡萄糖 500mL，20% 安钠咖 20mL。

用法：静脉注射。

（3）5% 氯化钙 100mL。

用法：静脉注射。

处方 9：

（1）番木鳖酊 30mg，陈皮酊 100mg，龙胆酊 100mg，稀盐酸 30mL。

用法：混合，一次灌服。

说明：胃内容物呈碱性时使用。

（2）红花注射液 30mL。

用法：皮下注射。

2. 中药治疗

中兽医认为，牛前胃弛缓主要因脾虚不运所致。应进行辨证施治。

（1）脾胃虚寒型。证见病牛精神不振，立少卧多，食欲不振，体瘦毛焦，倦怠无力，粪便稀薄，草料不化，口色淡白，脉细无力。治宜补中益气，健脾和中。

处方 1：茯苓 30g　　砂仁 20g　　炒白术 15g　　党参 15g

　　　　　炒苍术 15g　黄芪 15g　　青皮 12g　　木香 12g

　　　　　厚朴 12g　　甘草 10g

用法：共研细末，开水冲服。每日 1 剂，连用 3～5 剂。

处方 2：木香 60g　　党参 45g　　炒白术 45g　　茯苓 45g

　　　　　砂仁 30g　　陈皮 30g　　制半夏 30g　　生姜 20g

　　　　　大枣 20g　　甘草 45g

用法：共研细末，开水冲服。每日 1 剂，连用 3～5 剂。

（2）脾虚湿困型。证见倦怠喜卧，饮食欲废绝，或渴不欲饮，腹部胀满，大便溏稀，小便短少，口内黏滑或口涎外流，舌苔白腻，脉象细缓。治宜健脾祛湿，养胃消食。

处方 1：苍术 45g　　厚朴 45g　　陈皮 45g　　炒白术 45g
　　　　　茯苓 45g　　泽泻 30g　　猪苓 30g　　肉桂 15g
　　　　　甘草 20g

用法：共研细末，加姜、枣适量，开水冲调，候温灌服。每日 1 剂，连用 3 剂。

处方 2：茯苓 60g　　苍术 60g　　黄芪 60g　　白术 60g
　　　　　党参 60g　　陈皮 45g　　厚朴 45g　　甘草 20g

用法：共研细末，加姜、枣适量，开水冲调，候温灌服。每日 1 剂，连用 3 剂。

（3）湿热内蕴型。证见口腔酸臭，津少干黏，色红赤，苔黄腻，不欲饮，粪便黏腻不爽，小便赤黄而少，脉象濡数。治宜清热利湿，开胃消食。

处方 1：猪苓 45g　　茯苓 45g　　滑石 30g　　黄芩 30g
　　　　　大腹皮 15g　白豆蔻 15g　通草 15g

用法：共水煎，候温灌服。每日 1 剂，连用 3 剂。

处方 2：薏苡仁 45g　茯苓 45g　　滑石 40g　　白术 40g
　　　　　焦三仙（山楂、神曲、麦芽）各 50g　　　半夏 25g
　　　　　杏仁 25g　　厚朴 25g　　通草 20g　　白豆蔻 20g
　　　　　淡竹叶 20g

用法：共水煎，候温灌服。每日 1 剂，连用 3 剂。

八、牛瓣胃阻塞（百叶干）

牛瓣胃阻塞，又称重瓣胃阻塞、瓣胃秘结、第三胃食滞、百叶干，是由于前胃运动机能障碍，瓣胃收缩能力减弱，导致草料停滞于瓣胃，水分被吸收而干涸，引起瓣胃麻痹，致使瓣胃秘结、扩张的一种疾病。主要是由于冬季采食干草后体内的火气旺盛，滞留在瓣胃中的饲料水分被吸收而滞留在瓣胃小叶内，不能下行而堵塞，从而影响到瓣胃消化，引发百叶干。临床上以食欲、反刍停止，排粪干、少，色黑如骆驼粪样，进而不排粪，瓣胃积聚大量干硬的饲料，各小叶间草料形成干硬的薄片，小叶坏死为特征。该病是牛的一种常见多发病，特别是舍饲养殖的牛和劳役过度的耕牛、老龄牛多发，发病率在牛前胃疾病中占 7.5% 左右，一般原发性少见，继发性多见，常见于冬末春初和舍饲养殖的牛。病程通常呈慢性经过，特征性症状出现晚，早期确诊困难大，待临床症状明显后诊断虽较容易，但疗效不佳，造成的经济损失大。牛瓣胃阻塞是目前设施养殖情况下牛的主要前胃疾病之一。

（一）诊断要点

1. 饲料和饮水品质不良

长期饲喂单一、品质低劣、未经处理、粗纤维含量高、坚韧难以消化的草料，如枯老的植物茎秆，苜蓿秸秆、农作物秸秆（如豆秸、谷草、蚕豆荚、马铃薯藤蔓、麦秸、稻草）等粗硬饲料，或长期饲喂发霉、冰冻变质的饲料。

2. 饲料配合或调制不当

日粮配合不合理，饲料中某种营养成分不足或过多，造成消化障碍而发生；长期、大量饲喂精饲料和糟粕类饲料，如酒糟、豆腐渣，粗饲料过少或粉碎太细，导致消化机能紊乱；采食大量粗硬不易消化的饲料及细碎、粉状坚实的饲料如带壳燕麦、柠条种子、麸皮、米糠、麦衣、粉渣、胡麻衣等，特别是长期用铡得过短的饲草喂牛，对前胃刺激不足，导致前胃神经兴奋性降低，为该病的主要病因之一。

3. 饲料中混有异物

饲喂混有泥沙的饲草饲料，使泥沙混入食糜，沉积于瓣胃瓣叶之间而发病；饲草饲料中混有塑料薄膜、塑料包装袋、布片、绳头等异物；误食化纤布或分娩后的母牛食入胎衣等；矿物质和维生素缺乏导致的异食癖牛误食毛巾、破布、塑料薄膜、袜子、井绳、裤子、毛发、毛线球等引起；长期缺乏食盐，食入碱土过多，或饮用污水，也可引起该病的发生。

4. 应激反应

长途运输，牛群过于拥挤，环境卫生不良，经常更换饲养员或调换牛舍，饥饱无常，不按时饲喂，或突然更换饲料和饲养制度；冬季圈舍阴冷潮湿，运动不足，缺乏日光照射，夏季暴晒，天气突然变化，受寒感冒；难产或因精神受到重大刺激，如惊慌、疼痛、发情时期兴奋、严寒、酷暑、饥饿、疲劳、断乳、离群、恐惧、感染、手术、创伤、分娩、免疫等引起应激反应时，较易引起瓣胃阻塞的发生。

5. 饲养管理不当

采食过多精料而饮水又不足，脱圈、脱缰以后偷食过多精料，尤其是玉米、小麦等；饲草饲料单一，青绿多汁饲料缺乏，长期拴系，运动不足，导致发病；粗饲料不足而突然增加精料，饲料中突然加入不适量的尿素，或由某种精料改变为另一种精料时，因为前胃中微生物不能完全适应饲料的突然改变而发病；妊娠后期，因全身张力降低，瓣胃机能减弱或运动不足而发病；体弱，产后失调，长期舍饲牛缺乏运动，神经反应性降低；役用牛由于饮水不足或大出汗，过度饥饿而饱后立即使役或劳役过度等而引起发病。

6. 继发于其他疾病

常见继发于瘤胃积食、前胃弛缓、创伤性网胃－腹膜炎、横膈膜及网胃黏连、瓣胃炎、真胃变位或捻转、肠阻塞、腹膜炎、酮病、血孢子虫病、生产瘫痪、产后血红蛋白尿、矿物质缺乏以及异食癖、脱水、中毒与感染、热性疾病等过程中。

7. 用药不当

养殖户无病乱投药，有病滥用药，或兽医临床治疗时兽医用药不当，长期、大量应用磺胺类药物和抗生素等制剂，使前胃内菌群共生关系遭到破坏，或频繁、过量使用止痛药、涩肠止泻药等均造成医源性瓣胃阻塞。

中兽医认为，久喂不洁和含有大量泥沙的草料，或喂粗硬草料过多，饮水不足，日久百叶干涸，遂成其患；饲喂失调，营养缺乏，日久气血亏损，或过劳伤阴，胃中胃液不足，亦可成本病。

8. 该病早期确诊困难

可根据鼻镜干裂，粪便干硬、色黑、呈算盘珠样或栗子状，右侧第7～9肋间肩关节水平线上触诊敏感等做出诊断。诊断时应注意与前胃其他疾病鉴别，因焦虫引起的瓣胃阻塞，应注意全身变化，如体温升高、贫血和血尿等。

发病初期，病牛精神迟钝，采食缓慢，前胃弛缓，食欲和反刍次数减少或废绝，嗳气增加，反复出现消化不良，瘤胃蠕动力降低，轻度膨胀，拒绝采食谷类等精饲料；鼻镜干燥，口色淡红，口臭；病牛腹痛，卧立不安，每当起卧时往往有呻吟，用后肢或角撞击腹部，四肢集于腹下或张开，背腰拱起时作努责状，间或后肢踢腹，回头顾腹，摇尾，起卧缓慢，站多卧少或时起时卧，卧地时伸头贴地或将头贴于腹部，奶牛泌乳量下降；病牛精神高度沉郁，目光凝视，若无并发症，体温和脉搏一般正常。

中后期不时空口咀嚼或磨牙，口衔草尾，似食非食，继而无食欲，反刍消失，瓣胃蠕动停止，患牛日渐消瘦，头低耳耷，毛焦肷吊，眼窝下陷，鼻镜干燥甚至龟裂，鼻缘有毛与无毛处可见到结满粒状黑色油状物，舌色赤紫，舌苔黄，常拱背、磨牙，体温、呼吸、脉搏无明显变化，体温间有升高，但耳、尾、四肢末端发冷，皮温不整，无力，常见瘤胃臌气，有时倒地，或拱背踏脚及用四蹄乱扒地；排粪量减少或排少量干硬粪球，色黑，呈算盘珠样或栗子状，恶臭，表面附有黄白色黏液或带血丝黏液，粪便常因被黏液粘着而呈串珠状，后期不见排便，腹痛，只排少量胶冻样黏液；尿减少，呈深黄色，后期无尿；听诊瓣胃蠕动音初期微弱，后减弱或完全停止，叩诊瓣胃浊音区扩大，触诊瓣胃时患牛闪躲，并发现瓣胃区坚硬和扩大，压迫或深度刺激瓣胃区可引起痛感；随病程延长，患牛结膜发绀，眼窝凹陷，全身肌肉震颤，四肢无力，卧地不起，头颈搭于一侧，当瓣胃小叶坏死和发生败血症时，则体温升高，呼吸和脉搏增数，粪便呈稀糊状、带血，具有腥臭味。

末期全身症状恶化，病牛精神极度沉郁，体力衰竭，长期卧地不起，卧地后头颈搭于一侧如昏睡状态，肩胛、臀部肌肉持续战栗，眼球下陷，可视黏膜发绀，呼吸、心跳加快，心律不齐，呼吸困难，呻吟，体温下降，体表、耳尖、鼻镜、角根、四肢末梢发凉，吐舌呻吟，多因脱水、自体中毒、循环虚脱，全身衰竭而死亡。

（二）治疗

治疗时应以排出瓣胃内容物和增强前胃运动机能为治疗原则。治疗时应尽早、足量投服泻剂，严重病例最好进行瓣胃注射，同时充分补液，加强护理。

处方1：硫酸镁（或硫酸钠）500～1 000g，液体石蜡1 000～2 000mL。

用法：硫酸镁（或硫酸钠）500～1 000g，加水6 000～10 000mL，配成6%～8%浓度，再加入液体石蜡1 000～2 000mL（或熟植物油500～1 000mL），胃管一次灌服。灌药12h以后，为促进瓣胃蠕动，可用扫帚用力反复抬动腹部。

处方2：10%～25%硫酸钠（或硫酸镁溶液2 000～3 000mL），液体石蜡500mL，盐酸土霉素粉5g。

用法与说明：当瓣胃完全阻塞时，因瓣胃无分泌腺，不发生液化作用。因此，食物不能自瓣胃排出，药物治疗通常无效，此时为恢复瓣胃机能，可用瓣胃注入法，将泻盐溶液直接注入瓣胃，可能收效。

瓣胃注射时将病牛站立保定，在右侧第7～9肋间与肩关节水平线的交点下2cm处，剪毛并常规消毒，推开皮肤，用瓣胃穿刺针经肋骨间隙，方向略向前下方刺入，针头垂直刺入皮肤后，向左侧肘头方向深刺8～10cm，如刺入正确，觉得有沙沙感后，可见针头随呼吸动作而微微摆动。为确保针头刺入正确，可先注射生理盐水50mL，注完后立即回抽注射器，如果抽回的少量液体中混有粪渣，证明已正确刺入瓣胃，方可开始向瓣胃内注射药液。药液可用10%～25%硫酸钠（或硫酸镁溶液2 000～3 000mL）、液体石蜡500mL、盐酸土霉素粉5g，混合后一次注入瓣胃。注毕后，迅速抽针，局部涂以碘酒消毒。

处方3：毛果芸香碱0.02～0.05g。

用法：皮下注射。

说明：促进胃肠蠕动，调整胃肠功能时使用。也可用新斯的明5～15mg，或氨甲酰胆碱1～2mg；或用促反刍液、10%氯化钠注射液500～1 000mL，一次静脉注射。对体弱、妊娠母畜和心肺功能不全的病畜忌用上述药物。

处方 4：1% 温盐水 10 000 ～ 15 000mL。

用法与说明：病牛脱水严重时，可用 1% 温盐水 10 000 ～ 15 000mL 反复灌肠，以补充水分，促进肠蠕动；也可用胃管投服口服补液盐每次 5 000 ～ 10 000mL，每日 1 ～ 2 次；或用 5% 葡萄糖生理盐水或复方氯化钠溶液 1 000 ～ 1 500mL、10% 葡萄糖 1 000 ～ 1 500mL、10% 安钠咖注射液 20mL、10% 维生素 C 注射液 5g，一次静脉注射。酸中毒明显时可加入 5% 碳酸氢钠 100 ～ 300mL 静脉注射，但要与维生素 C 分开使用。

处方 5：

（1）10% 葡萄糖溶液 1 000 ～ 1 500mL，10% 维生素 C 注射液 5g，20% 安钠咖注射液 20mL。

用法：混合一次静脉滴注。1 次 / 天，连用 3d。

说明：为术后恢复体力使用。

（2）青霉素 400 万 U，链霉素 100 万 U。

用法：肌内注射，2 次 /d，连用 3d。

说明：可防止继发感染。

当药物治疗无效时，可通过瘤胃或真胃切开术两个途径冲洗瓣胃。瘤胃切开时，将病牛站立保定，麻醉后切开瘤胃，掏取 1/3 瘤胃内容物，术者将胃管通过瘤胃、网胃送入瓣胃后，灌注生理盐水或常水冲洗瓣胃；真胃切开时，将病牛横卧保定，切开真胃，并将真胃切口缝合在皮肤缘上，然后将胃管通过真胃送入瓣胃，用温生理盐水冲洗，直至瓣胃柔软、变小为止。冲洗后常规处理伤口，加强护理，将病畜放于安静清洁、温暖干燥的场地，加强护理，病畜出现食欲后，先少量喂给易消化的饲料或流质饲料，以后逐渐增至常量和正常饲喂。

对于发病早期病例和怀孕、老弱病牛，特别适合用中药进行治疗。

处方 1：大黄 60g　　　枳实 35g　　　　醋香附 35g　　　木通 35g
　　　　　厚朴 30g　　　木香 25g

用法：水煎取汁 2 500 ～ 5 000mL，候温，加入芒硝 200g，熟胡麻油 500mL，酒曲 10g，胃管一次灌服。

处方 2：大黄 60g　　　厚朴 45g　　　　枳实 60g　　　　槟榔 40g
　　　　　二丑 30g　　　芒硝 250g　　　　桃仁 40g　　　　滑石 60g
　　　　　甘草 20g

用法：加水共煎（芒硝后下），取汁 2 500 ～ 5 000mL，候温加入花生油 500 ～ 1 000g，胃管一次灌服。孕牛忌用。

处方 3：芒硝 500g　　　槟榔 100g

用法：煎槟榔后溶化芒硝，加水，混合豆油 1 000g，灌服。

处方 4：熟猪油 1 000g　　　　　　　　猪胆汁 100g

用法：把猪油熔化混合胆汁，加等量温水，灌服。

处方 5：熟猪油 1 000g　　　　　　　　芦荟末 30 ~ 40g

用法：芦荟遇水很快凝固。把猪油熔化混合芦荟，再加等量温水，灌服。

处方 6：甘遂 20g　　　大戟 20g　　　熟猪油 500g　　甘草 30g
　　　　蜂蜜 500g

用法：甘遂、大戟、甘草研成细末，开水冲后溶化猪油、蜂蜜，内服。甘草剂量只可减少，不可增多，配合甘遂和大戟，甘草越多，三药合用的毒性也越大。

处方 7：槟榔片 60g　　枳实 100g　　三棱 40g　　　莪术 40g
　　　　大黄 100g

用法：五味中药水煎 2 次，趁热熔化熟猪油 1 000g，灌服。

处方 8：元参 200g　　麦冬 150g　　生地 150g　　大黄 100g
　　　　芒硝 80g　　　厚朴 130g　　枳实 100g　　火麻仁 60g
　　　　柏子仁 60g　　当归 60g

用法：加水共煎，候温灌服。

说明：本方药量要适宜，过量会损耗牛体正气，且孕畜忌用。结合灌服温开水 10 ~ 16kg 或植物油 500 ~ 1 000g（或蓖麻油）直接滋润胃肠。

处方 9：火麻子 500g　　生六曲 90g　　麦芽 90g　　　山楂 90g

用法：生六曲、麦芽、山楂共研细末，火麻子炒黄磨碎、和水去渣，加萝卜 5kg 捣汁，加水适量，混合灌服。

第五节　四季多发病及其防治

一、破伤风

牛破伤风又名"强直症"，是破伤风梭菌经伤口感染引起的一种急性、中毒性人畜共患传染病。

（一）诊断要点

（1）有创伤史，特别是有深部感染创，如手术、断尾、去势，各种外伤等都容易被感染。子宫或损伤的消化道黏膜也可以感染破伤风杆菌。

（2）不分年龄、种别、品种的牛都有被感染的可能，尤其以幼龄牛易感。该病感染不分季节，一年四季都可发生，呈散发性。

（3）牛多发生于分娩、断角、去势之后。病牛体温正常，但由于头部肌群痉挛性收缩，呈现张口困难，重的牙关紧闭，采食、咀嚼障碍，咽下困难，流涎，口内含有残食时则发酵有臭味，舌的边缘往往有齿压痕或咬伤。两耳耸立，由于颈部肌群痉挛而使头颈伸直僵硬或角弓反张。因反刍和嗳气停止，腹肌紧缩，阻碍瘤胃蠕动，常发生瘤胃膨气。背部肌肉强直时，表现凹背或弓腰或弯向一侧。尾肌痉挛时则尾根高举，偏向一侧。四肢肌群强直时，则关节屈曲困难，步态显著障碍，尤以转弯或后退更感困难。病牛不安，对外来刺激（声响、触动等）常表现敏感、惊恐，易出现全身性痉挛症状.

（4）注意与急性肌肉风湿症、马钱子中毒以及脑炎、狂犬病等类似疾病相鉴别。

（二）治疗

处方1：

（1）3% 双氧水，0.1% 高锰酸钾溶液。

用法：仔细检查，彻底清创，创口过小还要扩创。使用3% 双氧水清洗创口，0.1% 高锰酸钾溶液清洗消毒。

说明：必要时，在扩创、清创之后，使用抗生素防止继发感染。

（2）精制破伤风抗毒素30万～90万U，40% 乌洛托品治疗20～50mL。

用法：静脉滴注。破伤风抗毒素每次用量犊牛为30万～40万U，成年牛为50万～90万U，每3～5d使用1次，直至症状消失。乌洛托品用量，犊牛20～30mL，成年牛可用50mL，每天1次。

（3）25% 硫酸镁注射液100mL。

用法：缓慢静脉注射。

说明：为了镇静解痉，也可使用5% 静松灵5mL肌内注射，或5% 溴化钙注射液299mL静脉注射，或水合氯醛30g，淀粉50g，水500mL，调成稠浆，深部灌肠。

处方2：天麻20g　　　乌蛇20g　　　羌活20g　　　川芎20g
　　　　　附子15g　　　天南星20g　　防风15g　　　薄荷15g
　　　　　蝉蜕12g　　　荆芥12g　　　半夏12g

用法：水煎取汁，加50%vol白酒250mL、葱3根（切碎），灌服。同时，用朱砂9g、麝香1.5g，研末取少许吹鼻，每天2～3次。

说明：处方1、外方2可同时使用。

二、布鲁氏菌病

布鲁氏菌病在临床生产中通常被简称为布病，病原是布鲁氏菌，属于人畜共患的慢性传染性疾病。布鲁氏菌病具有非常广泛的流行性，世界各地均可见此病的相关报道。布病在一定程度上对养牛业的发展产生不良的影响，给牛场造成比较惨重的经济损失。

（一）诊断要点

（1）由布鲁氏菌引起。多发于成年牛，犊牛有一定抵抗力。

（2）本病潜伏期为1个月至1年，多数病牛呈现隐性感染，临床症状不明显，部分患牛发生关节炎、黏液囊炎、淋巴结炎、关节肿痛、跛行或卧地不起，膝关节和腕关节最常受侵害。母牛怀孕5～8个月后发生流产，胎儿多为死胎或弱胎，流产后常发生胎衣滞留，并伴发子宫内膜炎，甚至子宫积脓而成为不孕症，有的发生乳腺炎。公牛因睾丸肿大，触摸时有疼痛。

（3）剖检可见胎盘呈淡黄色胶样浸润，表面有豆腐渣样絮状物和脓汁；胎儿真胃中有淡黄色或白色絮状黏液，胸、腹腔积液，脾、淋巴结肿大、坏死；公牛精囊、睾丸、附睾可见坏死、化脓灶；关节肿胀，内有积液。

（4）取母牛阴道分泌物、胎衣、羊水，最好是胎儿胃内容物涂片，科兹洛夫斯基（沙黄－孔雀绿）染色，镜检可见红色的球杆菌；也可取可疑牛的血清作凝集试验、补体结合反应及全乳环状试验等进行确诊。

（5）应与牛弯杆菌病、牛黏膜病、毛滴虫病等加以鉴别。

（二）预防

一般不予治疗。

三、放线菌病

牛放线菌病是由几种放线菌感染所致的一种慢性化脓性肉芽肿性传染病。其特征是在舌、颌、头、颈的皮肤及软组织等部位，形成局灶性的坚硬的放线菌肿。牛等多种动物常见，人也可感染。

（一）诊断要点

（1）由多种放线菌引起。一年四季均可发生，常呈散发性流行。导致本病的病原主要存在于被污染的饲料、土壤和饮水中，放线菌可通过破损的皮肤和黏膜引起感染。给牛喂饲带芒刺的饲料，可造成其口腔黏膜受损而发病。本病常见于牛，尤其是以2～5岁牛易感。除牛外，猪、羊、鹿、人等均可感染本病。

（2）病初牛舌体微肿，流涎，咀嚼和吞咽困难，严重时舌体肿硬，并伸出口外，难以缩回，患牛水草难进，舌上有小疮，其粪便干燥，有时患牛病部化脓，破溃，流出脓汁，形成瘘管。侵害颌骨时，上下颌骨肿大，界限明显，引起咀嚼、吞咽困难；侵害舌肌时，舌组织肿胀变硬、不灵活，流涎，咀嚼困难；侵害乳房时，出现硬块或整个乳房肿大、变形，排出黏稠、混有脓的乳汁；侵害肺脏时，多形成慢性肉芽肿。病程缓慢者皮肤破溃形成经久不愈的瘘管。

（3）脓液呈乳黄色，其中有坚硬光滑的、黄白色的细小菌块，似硫黄样颗粒；肉芽肿呈圆形、隆起、黄褐色、蘑菇状，表面偶见溃疡。受损骨骼骨体肥大，骨质疏松。

（4）取脓汁中的"硫黄颗粒"压片镜检，或取病变组织做成切片镜检即可确诊。

（5）要注意与其他局部慢性增生性炎症加以鉴别。

（二）治疗

处方1：

（1）10% 磺仿醚（或2% 鲁戈氏液）适量。

用法：伤口周围分点注射，创腔涂碘酊。

（2）碘化钾 5 ～ 10g。

用法：成年牛一次内服（犊牛用2 ～ 4g），每天1次，连用2 ～ 4 周。

说明：重症可用10% 碘化钠 50 ～ 100mL 静脉注射，隔天1次，连用3 ～ 5 次。如出现碘中毒现象，应停药 6d。

（3）注射用青霉素钠 240 万 U，注射用硫酸链霉素 3g，注射用水 20mL。

用法：溶解后，患部周围分点注射，每天1次，连用5d。

（4）冰片 12g　　　　青黛 9g　　　　芒硝 30g　　　　薄荷 6g

　　　滑石 60g

用法：外用。研为细末，蜂蜜调涂。

处方2：黄芩 90g　　　玄参 90g　　　生地 90g　　　金银花 60g

　　　桔梗 60g　　　山豆根 60g　　赤芍 60g　　　黄柏 45g

　　　麦冬 45g　　　射干 45g　　　黄连 30g　　　连翘 30g

　　　牛蒡子 30g　　甘草 15g

用法：水煎灌服。

说明：本方清热解毒，散瘀止痛。可用于因疫毒外侵而致的放线菌病牛。证见放线菌病特征性病症，但粪尿正常，舌上未见粟粒性小疮。

处方3：石膏 200g　　大黄 45g　　　黄芩 45g　　　赤芍 45g

　　　黄连 30g　　　竹茹 15g　　　车前草 15g　　灯芯草 10g

用法：水煎灌服。

说明：本方清热解毒，清心泻火。可用于因心经积热而致的放线菌病牛。证见放线菌病特征性病症，且见粪干尿赤，舌面有粟粒性小疮。该证也可用下列处方。

芒硝（后冲）60g　　黄连 45g　　　黄芩 45g　　　郁金 45g

大黄 45g　　　　　栀子 45g　　　连翘 45g　　　生地 45g

玄参 45g　　　　　知母 30g　　　麦冬 30g　　　葛根 30g

淡竹叶 30g　　　　　　甘草 24g

用法：水煎，一次灌服。

四、食道阻塞

食道阻塞是由于牛吞食萝卜、甜菜、地瓜、马铃薯、南瓜块或豆饼、花生饼等块根块茎类粗大饲料，或因牛咽下机能紊乱，使食团阻塞在食道而致其不通的一种疾病，临床上以吞咽障碍、大量流涎和瘤胃臌胀等为基本特征。按阻塞程度可分为完全性阻塞和不完全性阻塞。

按病因可分为原发性和继发性。原发性是直接因阻塞物阻塞食道，继发性是指因食管麻痹、痉挛、狭窄或相关疾病所致。临床上以原发性食道阻塞最常见。

（一）诊断要点

食道阻塞前一般无明显异常，常突然出现在采食过程中。病牛一边正常采食，突然中止，饮食废绝，骚动不安，伸头展颈，甩头或左右摇摆，空口磨牙，甩头，口腔、鼻腔大量流涎，阵发短咳，不时做出吞咽状。因食物阻塞部位及阻塞程度不同，可分为完全性阻塞和不完全性阻塞。

1. 不完全性阻塞

可下咽流体食物或饮水，瘤胃轻度臌胀，其他症状轻微。发生在颈部的不完全性食道阻塞，病牛表现伸颈抬头，流涎，兴奋不安，空嚼，咳嗽，呃逆。在左侧颈静脉沟内，可摸到阻塞的硬块，触压硬块上部食道，可感觉有液体和气体，胃管探查不能进入胃内，常有继发性瘤胃臌气；而发生在胸部食道时，病牛表现徘徊不安，呼吸困难，张口喘气，瘤胃出现严重臌气，严重时甚至出现皮下气肿。阻塞物上方有大量唾液，触压有波动感，甚至唾液从口鼻流出。发病时间较长时，因阻塞物长期压迫引起食道麻痹，发炎，甚至引起食道穿孔。

2. 完全性阻塞

病牛呼吸困难，嗳气停止，瘤胃严重臌气。尖锐性异物阻塞时，还可引起食道穿孔，局部皮下发生气肿。

（二）治疗

食道阻塞发病急骤，病情重剧，且常伴有瘤胃臌胀，治疗时应尽快去除阻塞物。瘤胃臌胀严重时，应及时用套管针进行瘤胃穿刺放气。在阻塞物尚未根除前，不要拔出套管针，直至阻塞物彻底除去为止。同时，要改善饲料加工调制方法，块根块茎类饲料要切碎切小，饼类饲料要粉碎泡软，饲喂时先给精饲料、青贮饲料，后给块根块茎类饲料，防止因饥饿过速抢食而致阻塞。

处方 1：温水 2 000mL，2% 普鲁卡因注射液 30mL，植物油 200mL。

说明：将病牛进行一般站立保定，头部稍低。用投药胶管慢慢插入食道内，试探阻塞物部位。取温水 2 000mL，缓慢灌入食道，稍等片刻即吸出，再取 30mL 2% 普鲁卡因注射液和 200mL 植物油混合均匀，通过胶管注入食道。将露在口外的一端接着打气筒上，向食道内缓慢打气，同时用手掐住咽头下面的食道与胶管，防止打进的空气返出来。随着食道内空气增多，病牛一挣扎，阻塞物即可随食道的舒张下沉到胃内。然后可再经导管灌入一些温水，证实阻塞物是否已经被推入胃内，食道是否已经畅通。

处方 2：2% 普鲁卡因注射液 30mL。

说明：适用于阻塞物位于咽或食道上部时。将牛保定，装上开口器，助手在颈部将异物固定，术者用手通过口腔伸进咽腔，将阻塞物直接取出。若阻塞物在颈部食道，阻塞物坚硬又圆滑时，可用投药胶管向咽部和食道注入2% 普鲁卡因注射液 30mL，稍后助手可沿两侧颈静脉沟向上挤压，将阻塞物挤压到咽部固定，术者再用手伸进咽部取出。

处方 3：灭菌蒸馏水适量，盐酸毛果芸香碱 0.2mg。

用法：用灭菌蒸馏水将 0.2mg 盐酸毛果芸香碱稀释到 5mL，皮下注射。待药物起作用后，若为颈部食道阻塞，用手触摸到阻塞物后将其轻轻向口腔方向推送；若为胸部食道阻塞，则用胃管向下轻轻推送。

处方 4：植物油 200mL，2% 普鲁卡因注射液 30mL。

用法：阻塞物发生在胸部食道时，可预先灌入 200mL 植物油和 2% 普鲁卡因注射液 30mL，以润滑食道和消除食道痉挛。然后，将胃管插入食道，缓慢地将阻塞物推送入瘤胃。

处方 5：外科手术法。若阻塞物是金属、木屑、玻璃片等时，为防止食道破损，不应强行掏取、推送和按摩，应采用食管切开术取出异物。

五、瘤胃酸中毒

瘤胃酸中毒是因采食大量的谷类或其他富含碳水化合物的饲料后，导致瘤胃内产生大量乳酸而引起的一种急性代谢性酸中毒。其特征为消化障碍、瘤胃运动停滞、脱水、酸血症、运动失调、衰弱，常导致死亡。本病又称乳酸中毒、反刍动物过食谷物、谷物性积食、乳酸性消化不良、中毒性消化不良、中毒性积食等。

常见的病因主要有下列几种。

给牛饲喂大量谷物，如大麦、小麦、玉米、稻谷、高粱及甘薯干，特别是粉碎后的谷物，在瘤胃内高度发酵，产生大量的乳酸而引起瘤胃酸中毒。舍饲肉牛若不按照由高粗饲料向高精饲料逐渐变换的方式，而是突然饲喂高精饲料时，易发生瘤胃酸中毒。

现代化奶牛生产中常因饲料混合不匀，而使采入精料含量多的牛发病。在农忙季节，给耕牛突然补饲谷物精料，或者豆糊、玉米粥或其他谷物，因消化机能不相适应，瘤胃内微生物群系失调，迅速发酵形成大量酸性物质而发病。饲养管理不当，牛闯进饲料房、粮食或饲料仓库或晒谷场，短时间内采食大量的谷物或豆类、畜禽配合饲料，而发生急性瘤胃酸中毒。耕牛常因拴系不牢而抢食育肥期猪饲料而引起瘤胃酸中毒的情况也时有发生。

当牛采食苹果、青玉米、甘薯、马铃薯、甜菜及发酵不全的酸湿谷物的量过多时，也可发病。

（一）诊断要点

（1）有过食富含碳水化合物、酸度过高的青贮玉米或质量低下的青贮饲料的病史。

（2）一般于采食后 8～12h 发病，最急性病例 3～5h 不表现任何临床症状就突然死亡。

（3）轻症病例精神沉郁，结膜充血，食欲、反刍废绝或停止，空口磨牙，流涎，粪便细软、色淡而有恶臭味。瘤胃蠕动音减弱或消失，触之有明显的波动感，冲击可有震水音。机体脱水，皮肤干燥，眼窝下陷，少尿或无尿。血液暗红、黏稠。呼吸急促，脉搏增数。

（4）重症病例可见有明显的神经症状，兴奋不安，甚至有攻击行为，运步强拘，前奔而以头抵障碍物或做圆圈运动，出现视觉障碍；或精神高度沉郁，卧地呈昏睡状态，可瘫痪或仅有后肢麻痹，角弓反张，各种反射减弱或消失，最后昏迷甚至死亡。

（5）临床上应注意与瘤胃积食、皱胃阻塞、皱胃变位、急性弥漫性腹膜炎、生产瘫痪、牛原发性酮血症、脑炎和霉玉米中毒等疾病进行鉴别，以免误诊。

（二）治疗

加强护理，清除瘤胃内容物，纠正酸中毒，补充体液，恢复瘤胃蠕动。

处方 1：

（1）3% 碳酸氢钠。

用法：用 3% 碳酸氢钠（或温水）洗涤瘤胃数次，尽可能彻底地洗去乳酸。然后，向瘤胃内放置适量轻泻剂和优质干草，条件允许时可给予正常瘤胃内容物。

说明：重剧病牛（心率 100 次 /min 以上，瘤胃内容物 pH 值降至 5 以下）宜行瘤胃切开术，排空内容物。

（2）5% 葡萄糖盐水 2 000mL，生理盐水 1 000mL，氢化可的松 250mg，

2% 盐酸普鲁卡因注射液 30mL，10% 安钠咖注射液 20mL，3% 氨茶碱 40mL。

用法：一次静脉注射。每天 1 次，连用 2 ～ 3d。

处方 2：

（1）1∶7 石灰上清液。

用 1∶7 石灰上清液（或 5% 碳酸氢钠，或 1% 食盐水，或自来水）反复洗胃多次，至洗出液无酸臭、呈中性或碱性反应为止。

说明：轻症病牛可用本法。

（2）5% 碳酸氢钠注射液 2 000 ～ 3 000mL。

用法：静脉注射。

处方 3：

（1）地塞米松 60 ～ 100mg。

用法：静脉或肌内注射。

说明：在患病过程中，出现休克症状时使用。

（2）10% 葡萄糖酸钙注射液 300 ～ 500mL。

用法：静脉注射。

说明：血钙下降时可用。

处方 4：

（1）安溴注射液 100mL。

用法：静脉注射。

说明：过食黄豆的病牛，出现神经症状时可用本法。

也可使用盐酸氯丙嗪 0.5 ～ 1mg/kg 体重，肌内注射，再用 10% 硫代硫酸钠 150 ～ 200mL，静脉注射。

（2）10% 维生素 C 注射液 30mL。

用法：肌内注射。

（3）甘露醇 0.5 ～ 1g/kg 体重，5% 葡萄糖氯化钠注射液。

用法：静脉注射。

说明：为降低颅内压，防止脑水肿，缓解神经症状，可应用甘露醇或山梨醇，按每千克体重 0.5 ～ 1g 剂量，用 5% 葡萄糖氯化钠注射液以 1∶4 的比例配制，静脉注射。

处方 5：醋香附 30g　　莱菔子（炒）30g　大腹皮 30g　　木香 30g
　　　　　酒大黄 35g　　郁李仁 35g　　　牵牛子 35g　　白芍 25g
　　　　　枳实 25g　　　滑石 25g　　　　当归 25g　　　厚朴 20g
　　　　　木通 20g　　　青皮 20g　　　　五灵脂 20g　　藿香 15g
　　　　　乌药 15g

用法：加水共煎，加植物油（为引）250mL，候温灌服。每天 1 次，连用 3d。

六、牛前胃炎

前胃炎多继发于瘤胃积食、瘤胃臌气、前胃弛缓、百叶干、真胃阻塞等胃肠疾病，以瘤胃积食引起者居多。不合理反复大剂量灌服刺激性药物和高浓度盐类泻药，是引发前胃炎的主要因素。这些药物在胃内停留，改变胃内环境，渗透压升高，刺激胃黏膜变性、脱水、脱落，消化功能紊乱，有毒产物积聚吸收，致使机体出现自体中毒、组织脱水、中枢神经功能抑制等严重全身症状。犊牛前胃炎多因奶质不良、哺乳方法不当等因素引起。

（一）诊断要点

（1）牛患前胃疾病后，有反复使用大剂量刺激性药物或盐类泻药的用药史；犊牛喂乳方法不当。

（2）主要根据临床症状。

病牛食欲、反刍基本停止，少量反复饮水，鼻镜干燥，耳鼻发凉，结膜暗红或发白，有树枝状充血，角膜干燥无光，皮肤缺乏弹性，毛焦体瘦，眼球下陷，血液浓稠、暗红，呈严重脱水状态；脉细弱增快，常有心律不齐，体温正常或稍高，呼吸如常。有的呕吐，食道反复出现蠕动波；有的流泪、磨牙、流涎。排粪很少，表面覆有黏液，个别牛腹泻，触诊瘤胃绵软、冲击有振水音、空虚或有多量液体，常反复慢性臌气，听诊瘤胃蠕动音消失或只能感到胃壁的起伏，真胃及肠运动减弱或消失。奶牛泌乳停止。病后期常有中枢神经抑制症状，精神沉郁或嗜睡，肌肉震颤，后躯摇晃或轻微运动失调。严重者，卧地不起，头歪一侧，衰竭而死。病程一般在 20d 左右。

（3）注意与下列疾病鉴别诊断。

①真胃溃疡。常有恶化和缓解交替的临床病症。恶化期，病牛精神抑郁，腹壁收缩，紧张，按压皱胃时有反跳痛；粪便带血、黏稠、酱油色，有时有异嗜现象。病程多呈慢性渐进性发展，脱水缓慢，瘤胃不空虚，也无大量积液。

②真胃积食。右侧腹部下垂，以拳头抵触右侧中下腹部肋骨弓后下方皱胃区，频繁冲击，则病牛表现敏感，可感到皱胃和瓣胃因扩张而坚硬；叩诊肋骨弓在左侧倒数 1～5 肋骨弓，或右侧倒数 1～2 肋骨弓，可呈现出叩击钢管的铿锵音。必要时，可在右侧腹底部（脐右 8～10cm 处）穿刺，如穿刺液 pH 值在 1～4，则为真胃扩张或积食。

③瓣胃秘结或扩张。病情较急，常有亚腹痛表现。卧地时，四肢伸直，努责，常呈左侧横卧，头向右侧弯曲观腹，磨牙、流泪、呻吟。病初排粪量少而干，呈算珠状，表面色深，中央色浅，内有未消化的饲料残渣，至后期

排粪停止，鼻镜龟裂。瓣胃蠕动极弱，沿右侧肋骨后下缘作深部冲击式触诊可引起疼痛，有时可摸到瓣胃的后缘。瓣胃扩张时，其听诊区扩大，常出现沸腾音。

（二）治疗

处方 1：温水 10 ～ 15L，氧化镁 50 ～ 100g。

说明：洗胃疗法。洗胃可以迅速排出瘤胃内容物，消除致病因素，改善胃内环境，防止自体中毒。先导出瘤胃积液后，灌入约 33℃温水 10 ～ 15L，稍加按摩后，将液体导出。如此反复冲洗 2 ～ 4 次，最后灌入温水 5 ～ 10L，加氧化镁 50 ～ 100g；犊牛可用次硝酸钠 3 ～ 5g、黄连素 3 ～ 5g、庆大霉素 40 ～ 80mL。必要时可于次日进行第 2 次或第 3 次洗胃。以后坚持用胃管连续投药 5 ～ 7d，并坚持每天晚上接种健牛胃液或草团，防止胃内微生物环境破坏。对有反复臌气的病牛用 0.1% 的高锰酸钾溶液洗胃，可有效制止臌气。

处方 2：党参 100g　　　白术 120g　　　广木香 40g　　　干姜 50g
　　　　　肉豆蔻 50g　　　茯苓 50g　　　厚朴 50g　　　白芍 30g
　　　　　炙甘草 40g

用法：加水煎煮，候温一次灌服。连用 3 ～ 5 剂。

说明：口渴、饮欲增加者，加沙参 30g，石斛 50g；口色青淡、耳鼻发凉者，加炮附子 15g，良姜 18g。犊牛剂量酌减。

前胃功能有所恢复，胃内液体不多时，选用中药治疗。病牛后期多为脾胃虚弱，皮温不整，耳鼻发凉，口色清淡，脉虚软或沉缓，应以温中健脾为主。

处方 3：

（1）5% 葡萄糖生理盐水 3 000 ～ 4 000mL，10% 安钠咖 10 ～ 20mL，40% 乌洛托品溶液 20 ～ 40mL。

用法：静脉注射。

说明：为了解除自体中毒、脱水、增强中枢神经的保护性反应，可用。

（2）安溴注射液 100mL，5% 碳酸氢钠 300 ～ 500mL。

用法：静脉注射。

（3）比赛可灵（氯贝胆碱）2 ～ 5mL。

用法：皮下注射。

说明：为维护前胃运动功能而用，每隔 3 ～ 5h 注射 1 次，每天连用 3 ～ 4 次。当病牛有体温反应时，可酌情使用抗生素。

七、牛创伤性网胃腹膜炎

牛创伤性网胃腹膜炎，是由金属异物（针、钉、碎铁丝等）混杂在饲料内，被牛采食吞咽落入网胃，导致急性或慢性前胃弛缓，瘤胃反复膨胀，消化不良。并因穿透网胃，刺伤膈和腹膜，引起急性、弥漫性或慢性局限腹膜炎，或继发创伤性心包炎，是散养户和管理粗放的牛场经常发生的一种疾病。笔者从事基层兽医工作多年，接诊过多起此类病症，积累了一定的临床经验。

（一）诊断要点

（1）牛采食迅速，并不咀嚼，以唾液裹成食团，囫囵吞咽，又有舐食习惯，往往将随同饲料的金属异物吞咽落入网胃；间或进入瘤胃，又随同其中金属异物运转，而进入网胃。在此情况下，腹内压急剧消长，促使金属异物刺损网胃。因此，通常在瘤胃积食或膨胀、过重劳役、妊娠、分娩以及奔跑、滑倒等过程中，腹内压升高，导致本病的发生与恶化。

牛食入金属异物所导致的病理变化与异物的性状及其大小有关。虽然较大的金属异物进入瘤胃，不致引起急剧的病征，但驻留于食道或食道沟内，并造成损伤时，即可引起吞咽异常或逆呕现象。较小的，特别是尖锐细小6～7cm长的金属异物，大多数情况下，都落入网胃，所造成的危害性最大。因为网胃体积小，收缩力强，胃的前壁和后壁容易接触，落入网胃的金属异物，即使短小，也容易刺进胃壁，并以胃壁成为金属异物的支点，向前可刺损膈、心、肺，向后则刺损肝、脾、肠和腹膜，病情显得复杂而重剧。

（2）病牛采食时随同饲料吞咽下的金属异物，在未进入胃壁前，没有任何临床症状。在分娩、长途运输、劳役、瘤胃积食以及其他致使腹腔内压升高等因素影响下，会突然呈现临床症状。

①初期呈前胃弛缓症状，食欲减退，反刍减少，嗳气增多，间歇性瘤胃臌气，便秘或下痢。病牛行动和姿势异常，站立时肘头外展，呆立，弓腰，磨牙，不愿卧地，肘肌颤抖，躲避触摸甚至不断呻吟；体温升高，脉搏加快，愿走软路、上坡路，忌下坡和转弯。

②刺伤心包时，可听到心包击水音和心包摩擦音，叩诊心音区扩大。血液回心受阻时颈静脉怒张，伴有颌下、胸前或腹下水肿，体温先升高后下降。严重消化障碍，逐渐消瘦。

（3）实验室检查，白细胞总数增多，有时达正常的2～3倍，嗜中性粒细胞增多，核左移，淋巴细胞减少；应用副交感神经兴奋剂皮下注射可使病情加重。创伤性网胃心包炎时，X线胸部透视检查显示心脏体积极度增大，可见有铁钉等异物穿透网胃至横膈及心包；心区超声检查显示液平面。金属探测仪检查网胃及心区，呈阳性反应。

（4）应与纤维蛋白性胸膜炎、心内膜炎、肺炎等疾病相区别。

（二）治疗

如果本病涉及心包炎，一般没有临床治疗价值。

对于临床症状出现后 24h 以内的病例，如果使用取铁器没有将异物取出，而又无法进行手术时，可采取保守疗法。

处方 1：

（1）生理盐水 500 ～ 1 000mL，5% 的盐酸普鲁卡因注射液 20 ～ 50mL，链霉素 200 万～ 400 万 U，青霉素 160 万～ 320 万 U。

用法：腹腔封闭。

（2）复方生理盐水 1 000 ～ 2 000mL，25% 葡萄糖 500 ～ 1 000mL，10% 安钠咖 20mL，10% 维生素 C 注射液 5mg。

用法：静脉注射。每天 1 次，连用 7 ～ 10d。

处方 2：

（1）10% 的石灰水 4 000mL。

用法：对少数容易继发瘤胃酸中毒的病牛，要先用胃导管将胃内酸性物质导出，然后灌服 10% 的石灰水 4 000mL。

（2）5% 的葡萄糖氯化钠溶液 1 000mL，5% 碳酸氢钠注射液 1 000 ～ 1 500mL。

用法：静脉注射。每天 1 次，连用 3d。

处方 3：施行瘤胃切开术，从网胃壁上摘除金属异物，是治疗本病的一种比较确实的办法。

八、皱胃变位

皱胃变位属于消化机能障碍及消化道梗阻的综合病症之一，是指皱胃从正常的解剖学位置发生移动到其他位置，发生机械性转移。皱胃变位通常分成 2 种，即左方变位和右方变位。诱发该病的主要因素可能是由于牛发生低钙血症、皱胃弛缓等。病牛临床上主要是以腹泻、排出黑色粪便且散发腥臭味、体质逐渐消瘦为特征。

（一）诊断要点

1. 饲料因素

牛发生皱胃变位的主要原因是长时间饲喂过多的精料，精料中含有高浓度容易发酵成分和酸性成分，产生大量挥发性脂肪酸，造成皱胃酸度明显增强，引起皱胃弛缓，间接引起该病。当牛缺乏微量元素、维生素等营养物质，或者饲草饲料中含有毒性成分，都会引起皱胃变位。

2. 管理因素

由于对牛管理不合理、运动场地面积过小以及缺乏运动等，都够导致前胃疾病发生，从而能够继发皱胃变位。另外，惊吓后突然起卧、车船运输以及机械转移等还能导致急性皱胃变位。

3. 疾病因素

一些慢性消耗性、感染性、代谢性等疾病，如低钙血症、呼吸器官疾病、跛行以及母牛发生子宫内膜炎、流产、乳腺炎、胎衣不下等各种因素导致的消化不良等，都会造成胃肠弛缓或者胃肠停滞，从而使皱胃变位的发病率提高。另外，牛患有感染性疾病或者代谢疾病时，导致食欲不振，停止反刍，也促发皱胃移位。

4. 左方变位

（1）通常在分娩之后或 1 周内发病。病牛精神状态一般，无脱水迹象。心率、呼吸、体温几乎均正常，但在慢性病例，可能出现心率减慢（50 次 /min 左右）。

（2）初期表现厌食或食欲时好时坏，大多数病牛拒食精料，但食少量干草或其他块根块茎类饲料。奶牛产奶量逐日下降，迅速消瘦，发病 1 ～ 2 周后，腹部体积大幅度缩小，约有半数的病牛左侧肷窝正前方的倒数第 1 ～ 2 肋骨处比右侧膨隆，左肷窝处用力触诊，可知腹壁与瘤胃壁之间有较大的距离。粪便通常量少，有的有一过性腹泻。

（3）直肠检查可感知后部肠段空虚，瘤胃中等程度充满，明显右移，但很少能触及变位的皱胃。在左侧腹壁上 1/3（肩关节水平线上方）、第 9 ～ 12 肋骨之间区域内，叩诊结合听诊，常可听到特征性的"钢管音"（但在排除瘤胃积液、积气和腹膜炎后，方可将"钢管音"的出现作为确诊指标之一），在"钢管音"最明显区的正下方穿刺，抽出液 pH 2 ～ 4，镜检无原虫，可确诊为本病，但左方变位时皱胃内的液体往往很少，不易采到。因此，采不到皱胃液也不能排除本病。

（4）尿酮检查常为阳性或强阳性，碱储可由正常的 50% ～ 60% 升高到 75% ～ 90%，血清钾、钠、氯含量均比正常值低，粪便潜血阳性。

5. 右方变位

（1）多在产犊后数周内发病。严重的皱胃右方变位属皱胃扭转，发病突然，腹痛，体温、呼吸、脉搏呈一致性上升。饮食欲废绝，右腹明显胀大，右肷窝膨隆。迅速脱水，血液黏稠，黏膜苍白，皮肤及末梢发凉，严重时卧地不起，呈休克状态。变位严重的可在 24h 内死亡。

（2）在右侧 8 ～ 13 肋之间、肩关节水平线处叩诊与听诊结合，可听到清脆的"钢管音"。于该部位稍下方触诊，可听到拍水音，变位严重或体格较小的牛，直肠检查可触及变位的皱胃。在出现"钢管音"的稍下方穿刺，容易抽吸出皱胃内容物。除个别病例瘤胃积液外，大多数左腹不见异常。病至后期，排出的少量粪便多呈血色或黑褐色。

（3）实验室检查同左方变位。

（二）治疗

1. 保守疗法

对于少数症状较轻的病牛，采取保守治疗，也能够使其恢复。具体做法是控制病牛采食，进行穿刺、放气、排液以及减压，强心、补液，防止倒地不起。

处方1：庆大霉素100万U，10%维生素C注射液30mL，10%氯化钾注射液100mL，50%葡萄糖注射200mL，10%安钠咖注射液30mL，复方氯化钠注射液3 000mL，生理盐水5 000mL。

用法：一次缓慢静脉注射。

处方2：

（1）促反刍液500mL，25%葡萄糖注射液500mL，林格氏液1 000mL，10%维生素C注射液30mL。

用法：混合后一次静脉注射。

（2）维生素B_1注射液40mL。

用法：肌内注射。连用3～4d。

2. 翻滚疗法

在禁食48h与剧烈运动后，病牛取仰卧状态，以牛背为轴心，左右呈60℃反复摇晃3min，突然停止，将前后两肢分别固定，保持仰卧姿势，待瘤胃内容物向背部下沉，对腹底壁潜在空隙的压力减轻后，变位的皱胃可上升到腹底空隙处，且逐渐右移而复位。

3. 手术疗法

（1）二柱栏内保定，5%盐酸普鲁卡因注射液进行腰旁神经传导麻醉；1%盐酸普鲁卡因注射液进行术部浸润麻醉。

（2）左方变位，取左右两侧肷部通路，左侧为肷中部切口，右侧切口稍靠前下方，以便网膜固定时便于操作。按手术常规打开左侧腹腔后，皱胃便暴露于创口内或稍前下方。如皱胃内积气较多，可用带胶管的针头穿刺，放气减压。术者以手抵住皱胃，从瘤胃下方将其轻轻推移至右侧，一般这种推移并不困难。此时右侧手术人员可从右腹切口入手，配合左侧术者向右托移皱胃。整复的标志是在左侧腹腔探不到皱胃，右侧十二指肠及网膜的位置恢复正常。如果网膜有撕裂，应予以缝合。在少数病例，皱胃与大网膜、瘤胃壁或左侧腹壁发生粘连，要谨慎进行剥离，然后整复。当检查腹腔脏器无其他异常后，探取幽门区网膜，做成皱襞，用18号缝线将其固定在右侧切口边缘的腹膜、肌层，可作2～3针结节缝合。常规关腹。

（3）右方变位，作右肷部前下切口，切口长度20cm。打开腹腔后，变位的皱胃便暴露于创口内或位于其前上方。大多数病例需要放气、排液。探查皱胃的扭转方向，作与扭转相反方向的整复与复位。十二指肠第一、二弯曲和大网膜在切口内的位置恢复正常，说明复位成功。将幽门部上方的网膜折成双层皱褶，并缝合固定于切口附近的腹膜、肌层上，最后闭合腹壁切口。

4.中医疗法

中兽医认为，皱胃变位属脾阳虚弱，中气下陷所致，治宜健脾和胃，疏肝理气。

处方：党参 90g　　黄芪 90g　　当归 90g　　白术 90g
　　　百合 90g　　石斛 90g　　柴胡 30g　　升麻 30g
　　　茯苓 30g　　半夏 30g　　陈皮 30g　　砂仁 30g
　　　浙贝母 30g　白芍 30g　　神曲 60g　　鸡内金 60g
　　　酸枣仁 60g　丹参 60g　　乌药 20g　　川楝子 40g
　　　玉片 45g　　蒲公英 120g　甘草 20g

用法：加水共煎 3 次，混合后，候温分多次灌服。连用 3 剂以上。

九、皱胃溃疡

皱胃溃疡是由于皱胃食糜的酸度增高，长期刺激皱胃，以致胃皱膜局部组织糜烂和坏死，或自体消化形成溃疡。多因伴发急性弥漫性腹膜炎而迅速死亡；呈现慢性消化不良时，无明显的临床症状。犊牛的皱胃溃疡多呈亚临床型。本病多发生于奶牛和肉牛，小牛发病率更高。

（一）诊断要点

（1）牛皱胃溃疡一般多发于奶牛、黄牛和犊牛，由于早期难以诊断，容易贻误病情。原发性皱胃溃疡多由于粗饲料品质不良或饲喂大量高酸性日粮等，以及饲养管理和使役不当，或环境卫生不良及中毒感染等各种刺激引起的，造成皱胃黏膜机械性损伤或胃酸过多而诱发皱胃溃疡。继发性皱胃溃疡常见于前胃疾病、皱胃变位、寄生虫、传染病等疾病过程，导致皱胃黏膜组织溃疡而引发皱胃溃疡。

（2）轻度出血性皱胃溃疡。

在正常粪便中混有少量的黑色血凝块时，可怀疑皱胃溃疡，这种粪便可间歇性多次出现。这种牛一般不表现其他症状，如长期失血，可呈现贫血状，包括可视黏膜苍白，脉搏快。

（3）严重的出血性皱胃溃疡。

在溃疡边缘有较大血管破溃时而大量出血，可见病牛明显贫血，但常找不到贫血原因。病牛呈衰弱状，体表发冷，黏膜苍白，脉搏快，心音亢进，伴有杂音，有大量黑色血凝块伴少量粪便，偶尔有腹泻发作，可能持续几天，少数几小时内死亡。

（4）穿孔伴有局限性腹膜炎。

其特征是不规则的发热、厌食和间歇性腹泻。以产后不久的奶牛常见。溃疡病变延伸到皱胃壁，形成小的（1～3mm）穿孔，胃内容物进入腹腔，穿孔附近的腹腔受到细菌感染和机体防卫能力共同作用，形成局部炎症反应区。在腹中线右侧皱胃区作腹壁深部触诊时，有疼痛反应。

（5）穿孔伴有急性弥漫性腹膜炎。

一般穿孔直径大于1～3cm，皱胃内容物进入腹腔，突然发生弥漫性腹膜炎，引起病牛衰竭、卧地不起、休克，常几小时内死亡。

犊牛患有真胃溃疡后，多不出现明显症状。继发于毛球的真胃溃疡，在右侧肋弓后可以触摸到臌胀的真胃，充满气体和液体。

必要时要进行潜血检查，对临床症状疑似有皱胃溃疡的牛采集新排出的粪便进行潜血检查，如果潜血为阳性，再进行皱胃穿刺。若皱胃穿刺液为潜血阴性，则粪便潜血来自肠道；若潜血为阳性，再进行瓣胃穿刺。若瓣胃穿刺液为潜血阴性，则可确定出血部位在皱胃；若为潜血阳性，则可推断出血部位在瓣胃或瘤胃、网胃，同时腹腔穿刺检查是否发生腹膜炎。

（二）治疗

加强护理的同时，治宜镇静止痛，抗酸止酵，消炎止血。

处方1：

（1）硫酸镁250g，鱼石脂（加酒精50mL溶解）15g，鞣酸蛋白20g，碳酸氢钠40g，常水3 000mL。

用法：混合后一次灌服。

（2）磺胺二甲嘧啶40g。

用法：一次口服，每日2次，首次量加倍，连用3～5d。

处方2：

（1）大黄苏打片200片，磺胺脒片200片。

用法：上午，直接内服大黄苏打片；下午，磺胺脒片加温水适量，一次灌服。连用5～7d。

（2）亚硒酸钠维生素E注射液40mL。

用法：肌内注射。每天1次，连用3d。

处方3：

（1）2.5%盐酸氯丙嗪注射10mL。

用法：肌内注射。

（2）次硝酸铋3g。

用法：内服，每天3次。

（3）5%氯化钙注射液200mL，10%维生素C注射液30mL。

用法：一次静脉注射。

（4）5% 碳酸氢钠 200mL，5% 葡萄糖注射液 1 000mL，青霉素 400 万 U。

用法：一次静脉注射。

说明：用于急性皱胃溃疡。

处方 4：

（1）氧化镁 80g，石蜡油 1 500mL。

用法：混合，一次胃管投服。

（2）磺胺二甲嘧啶 40g。

用法：一次口服，每日 2 次，连用 5d，首次量加倍。

（3）盐酸氯丙嗪注射液 400mg，止血敏 20mL。

分别肌内注射，每日 1 次，连用 5d。

处方 5：

（1）氧化镁 80g，长效磺胺 40g，石蜡油 500mL。

用法：混合，一次口服，每天 1 次，连用 3 ～ 5d，长效磺胺首次量加倍。

（2）30% 安乃近注射液 25mL。

用法：一次肌内注射。

（3）止血敏 15mL。

用法：一次肌内注射，每日 1 次，连用 3 ～ 5d。

说明：也可使用 10% 葡萄糖酸钙注射液 600mL 静脉注射，或 1% 仙鹤草素 20mL 肌内注射。

处方 6：炒当归 60g　　五灵脂 60g　　蒲黄 60g　　　香附 60g
　　　　　白芨 60g　　　赤芍 80g　　　甘草 40g

用法：水煎去渣，候温一次灌服。每天 1 次，连用 3 ～ 5d。

说明：本方通络止痛、活血化瘀，可用于急性皱胃溃疡。重症病牛同时配合静脉注射青霉素、维生素 C、碳酸氢钠及清开灵注射液。

处方 7：黄芪 60g　　　五灵脂 60g　　炒当归 60g　　蒲黄 60g
　　　　　香附 60g　　　白术 45g　　　赤芍 80g　　　甘草 40g

用法：水煎去渣，候温一次灌服。每天 1 次，连用 5 ～ 7d。

说明：本方理气解郁、通络止痛，可用于慢性皱胃溃疡病牛。病久体虚者，加党参，贫血者加熟地、何首乌，食欲不佳者加厚朴、苦参、山楂、神曲、麦芽等。

十、肠阻塞（肠便秘）

牛肠阻塞是饲草或异物在某个肠段发生阻塞，而引起肠管运动机能和分泌机能紊乱的一种腹痛病，又称肠便秘，为黄牛、奶牛常见病之一。据统计，奶牛肠阻塞发生部位，回肠阻塞占 5%，空肠阻塞占 10%，结肠阻塞占 20%，十二指肠阻塞占 65%，盲肠积粪和盲肠扩张在奶牛也有发生。由于肠弛缓是肠阻塞的基础，因此病牛同时伴有肠弛缓现象。本病没有季节性，一般见于成牛，并以老龄成牛发病率较高。

（一）诊断要点

（1）牛食入未铡的鲜长红薯秧或其他秧藤，或被吞食的被毛在肠道缠结而阻塞某一肠段。

（2）劳逸不均、劳役过度、缺乏饮水也易引起阻塞。

（3）奶牛日粮营养不全，尤其是长期在封闭式牛舍内饲养的奶牛，常缺乏矿物质和维生素 D，奶牛常舔食卧床上的垫料，如沙子、泥土等，引起真胃积沙。沙子随真胃内容物进入十二指肠后，由于十二指肠的解剖特点，沙子常在乙状弯曲部位沉积下来，引起十二指肠乙状弯曲部的阻塞。

（4）新生犊牛因胎粪积聚，以致在出生后发生肠阻塞。母畜分娩临近时，因直肠麻痹，容易导致直肠阻塞。

（5）病初有明显疝痛，站立时不断用后肢向前或向后蹬踢。回顾腹部，频频起卧，卧时后肢蹬腿或抖动。但随着病程的延长逐渐减轻，一般发病 3d 后几乎不显腹痛。精神不振逐渐变为沉郁，不愿走动，懒于站立而喜久卧。每作排粪姿势而不排粪便，仅排出白色胶陈样黏液。如为盲肠不完全阻塞时，则所排的较稀黏液带褐色。病牛吃草、反刍废绝，尚饮水，瘤胃蠕动减弱甚至废绝，病久触诊有波动感。一般体温、心跳无异常，病久心跳每分钟可达 100 次以上。眼结膜稍充血，眼球稍凹陷，皮肤弹性减弱，尿少稍黄。如用拳操左胁中部，可感到或听到晃水音。若晃水音来源于肋弓偏下方，说明皱胃充满液体，阻塞部位可能在十二指肠或毛球阻塞幽门部。如在拳四周可感到晃水音时，阻塞部位可能在回肠、盲肠（完全阻塞）、结肠（肠盘中央）。当牛左侧卧时，用手操膝襞上后方感到有拳大的块状物（有时直检也可摸到拳大粪块），可证实盲肠阻塞。

（6）注意类症鉴别。

①前胃弛缓。类似处：体温不高，吃草、反刍废绝，瘤胃蠕动音弱或无，有波动，懒于走动；不同处：能排粪，不排白色黏液，不出现疝痛，右胁无晃水音。

②皱胃毛球阻塞幽门部。类似处：吃草、反刍废绝，不排粪、排黏液，操右胁有晃水音；不同处：所排黏液为黄褐色。

③牛肠扭转。类似处：吃草、反刍废绝，瘤胃柔软、有波动感，蠕动弱，有疝痛，操右胁有晃水音；不同处：常在右胁中下部（自肋弓至膝襞前），可触到拳头大的硬块并有痛感。

（二）治疗

处方1：

（1）石蜡油1 000mL。

用法：石蜡油1 000mL加温水2 000mL，胃管一次灌服。

（2）1%甲氧氯普胺5mL。

用法：肌内注射。

处方2：

（1）硫酸钠400g，鱼石脂20g，酒精50mL。

用法：混合后一次胃管灌服。

（2）10%氯化钠注射液400mL。

用法：一次静脉注射。

（3）10%葡萄糖注射液500mL，0.9%氯化钠注射液500mL，复方氯化钠注射液500mL。

用法：一次静脉注射。

处方3：

（1）硫酸镁（或硫酸钠）500g，石蜡油500mL，常水5 000mL。

用法：一次灌服。

（2）0.1%新斯的明注射液10～20mL。

用法：一次皮下注射，2h重复1次。

处方4：

（1）硫酸镁300g，石蜡油500mL，常水2 000～3 000mL。

用法：一次瓣胃注射。

（2）25%维生素C注射液20mL，5%葡萄糖生理盐水3 000mL，复方氯化钠注射液2 000mL，10%安钠咖注射液20mL。

用法：一次静脉注射。

处方5：大黄80g　　厚朴40g　　麻仁40g　　枳实20g
　　　　　木香20g　　木通20g　　香附10g

用法：加水煎汤后，加芒硝120g，神曲80g，候温一次灌服。

处方6：手术疗法。

说明：第一，手术前应洗胃，一方面排出积水、改善瘤胃内环境，另一方面可减轻腹内压，有利于手术的进行。第二，在手术之初即用含糖盐水3 000～4 000mL、樟脑磺酸钠2mL、10%维生素C注射液30mL静脉注射。第三，将病畜站立保定，右肷剪毛消毒后，用2%普鲁卡因作椎旁麻醉和局部菱形麻醉。第四，在右肷中部垂直切开皮肤、腹肌、腹膜，先切15～20cm，右手伸入腹腔，五指并拢掌心向腹壁，手指贴紧腹壁向后至耻骨前缘，反手摸到大网膜边缘，然后将大网膜向前挪动，使肠盘显露于腹壁切口处。如大网膜不能挪动时，可在切口相应处避开血管切开大网膜。情况一：如肠盘中央有阻塞块，易于发现。用手指指面先从粪块向心端（接近液体内容）压捏，使之变形或碎裂，反复捏粪块两端即可排除。情况二：如肠盘周边小肠不充满液体，在左肾下方十二指肠或幽门部可摸到毛球或阻塞粪块。如不太坚硬则压捏变形，再小心挤捏至健康肠管后捏碎，如因太坚硬不能捏碎，先用肠钳夹住肠管，再纵切肠管取出阻塞物，而后将肠管分黏膜肌层和肌层浆膜缝合。如幽门部的，毛球太大且难以捏碎，应向前下方扩创，创缘垫好纱布，先在皱胃针刺或切小口放出液体，再扩大皱胃切口取出毛球。而后两层缝合皱胃。情况三：如肠盘中的结肠无液体，周边小肠充满液体，在肠盘后缘偏上可摸到阻塞回肠的粪块（体积较小），只要捏变形挤进结肠即可。如为盲肠阻塞，在肠盘后方可摸到一个 $1 \sim 2$ 拳头大的粪块，先捏前段，后捏后段，直至捏碎。第五，腹腔注入油剂青霉素 300 万 U。第六，依次缝合腹膜、腹肌、皮肤。第七，手术后注射青霉素和链霉素。

十一、胃肠炎

牛胃肠炎是一种多发病，其主要特征是胃肠道表层组织及其深层组织发生炎症。随着病情的发展，由黏膜层逐步向黏膜下层。肌肉曾发展主要病理变化是黏膜出血水肿到化脓坏死。全身症状为功能性障碍和自体中毒，病势凶猛，死亡率高，给养殖业带来极大的损失。造成该病发生的主要原因是牛吃了霉败、变质、有毒饲料，或因饲养管理水平低下，或牛自身发育不良、抗病能力低等。另外，牛患某些病毒性、细菌性以及寄生虫性疾病也可导致该病的发生。

（一）诊断要点

1. 原发性胃肠炎

凡能引起胃肠卡他的致病因素都可导致胃肠炎，不同的是造成胃肠炎病原的刺激作用更为强烈。

而造成胃肠炎的原因虽然多种多样，但饲养管理上的错误占首要地位，如：饲喂霉败饲料或不洁的饮水；采食蓖麻、巴豆等有毒植物；误食含有酸、碱、砷、汞、铅、磷等有强烈刺激性或腐蚀性的化学物质；食入尖锐的异物损伤胃肠黏膜后被链球菌、金色葡萄球菌等感染，而导致胃肠炎的发生；畜舍阴暗潮湿，卫生条件差，气候骤变，车船运输，过劳，过度紧张，动物处于应激状态，容易致使胃肠炎的发生；滥用抗生素，使胃肠道的菌群失调而引起该病。

2. 继发胃肠炎

常见于各种病毒性传染病、细菌性传染病、寄生虫病。很多内科病也可继发胃肠炎，如急性胃扩张、肠便秘和肠变位等。

3. 初步诊断

根据全身症状、食欲紊乱、舌苔变化，以及粪便中含有病理性产物等，不难作出正确诊断。

单纯性胃肠炎，胃肠机能严重障碍呈现剧烈腹痛；脱水、中毒症状重剧；迅速加重的全身症状、体温升高、心率增数。

胃肠炎早期，精神正常的牛，突然呈现精神沉郁，食欲减退或者废绝，口干舌燥，舌苔厚而臭，心脏机能急剧衰弱，白细胞核左移，而又无其他相应的炎性变化。粪球干小，恶臭，有多量黏液，或者粪球表面包一层黏液膜，粪便稀软臭味大，有多量脓细胞，其他系统无明显变化。肠梗阻的病牛排出结粪后，精神不见好转，仍不采食不饮水，有轻微的腹痛或隐痛，或腹泻不止。如肠梗阻的病牛，体温突然升高，多是继发肠炎的早期症状。消化不良的病牛，又无其他原因的体温升高。

4. 病理诊断

进行流行病调查，血、粪、尿的化验，对单纯性胃肠炎传染病、寄生虫病的继发性胃肠炎可进行鉴别诊断。

5. 中毒诊断

怀疑中毒时，应检查草料和其他可疑物质。

6. 病理变化

若口臭明显，食欲废绝，主要病变可能在胃，若黄染及腹痛明显，初期便秘并伴发轻度腹痛，腹泻出现较晚，主要病变可能在小肠，若脱水迅速，腹泻出现早，并有里急后重症状，主要病变在大肠。

7. 鉴别诊断

胃肠卡他症状：全身症状不明显，口腔干燥或者湿润，呈红黄或青白色，舌上有数量不等的舌苔。食欲不定，有异嗜现象，肠音强弱不定，粪便有干有稀，粪便带水或混有消化不良的饲料颗粒及粗纤维。急性盲结肠炎病牛发病突然，腹泻重剧，发展急剧的常休克，病程短急。

（二）治疗

处方1：

（1）硫酸镁250g，鱼石脂（加酒精50mL溶解）15g，鞣酸蛋白20g，碳酸氢钠40g，常水3 000mL。

用法：一次灌服。

（2）磺胺甲基异恶唑 +TMP20g（4g）。

用法：一次内服，每天 2 次，首次量加倍，连用 3 ～ 5d。

处方 2：2% 盐酸环丙沙星注射液 40mL，10% 氯化钾注射液 100mL，5% 葡萄糖生理盐水 4 000mL，5% 碳酸氢钠注射液 400mL，25% 葡萄糖注射液 1 000mL。

用法：一次缓慢静脉注射。

说明：环丙沙星也可改用其他喹诺酮类或磺胺类等肠道细菌敏感药物，碳酸氢钠注射液宜单独注射。

处方 3：硫酸庆大霉素注射液 1.6g。

用法：一次瓣胃注射。

说明：也可用土霉素粉 5g 加常水混溶瓣胃注射。配合强心补液用于顽固性腹泻。

处方 4：
郁金 30g	白芍 30g	黄连 30g	大黄 30g
黄芩 30g	黄柏 30g	栀子 25g	茯苓 25g
木香 25g			

用法：加水煎服。每天 1 剂，连服 5d。

说明：有脓血者，去白芍加青芍、槐花米、侧柏叶；腹泻不止者，去大黄加诃子、石榴皮；若开始出现便秘，然后拉稀者，则加重大黄用量，再加芒硝、槟榔；伤津见口干舌燥者，加玄参、石斛、麦冬；腹痛严重者，加元胡、姜黄。

处方 5：红糖 200g　　大蒜 60g（去皮捣烂）　　食醋 300mL

用法：混合一次灌服。

说明：也可同时在带脉、后海、后三里、脾俞、百会等穴位进行针灸治疗。

十二、亚硝酸盐中毒

亚硝酸盐中毒是由于牛摄入过量亚硝酸盐的植物或水，或采食后在瘤胃内可被还原成剧毒的亚硝酸盐引起高铁血红蛋白血症。

（一）诊断要点

（1）当用小白菜、芥菜、菠菜、韭菜、甜菜、椰菜以及玉米秆、萝卜叶、甘薯藤、燕麦秸等作饲料时，若饲喂过量、调制不当，如置闷热环境或霉烂变质、霜冻、枯萎等，牛食入后即可中毒。

（2）采食后 1 ～ 5h 可发病，病牛流涎、呕吐、腹痛、腹泻等。可视黏膜发绀，呼吸高度困难。心跳急速，血液呈咖啡色或酱油色。耳、鼻、四肢以及全身发凉，体温低下，站立不稳，行走摇晃，肌肉震颤。严重者很快昏迷倒地，痉挛窒息死亡。

（二）治疗

处方1：

（1）1% 美蓝注射液 40mL。

用法：一次静脉注射，按 1kg 体重 1 ～ 2mg 用药。必要时 2h 后重复用药 1 次。

（2）甲苯胺蓝 2g。

用法：配成 5% 溶液静脉、肌内或腹腔注射，按 1kg 体重 5mg 用药。

（3）5% 维生素 C 液 60 ～ 100mL，50% 葡萄糖液 500mL。

用法：静脉滴注。

处方2：当归 60g　　生地 60g　　桂枝 60g　　桃仁 45g

　　　　　红花 45g　　川芎 45g　　牛膝 45g　　枳壳 30g

　　　　　赤芍 30g　　柴胡 25g　　桔梗 25g　　甘草 25g

用法：水煎灌服。

说明：本方补益心气，化瘀通脉，可用于心血瘀阻之证。证见精神沉郁，腹痛，腹泻，呼吸急促，心律亢进，耳和四肢末梢厥冷，可视黏膜呈蓝紫色，甚至股内侧、乳房等少毛部位皮肤变紫，血色如酱油，血凝不良。

处方3：生牡蛎（先煎）90g　　龟板（先煎）90g　　生地 60g

　　　　　女贞子 60g　　　　白芍 60g　　　　　丹参 60g

　　　　　鳖甲（先煎）45g　　骨碎补 45g　　　　牛膝 45g

　　　　　磁石 45g　　　　　红花 45g　　　　　天麻 45g

　　　　　钩藤（后下）45g　　旋复花 30g　　　　旱莲草 30g

　　　　　朱砂（冲服）5g

用法：水煎灌服。

说明：本方滋阴潜阳，养血息风，可用于肝风内动之证。证见病牛突然发病，步态蹒跚，角弓反张，流涎，严重时肌肉震颤，全身痉挛，倒地呻吟，卧地不起，四肢划动，形如游泳，最后体温低于常温，窒息死亡。

临床上，中西结合用药，效果事半功倍。

十三、黑斑病甘薯中毒

甘薯发生黑斑病以后，病部干硬，表层形成黄褐色或黑色斑块，味苦。牛食用一定量的发病甘薯就可能发生中毒。

（一）诊断要点

（1）有采食黑斑病甘薯的采食史。

（2）多突然发作，气喘（呼吸每分钟可达 60 ～ 100 次，为胸腹式），精神不振，反刍停止，流涎。多数病牛体温正常，少数在后期体温升高，可达

40℃。肌肉发抖，粪便干硬、带血，最后痉挛而死。慢性病例可拖延数天至1周，甚至更长。死亡率可达到50%左右。

（3）肺区叩诊呈鼓音，听诊有湿啰音。重者肩前及背部皮下有气肿，按压有捻发音。病至后期，呼吸高度困难，头颈伸直，张口伸舌喘气，结膜发绀。

（4）剖检，肺高度水肿，肺切面如蜂窝状，或有较大的空洞，支气管黏膜充血、出血，管腔内充满白色泡沫，肺表面有出血斑。瘤胃常臌气或积食，重瓣胃干燥。十二指肠弥漫性出血。肝充血肿大，胆囊肿大2～5倍，胆汁稀薄。心肌、心内膜出血，肾脏充血、出血或坏死。

（二）治疗

处方1：

（1）0.1% 高锰酸钾溶液 1 000 ～ 1 500mL。

用法：一次灌服。

说明：用于洗胃。

（2）硫酸镁 500 ～ 1 000g，人工盐 150g，常水 5 000mL。

用法：一次灌服。

说明：导泻排毒。

（3）95% 酒精 250 ～ 500mL，5% 氯化钙注射液 100 ～ 150mL，40% 乌洛托品溶液 40 ～ 50mL，10% 安钠咖注射液 30mL。

10% 葡萄糖注射液 1 000mL，1% 地塞米松注射液 3 ～ 5mL。

用法：前一组药先静脉注射，后一组药接着静脉注射。

（4）0.02% 洋地黄毒苷注射液 5 ～ 15mL。

用法：一次肌内注射，维持量应逐渐减少，以防中毒。

处方2：

（1）0.1% 高锰酸钾溶液 1 000 ～ 1 500mL。

用法：一次灌服。

说明：用于洗胃。

（2）硫酸镁 500 ～ 1 000g，人工盐 150g，常水 5 000mL。

用法：一次灌服。

说明：导泻排毒。

（3）5% 硫代硫酸钠注射液 200mL，维生素 C 注射液 40mL；5% 葡萄糖注射液 500mL，20% 安钠咖注射液 10mL。

用法：静脉注射。

说明：气喘明显的病牛，可用3%过氧化氢溶液50mL，加3倍以上生理盐水或5%糖盐水，混合后缓慢静脉滴注，可缓解呼吸困难症状。

处方 3：白矾 60g   桑白皮 60g   白果 30g   黄芩 30g

                 苏子 30g   款冬花 30g   杏仁 30g   葶苈子 30g

                 半夏 30g   麻黄 24g   甘草 30g

用法：水煎取汁，加蜂蜜 120g，一次灌服。

说明：本方可益气定喘，补肾纳气。黑斑病甘薯中毒时，中西结合，疗效更佳。

十四、栎树叶中毒

栎树也叫青杠树，是壳斗科栎属植物，栎树叶的有毒成分为鞣酸。牛在每年的清明、谷雨（即 3 月至 4 月底）前后，因在山区采食一定量的青杠树叶可引起中毒。

（一）诊断要点

（1）有采食栎树叶的饲喂史。

（2）发病初期，病牛精神沉郁，食欲减退，鼻镜干燥开裂，喜吃干草，反刍减少或停止，听诊瘤胃蠕动音减弱。喜卧，有时磨牙，心音减弱，呼吸及体温无变化。

随着病情发展，病牛食欲废绝，嗳气流涎，肠蠕动音减弱，严重腹泻，排出黑褐色的稀粪，混有黏液和血液。尿少色深，且有大量泡沫，而后无尿。频频回头顾腹，会阴部和肛门处发生水肿，随后蔓延到腹部、胸部等部位，无热无痛，触诊有波动感，穿刺有透明清水状物质流出。急性病例不发生水肿。

病的后期，病牛卧地不起，消瘦，四肢无力，一般在半月后死亡，严重的 10d 左右死亡。

（3）剖检，明显水肿，消化道出血，胸腔内有淡黄色透明积液，也有人称"一肚水"，病牛肉煮后多化为水。

（二）治疗

处方 1：

（1）菜籽油 1 000mL。

用法：灌服。

（2）10% 硫代硫酸钠注射液 200mL；10% 葡萄糖注射液 500mL，5% 碳酸氢钠注射液 50 ～ 100mL。

用法：静脉注射。

说明：碳酸氢钠用于纠正机体酸中毒，其用量应根据病牛尿液 pH 值而定。

（3）10% 安钠咖注射液 40mL。

用法：肌内注射。

（4）10% 葡萄糖注射液 500mL，青霉素 480 万 U；10% 葡萄糖注射液 500mL，乌洛托品 30g。

用法：分别静脉注射。

处方 2：麻仁 120g   绿豆 120g   党参 60g   白术 60g

当归 60g   肉苁蓉 60g   郁李仁 60g   茯苓 45g

牛蒡子 60g   升麻 45g   牛膝 45g   泽泻 45g

肉桂 30g   甘草 24g

用法：水煎取汁，加植物油 500mL 灌服。

说明：本方益气升阳，温阳通便，可用于毒积胃肠，阴寒凝滞之证。证见病牛精神沉郁，鼻凉，口津干少，食欲下降，厌食青草，反刍减少，瘤胃蠕动减弱，粪便干结，排少量附有黏液的串珠状粪球，耳尖和四肢末梢冷凉，舌苔呈灰青色。

处方 3：黄芪 120g   党参 60g   肉桂 45g   当归 45g

白术 45g   猪苓 45g   泽泻 45g   茯苓 45g

干姜 30g   陈皮 30g   甘草 30g

用法：水煎取汁，加蜂蜜 200mL 灌服。

十五、马铃薯中毒

马铃薯中毒是牛采食富含龙葵素的马铃薯及其茎叶而引起的，临床上以神经功能紊乱、胃肠炎及皮疹为特征。

（一）诊断要点

（1）有饲喂发芽或腐烂马铃薯的喂料史。

（2）轻度中毒，病程较慢，呈现明显的胃肠炎症状，食欲减退或废绝，流涎、呕吐、便秘，随后剧烈地腹泻，粪中混有血液，精神沉郁，体力衰弱，体温升高，妊娠母牛往往发生流产。

（3）症状重剧的中毒，表现明显神经症状。病初兴奋不安，狂躁，前冲后退，不顾周围障碍。后期转为沉郁，四肢麻痹，后躯无力，步态不稳，呼吸困难，黏膜发绀，心脏衰弱，全身痉挛，一般经 2 ～ 3d 死亡。

（4）病牛常在口唇周围、肛门、阴道、乳房、后肢、尾根、四肢系凹部、头、颈侧等处出现疹块，患部肿疼。间或前肢皮肤发生深层组织的坏疽性病灶。

（二）治疗

处方 1：

（1）0.1% 高锰酸钾溶液。

用法：灌服洗胃。

说明：也可用 0.5% 鞣酸溶液。

（2）硫酸镁注射液 100mL。

用法：静脉注射。

说明：对兴奋不安的牛使用。也可使用 10% 溴化钠注射液 50 ～ 100mL。

（3）10% 葡萄糖溶液 500 ～ 1 000mL；5% 碳酸氢钠注射液 500mL；0.9% 氯化钠溶液 500mL，维生素 C 注射液 40mL；10% 安钠咖 20mL。

用法：静脉注射。

说明：腹泻严重者，葡萄糖、生理盐水用量宜大；心脏衰弱时使用安钠咖。

处方 2：金银花 100g 土茯苓 100g 大黄 50g 山豆根 50g
     山慈菇 50g   枳壳 50g   连翘 50g   菊花 50g
     龙胆草 50g   黄连 30g   黄柏 30g   蒲公英 30g
     甘草 20g

用法：共研细末，开水冲调，候温加蜂蜜 150g，一次灌服。

说明：本病可按照中兽医火热炽盛等证辨证施治。本方利尿排毒，清热泻火，可用于心火炽盛病牛。证见口舌糜烂，兴奋不安，横冲直撞，继而精神沉郁，形如醉酒，后躯无力，运动失调，步态不稳，四肢麻痹，多伴有呼吸无力，腹痛，呕吐，气喘，最后因心力衰竭而死亡。

也可使用下列处方。

     滑石 120g   火麻仁 120g 黄连 60g   黄柏 60g
     黄芩 60g   知母 60g   板蓝根 60g 茵陈 60g
     生地 45g   栀子 45g   牵牛子 45g 泽泻 45g
     茯苓 45g   木通 30g   龙胆草 30g 甘草 45g

用法：水煎灌服。

处方 3：石膏 180g   水牛角（先煎）60g 生地 60g 赤芍 60g
     丹皮 45g   黄连 45g   黄芩 45g   黄柏 45g
     连翘 45g   知母 45g   栀子 30g   甘草 30g

用法：共研细末，开水冲调，候温灌服。

说明：本方气血两清，清热解毒，可用于热犯营血病牛。证见口唇周围、肛门、阴道、乳房、后肢、尾根、四肢系凹部、头、颈侧等处皮肤较薄处斑疹隐隐，甚至肢端皮肤发生坏死。

也可使用下列处方。

     滑石 200g   地榆 50g   黄连 30g   黄芩 30g
     黄柏 30g   党参 30g   丹参 40g   白术 30g
     大黄 30g   茯苓 30g   猪苓 30g   茯神 30g

  远志 30g   甘草 100g

  用法：水煎 3 次，混合煎液分 4 次灌服，每 6h 1 次，连用 3d。

十六、棉叶及棉籽饼中毒

  牛棉叶及棉籽饼中毒，是指长期饲喂大量未经处理的棉叶或棉籽饼，有毒的棉酚在体内特别是在肝中蓄积，所引起的一种慢性中毒性疾病。其临床特征是消化紊乱、肝炎、胃肠炎和酸中毒。

  （一）诊断要点

  （1）牛有长期或一次性大量饲喂棉叶或棉籽饼的喂料史，棉叶或棉籽饼未经任何加工处理。

  （2）急性中毒病牛食欲废绝，反刍停止，瘤胃弛缓或瘤胃积食，呻吟，心跳增数至 100 次 /min，心音微弱，黏膜发绀，初便秘，后腹泻，有的呈兴奋不安，运动失去平衡，全身肌肉发抖，脱水，眼凹陷，经 2 ～ 3d，死亡率达 30% 左右。

  （3）慢性中毒病牛消化紊乱，食欲减少，尿频，消瘦，夜盲症，尿石症，有的继发呼吸道炎及慢性增生性肝炎，呼吸急促，贫血，黄疸，妊娠母牛流产。公牛经常举尾，频频做排尿姿势，尿淋漓或尿闭，尿液混浊呈红色。

  （4）犊牛中毒时食欲和消化紊乱，胃肠炎，腹泻，呈佝偻病症状，也有发生夜盲症、尿石症和黄疸。

  （5）剖检可见肝脂肪变性，凝血时间缩短，腹水，肺水肿，胃肠黏膜出血，全身淋巴结肿大，心肌松弛、肿胀，肾脂肪变性，脾萎缩。

  （6）取棉籽饼粉少许，研成细末，加硫酸数滴，震荡 1 ～ 2min，显深胭脂红色，将其煮 1 ～ 2h，若红色消失，表明有棉酚存在。

  （二）治疗

  处方 1：

  （1）0.1% 高锰酸钾溶液。

  用法：注入瘤胃后，再将其由胃内导出，如此反复洗胃。

  说明：也可使用常水、生理盐水。

  （2）硫酸镁 500g。

  用法：加水配成 10% 溶液，一次灌服，加快排泄。

  （3）5% 葡萄糖生理盐水 1 000mL，5% 碳酸氢钠溶液 500mL；25% 葡萄糖注射液 500mL，10% 安钠咖 20mL，10% 氯化钙注射液 200mL。

  用法：分别静脉滴注。

  处方 2：白芍 45g 大黄 45g 黄芩 45g 当归 30g

      黄连 30g 木香 30g 槟榔 20g 肉桂 20g

甘草 30g

用法：水煎 2 次，混合煎液，候温灌服。

说明：本病可参考中兽医湿热内蕴、肝阴不足与肾虚水泛进行辨证施治。本方清热利湿，调气止痛，可用于湿热内蕴病牛。证见食欲骤减或废绝，粪便呈黑褐色，带血和黏液，气味恶臭。脱水，尿量少，全身衰弱，心力衰竭，常因极度虚脱而死亡。

处方 3：蒲公英 90g　　沙参 65g　　　当归 65g　　　车前子 60g

　　　　　麦冬 60g　　　丹参 60g　　　生地 60g　　　白芍 45g

　　　　　枸杞子 45g　　川楝子 45g　　五味子 45g　　甘草 45g

用法：共研细末，开水冲调，候温灌服。

说明：本方柔肝滋肾，育阴潜阳，可用于肝肾阴虚病牛。证见食欲减少，黄疸，视力障碍或夜盲，甚至双目失明，妊娠母牛多有流产或产瞎眼牛犊等。

处方 4：山药 120g　　茯苓 60g　　　猪苓 60g　　　泽泻 60g

　　　　　山茱萸 60g　　丹皮 60g　　　川牛膝 60g　　熟地 60g

　　　　　官桂 45g　　　附子 45g　　　当归 18g　　　木瓜 18g

　　　　　川芎 18g

用法：水煎灌服，每天 2 剂。

说明：本方滋补肾阳，温阳化水，可用于肾虚水泛病牛。证见心跳、呼吸加快，血尿，下颌、四肢、肉垂明显水肿，严重时四肢肿胀。

十七、尿素中毒

尿素能够用来替代部分饲用蛋白质，可以在畜牧生产中用于饲喂牛等反刍动物。但是，随着尿素大量生产，且更大范围使用，导致牛更多地接触尿素，从而更容易发生尿素中毒。尤其是部分养殖户往往会因尿素使用、保管不合理，或者饲料、饲草与尿素混在一起，容易被牛误食或者偷食而发生。

（一）诊断要点

（1）尿素保管不当，被牛大量误食（当作食盐）或偷吃；饲喂被尿素污染或认为添加尿素的饲料。

（2）尿素作为反刍动物蛋白质饲料的补充时，用量没有逐次加大，而是突然饲喂大量尿素；在饲喂尿素过程中，没按规定控制用量（用量一般控制在饲料总干物质的 1% 以下或精饲料的 3% 以下），或添加的尿素与饲料混合不匀，或用法不当，将尿素溶解成水溶液饮喂。

（3）初期病牛表现兴奋不安，停止采食，肌肉震颤，呻吟、哞叫，奔跑，接着表现出磨牙、四肢僵硬、步态踉跄、前肢和后肢麻痹、共济失调，有时甚至只能够卧地不起。如果病牛呈急性经过，食欲彻底废绝，停止嗳气、反刍，瘤胃明显缓慢蠕动，有时还伴有不同程度的臌气。同时，病牛会表现全身强直性痉挛症状。呼吸急促，往往张嘴伸舌呼吸，心搏动很强，心跳加速，每分钟达到 120 ～ 150 次，心音混浊、不清晰，节律不齐，体温明显高，甚至失去知觉。如果病情进一步加重，会有过多的泡沫状液体从口腔流出，停止反刍，伴有瘤胃臌气，最终瞳孔明显散大，心脏衰弱，四肢冰凉，肛门松弛，粪尿失禁，由于窒息而发生死亡。

（二）治疗

处方 1：食醋 1 000mL，糖 1 000g，常水 2 000mL。

用法：一次灌服。

处方 2：10% 硫代硫酸钠溶液 100mL，10% 葡萄糖酸钙注射液 500mL，10% 葡萄糖注射液 2 000mL。

用法：一次静脉注射。

说明：适合配合镇静、制酵。

处方 3：5% 葡萄糖氯化钠注射液 500mL，10% 葡萄糖酸钙注射液 500mL，维生素 C 50mL，40% 乌洛托品注射液 50mL，10% 安钠咖注射液 20mL。

用法：静脉注射。

说明：在大多数情况下，症状较轻的病牛注射 1 次就能够治愈。如果病牛卧地不起，可静脉注射 10% 葡萄糖注射液 1 000mL、50% 葡萄糖注射液 300mL，10% 葡萄糖酸钙注射液 300mL，20% 维生素 C 注射液 40mL，10% 安钠咖注射液 20mL，10% 氯化钠注射液 500mL，同时配合肌内注射维生素 B_1 20mL。

十八、食盐中毒

牛食盐中毒是指由于超量摄入食盐，加之饮水不足，引起以消化道紊乱、脑水肿和神经症状等一系列病变为主要特征的中毒性疾病。牛食盐的正常喂量是 25 ～ 50g/d，中毒剂量为 1 ～ 2.2g/kg 体重 400 ～ 800g/（d·头），致死量为 2.5 ～ 3g/kg 体重 1 400 ～ 2 700g/（d·头）。

（一）诊断要点

（1）由于饲喂酱油渣或含盐较多的饲料，或直接食入大量食盐，或全混日粮中过多地添加食盐或混合不均匀等而引起中毒。

（2）病牛初期表现烦躁、亢奋、饮欲增加、食欲减退或废绝，反刍停止、流涎、喉部黏膜潮红、发炎、溃疡、吞咽艰难、腹痛腹泻，腹部胀气、膨大。后期知觉迟钝，四肢麻痹，不断跌倒，站立不起而倒地死亡。如欲呕、打嗝，痉挛发作频繁，则预后不良。中毒轻的病牛，仅见食欲不振，牛体严重脱水，躯体僵硬，渐进性消瘦。

（二）治疗

处方1：

（1）25%硫酸镁注射液120mL，10%葡萄糖酸钙注射液500mL。

用法：一次静脉注射。

说明：也可用溴化钙、溴化钾镇静。重症配合强心补液。

（2）麻油750mL。

用法：一次胃管投服。

处方2：生赭石120g　牛膝90g　生龙骨45g　生牡蛎45g

生龟板45g　白芍30g　玄参30g　天冬30g

川楝子30g　生麦芽25g　茵陈25g　甘草25g

用法：混合煎液，候温灌服。

说明：牛食盐中毒可参考中兽医肝风内动辨证施治。本方平肝潜阳，镇静熄风，可用于牛肝风内动之证。证见病牛食欲废绝，饮欲剧增，空口磨牙，畏光，肌肉震颤，运步失调，转圈运动，有间歇性痉挛，后肢无力，有时瘫卧于地，呈犬坐姿势或侧弯姿势，口吐白沫，结膜潮红或发绀等。

也可试用以下经验方：生豆浆1 500～3 000mL，灌服；醋2 000mL，或麻油600mL，一次灌服；或用甘草80g，绿豆300g，水煎取汁，加入白糖500g，一次灌服。

十九、黄曲霉毒素中毒

黄曲霉毒素中毒是由于牛采食感染黄曲霉菌的玉米、小麦、豆类制品或其他产品而发生的中毒性疾病。黄曲霉毒素是黄曲霉和寄生曲霉的代谢产物，是一种强烈的致癌物质，属于肝脏剧毒物。牛中毒后不仅影响肝脏功能，而且也能破坏血管的通透性，毒害中枢神经。

（一）诊断要点

（1）有采食霉变饲料病史，中毒牛以肝脏疾患为特征，也有出血性素质、水肿和神经症状。

（2）犊牛较成年牛对黄曲霉毒素更敏感，可表现为急性中毒，而成年牛对毒物的抗性较强，多表现为慢性经过。

急性中毒多见于犊牛，主要表现为精神沉郁，食欲废绝，拱背，惊厥，转圈运动，站立不稳，易摔倒；耳部震颤，鼻镜干燥，口流泡沫，磨牙；颌下水肿；结膜炎，角膜混浊，黏膜黄染，对光过敏反应，出现一侧或两侧眼睛失明；腹泻，腹痛，里急后重，粪便中混有血凝块和黏液，脱肛，虚脱。约于48h内死亡，死亡率高。

慢性中毒的犊牛表现食欲不振，生长发育缓慢，营养不良，被毛粗刚、逆立、多无光泽，鼻镜干裂，消瘦。惊恐，无目的徘徊，腹泻；成年牛表现精神沉郁，采食量减少，磨牙，黄疸，产奶量下降，前胃弛缓，瘤胃臌气，间歇性腹泻，死亡率较低。

（3）确诊，必须对可疑饲料进行产毒霉菌的分离培养及饲料中黄曲霉毒素含量测定，必要时还可进行生物学鉴定方法，即进行毒性试验。

（二）治疗

处方1：

（1）0.1% 高锰酸钾溶液。

用法：注入瘤胃后，再将其由胃内导出，如此反复洗胃。

说明：也可使用常水、生理盐水。

（2）硫酸镁 500g。

用法：加水配成 10% 溶液，一次灌服，加快排泄。

（3）5% 葡萄糖生理盐水 1 000mL，5% 碳酸氢钠溶液 500mL；25% 葡萄糖注射液 500mL，10% 安钠咖 20mL；50% 葡萄糖注射液 500mL，维生素 C 注射液 40mL，维生素 K_3 注射液 40mL，三磷酸腺苷 75mg。

用法：分别静脉滴注。

处方2：山楂 90g　　黄芪 60g　　生麦芽 60g　　生白芍 60g

　　　　白术 45g　　厚朴 45g　　柴胡 45g　　桂枝 45g

　　　　茯苓 45g　　陈皮 30g　　生姜 30g

用法：水煎 2 次，混合煎液，候温灌服。

说明：本方培脾疏肝，化滞利水，可用于肝郁脾虚病牛。证见厌食，消瘦，精神沉郁，一侧或两侧角膜浑浊，黏膜苍白，间歇性腹泻甚至出现里急后重和肛门脱垂，肚腹膨大，纳谷难化，溲少便溏。

处方3：生龙骨（先煎）120g　生牡蛎（先煎）120g　　熟地 60g

　　　　枸杞 45g　　　　　山茱萸 60g　　　　　菊花 60g

　　　　旱莲草 60g　　　　钩藤 45g　　　　　　天麻 45g

　　　　僵蚕 45g　　　　　生石决明（先煎）45g　磁石 45g

用法：水煎灌服。

说明：本方滋阴、平肝、潜阳。可用于肝肾阴虚病牛。证见鼻镜干燥，被毛蓬乱，食欲减退甚至废绝，磨牙，腹痛，精神沉郁，轻度腹泻，粪便带血或呈脓样，并伴有程度不同的失明或视力障碍，妊娠牛间有流产，或见突然转圈运动，严重者昏厥、死亡。

二十、氢氰酸中毒

牛氢氰酸中毒是由于牛食入大量的含有较多氢氰酸衍生物氰苷配糖体的植物或青绿牧草，使其在胃内由于酶的水解和胃酸作用，产生游离的氢氰酸，从而造成牛氢氰酸中毒。该病发生急，病程短，一旦发病，如没有得到及时治疗，短时间可使病牛窒息死亡。

（一）诊断要点

（1）采食高粱及玉米的新鲜幼苗（尤其是再生幼苗）、木薯、亚麻籽（饼）、豆类（如狗爪豆等），以及蔷薇科植物李、杏、桃、梅等的种子和叶等均可引起中毒。

另外，上述植物遭霜冻后，可释放出游离的氢氰酸，牛采食后可发生中毒。此外，误食氰化钾、氰化钠、钙腈酰胺等氰化物农药，也可引起氢氰酸中毒。

（2）牛在采食中或采食后半小时左右突然发病。急性中毒病例迅速毙命，病程稍长者表现瘤胃臌气，口角流出大量白色泡沫的口水。可视黏膜鲜红色，血液鲜红，呼吸极度困难，抬头伸颈，张口喘息，呼出气有苦杏仁味。体温正常或低下。以后则精神沉郁，全身衰弱无力，卧地不起。结膜发绀，血液暗红。瞳孔散大，眼球和肌肉震颤，反射机能减弱，迅速窒息而死亡。

（3）剖检可见血液呈鲜红色，肌肉暗红色，肺和气管黏膜充血、出血，胃、小肠、心包、心内膜出血。胃内可闻到苦杏仁味。

（4）采集可疑植物和胃内容物用苦味酸试纸法作氢氰酸测定，使滤纸呈橙红色或砖红色。

（二）治疗

处方1：

（1）5% 亚硝酸钠溶液 40mL，5%～10% 硫代硫酸钠溶液 200mL。

用法：一次性静脉注射。

说明：也可用亚硝酸钠 3g，硫代硫酸钠 10～15g，蒸馏水 100～200mL 混合后一次静脉注射。也可用亚甲蓝，按 1kg 体重 3mg 用药。

（2）0.1% 高锰酸钾溶液 1 000～2 000mL。

用法：牛反复洗胃。

说明：用于口服中毒的初期。

（3）25% 葡萄糖注射液 500mL，10% 安钠咖注射液 20mL，10% 维生素 C 注射液 50mL。

用法：缓慢静脉注射。

说明：强心、补液，重症时使用。

处方 2：山药 90g　　　熟地 60g　　　山萸肉 60g　　　五味子 60g

党参 60g　　　茯苓 45g　　　丹皮 45g　　　泽泻 45g

白术 45g　　　麦冬 45g　　　甘草 30g

用法：水煎 2 次，混合煎液，候温灌服。

说明：本方补肾纳气，可用于肺肾气虚病牛。证见病牛起卧不安，呻吟流涎，抬头伸颈，张口喘气，可视黏膜潮红，全身或局部出冷汗，体温正常或低下，以后则精神沉郁，全身衰弱无力，卧地不起。

处方 3：黄芪 120g　　　生赭石 120g　　　熟地 60g　　　枸杞子 60g

生龙骨（先煎）60g　　　　　生牡蛎（先煎）60g

川芎 45g　　　金铃子 45g　　　延胡索 45g　　　泽泻 45g

茯神 45g　　　当归 30g　　　白芍 30g

用法：水煎 2 次，混合煎液，候温灌服。

说明：本方补气养血，活血化瘀，镇静安神，可用于气滞血瘀兼肝阳上亢病牛。证见结膜发绀，瞳孔散大，眼球震颤，皮肤反射和感觉减弱、消失，脉搏细数无力，肌肉颤抖，不时惊厥。

二十一、有机磷农药中毒

该病主要是因牛采食喷洒有机磷杀虫剂的农作物、牧草和青菜，或误食拌过有机磷杀虫剂的种子，或用敌百虫、乐果等防治吸血昆虫和驱除体内寄生虫时，用量过大或使用方法不当所致。

（一）诊断要点

（1）有机磷农药常作为农作物杀虫剂或作为驱除动物体内外寄生虫的药物，以及环境卫生方面消灭蚊蝇等昆虫的杀虫药，常用的有对硫磷、内吸磷、马拉硫磷、敌百虫、乐果等。动物食入被有机磷污染的饲料或饮水，或有机磷驱虫药使用量过大，即可引起中毒。

（2）轻度中毒表现精神沉郁，略显不安，食欲减退，流涎，心率较慢，肠音亢进，排稀软粪便。

（3）中度中毒除上述症状加重外，主要表现骨骼肌兴奋，发生肌纤震颤，严重的全身抽搐，痉挛，继而发展为麻痹。最后呼吸肌麻痹，窒息死亡。

（4）重度中毒通常以中枢神经中毒症状为主要特征，表现全身战栗，经短时间兴奋后，倒地昏睡，瞳孔缩小呈线状，全身肌肉痉挛，大小便失禁。心跳急速，呼吸高度困难，结膜发绀，末梢厥冷。瘤胃弛缓，臌气。

（5）胃内容物有大蒜气味，胃黏膜充血、出血，肠系膜淋巴结出血，肠管多处于收缩状态。气管、支气管腔中有泡沫状液体，肺淤血或水肿。肝、肾、脑有淤血现象。

（二）治疗

处方1：

（1）2.5% 碘解磷定注射液 250 ～ 500mL。

用法：一次静脉注射，按 1kg 体重 15 ～ 30mg，可重复用药。

说明：也可用氯磷定、双解磷。

（2）1% 硫酸阿托品注射液 1 ～ 5mL。

用法：一次皮下注射。

说明：阿托品可重复用至阿托品化（出汗、瞳孔散大，流涎停止）。严重者应与碘解磷定同用。

（3）活性炭 100 ～ 200g。

用法：一次内服。

说明：可配伍应用泻剂。最好先用 2% 碳酸氢钠溶液或食盐水反复洗胃后应用。但敌百虫中毒后，不可使用碱水冲洗。

处方2： 黄芪 120g　　　山萸肉 90g　　　人参 60g　　　附子 30g

麦冬 45g　　　干姜 30g　　　肉桂 30g　　　五味子 30g

炙甘草 45g

用法：水煎 2 次，混合煎液，候温灌服。

说明：本方益气温阳，回阳固脱，可用于阳气虚脱病牛。证见食欲不振，痛苦呻吟，反刍和瘤胃蠕动停滞，出现瘤胃臌气，腹泻便血，尿频，大小便失禁，四肢厥冷，全身冷汗，流涎，流鼻涕，口吐白沫，心跳减慢，瞳孔缩小。

处方3： 牡蛎 120g　　　龟板 90g　　　生地 60g　　　白芍 60g

阿胶（烊化兑入药液）60g　　　女贞子 60g　　　鳖甲 60g

旱莲草 45g　　　甘草 45g

用法：水煎 2 次，混合煎液，候温灌服。

说明：本方镇肝熄风，通络宣窍，可用于肝风内动病牛。证见兴奋不安，体温升高，共济失调，眼球震荡，眼睑、面、舌、四肢颤动，全身痉挛抽搐，严重者呼吸困难，瘫痪不起，昏迷，心跳加快，心律失常。

为了通肠导滞，利胆排毒，可用大黄 100g，茵陈 300g（后下）水煎浓缩药液至 1 000mL 灌服；若要清热解毒，利尿排毒，可用金银花 90g，紫花地丁、野菊花、生甘草、水牛角、土茯苓、萹蓄各 60g，海金沙 45g，水煎浓缩液至 1 000mL 灌服。

二十二、牛肺丝虫病

牛肺丝虫病又称牛网尾线虫病，是胎生网尾线虫和丝状网尾线虫寄生于牛气管、支气管引起的以呼吸系统症状为主的寄生虫病。病初表现干咳，逐渐频咳有痰，喜卧，呼吸困难，消瘦。

（一）诊断要点

（1）由胎生网尾线虫和丝状网尾线虫寄生于反刍动物支气管和细支气管内引起，又称大型肺虫病。主要危害犊牛。

（2）主要症状是咳嗽，在被驱赶后或夜间休息时最为明显。病牛流鼻涕，常干涸于鼻孔周围形成痂皮，常打喷嚏，逐渐消瘦、贫血，头胸部和四肢水肿，呼吸困难，体温一般不升高。

（3）剖检肺部见有不同程度的膨胀不全和肺气肿，有虫体寄生的部位肺表面稍隆起，呈灰白色，切开可发现支气管内含有大量混有血丝的黏液和成团的虫体。

（4）粪便检查应采集新鲜粪便，用幼虫分离法检查有无幼虫。如果粪便陈旧，则一些肠胃内寄生的圆形目线虫卵内的幼虫也先后孵出，在检查时须加以区别。

（二）治疗

处方 1：阿苯达唑（丙硫咪唑）5g。

用法：一次内服，按 1kg 体重 10 ～ 15mg 用药；注意禁用于产奶牛和怀孕期前 45d 牛。

处方 2：伊维菌素 80mg。

用法：一次肌内注射，按 1kg 体重 0.2mg 用药；注意禁用于产奶牛。

处方 3：左旋咪唑 3g。

用法：一次内服，按 1kg 体重 7.5mg 用药；注意禁用于产奶牛。

二十三、绦虫病

牛绦虫病主要是莫尼茨绦虫和曲子宫绦虫寄生于小肠引起，对犊牛危害严重。虫体寄生数量多时，牛表现为食欲减退、消瘦、衰弱、贫血、急腹症、腹泻，粪便中可见乳白色孕卵节片。

（一）诊断要点

（1）由绦虫的成虫寄生于牛的小肠引起。莫尼茨绦虫主要感染 1.5 ～ 8 月龄的犊牛，无卵黄腺绦虫常见于成年牛，曲子宫绦虫幼龄或成年牛均可感染。

（2）严重感染时，犊牛消化不良，便秘，腹泻，慢性臌气，贫血，消瘦，最后衰竭而死。有时有神经症状，呈现抽搐和痉挛及旋回病样症状。有的由于大量虫体聚集成团，引起肠阻塞、肠套叠、肠扭转，甚至肠破裂。

（3）检查粪便中的绦虫节片，特别是在清晨清扫牛圈时，查看新鲜粪便，如在粪球表面发现孕卵节片即可确诊。用饱和食盐水浮集法检查粪便，有时可以发现莫尼茨绦虫卵。曲子宫绦虫和无卵黄腺绦虫卵较难检出。

（二）治疗

处方1：氯硝柳胺（灭绦灵）20g。

用法：一次内服，按1kg体重50mg用药。

处方2：吡喹酮4～6g。

用法：一次内服，按1kg体重10～15mg用药。

处方3：硫双二氯酚（别丁）16～24g。

用法：装于小纸袋一次投服，按1kg体重40～60mg用药。

处方4：南瓜子750g　槟榔125g　　白矾25g　　鹤虱25g
川椒25g

用法：水煎取汁，候温灌服。

二十四、锥虫病

牛锥虫病是由伊氏锥虫寄生于造血器官、血液和淋巴液内引起的。该病多呈慢性经过，以间歇热，渐进性消瘦，贫血、黄疸，耳尖及尾梢出现干性坏死为特征。

（一）诊断要点

（1）由伊氏锥虫寄生于造血器官、血液和淋巴液内引起，牛的易感性较差，虽有少数在流行之初因急性发作而死亡，但多数呈带虫而不发病，但机体抵抗力低时，特别是天冷、枯草季节则开始发作，并呈慢性经过。本病流行于热带和亚热带地区，发病季节与传播昆虫的活动季节有关。

（2）临床多呈慢性经过，或带虫而不发病。发病时体温升高，经1～2d后下降，经2～6d间歇后，再度上升。发病后症状发展较慢，水肿可由胸腹下垂部延伸到四肢下部。在发生水肿后，皮肤常龟裂，并流出淋巴液或血液。牛的特有症状是耳、尾的干性坏死。

（3）剖检体表淋巴结肿大充血；脾肿大，表面有出血点；肝肿大淤血，表面粗糙，质脆，有散在性脂肪变性；肾肿大，混浊肿胀，有点状出血，被膜易剥离；第三、四胃黏膜上有出血斑；心脏肥大，有心肌炎，心包膜有点状出血；有神经症状的患病牛，脑腔积液，软脑膜下充血或出血，侧脑室扩大，室壁有出血点或出血斑。

（4）用血压滴标本法、血涂片法、试管集虫法、毛细管集虫法检查血液中虫体。但由于虫体在末梢血液中的出现有周期性，且血液中虫体数忽高忽低，因此，即使是患病牛也必须多次检查，才能发现虫体。

（二）治疗

处方1：贝尼尔（血虫净）1.2～2g，注射用水30～50mL。

用法：配成5%～7%溶液，一次分点深部肌内注射，按1kg体重

3 ～ 5mg 用药，每天 1 次，连用 2 ～ 3d。

处方 2：安锥赛（喹嘧胺）1.2 ～ 2g，注射用水 10 ～ 15mL。

用法：配成 10% 溶液一次肌内注射，按 1kg 体重 3 ～ 5mg 用药，每天 1 次，连用 3 ～ 5d。

处方 3：纳嘎诺尔（拜耳 205）4 ～ 5g，0.9% 氯化钠注射液 500mL。

用法：配成 10% 溶液一次静脉注射，按 1kg 体重 10 ～ 12mg 用药，隔周重复 1 次。

处方 4：黄芪 80g　　党参 60g　　当归 50g　　陈皮 30g
　　　　　升麻 20g　　柴胡 20g　　白术 60g　　甘草 30g

用法：水煎，一次灌服。

说明：配合西药同时应用，用于重症，以促进康复。

二十五、梨形虫病（巴贝斯虫病）

梨形虫病又称巴贝斯虫病，由牛双芽巴贝斯虫和牛巴贝斯虫寄生在牛红细胞内引起。主要表现为高热、血红蛋白尿、贫血、黄疸。用驱虫药外，重症辅以强心、补液、输血等。

（一）诊断要点

（1）由巴贝斯虫寄生于红细胞内引起。流行与传播媒介蜱的滋生和消长密切相关，有一定的地区性和季节性。

（2）临床多为急性，体温高达 40 ～ 41.5℃，呈稽留热，精神沉郁，喜卧，食欲减退，肠蠕动及反刍迟缓，常有便秘现象。发病 2 ～ 3d 后，迅速消瘦、贫血、黄疸，排恶臭的褐色粪便及特征性的血红蛋白尿。

（3）剖检可见黏膜苍白、黄染，血液稀薄如水，肝、脾肿大，胆囊肿大，第三胃干硬，似足球状，膀胱内充满红色尿液。

（4）确诊主要依据血液涂片检出虫体。体温升高后 1 ～ 2d，耳尖采血涂片检查，可发现少量圆形和变形虫样的虫体；血红蛋白尿出现期，虫体较多，且大部分为梨籽形虫体。

（二）治疗

处方 1：贝尼尔（血虫净）1.2 ～ 2g，注射用水 30 ～ 50mL。

用法：配成 5% ～ 7% 溶液一次分点深部肌内注射，按 1kg 体重 3 ～ 5mg 用药，每天 1 次，连用 2 ～ 3d。

处方 2：硫酸喹啉脲（阿卡普林）400mg。

用法：与适量生理盐水配成 1% ～ 2% 溶液，一次皮下注射，按 1kg 体重 1mg 用药。

说明：应用该药时有一定危险性，在用药前或当出现不安、肌肉震颤、流涎等副作用时，皮下注射阿托品 15 ～ 30mg。

处方 3：0.5% 盐酸吖啶黄（黄色素）注射液 150 ～ 250mL。

用法：一次缓慢静脉注射，按 1kg 体重 3 ～ 4mg 用药。极量 2g，必要时隔 1 ～ 2d 再重复 1 次。

处方 4：贯众 80g　　　槟榔 45g　　　木通 40g　　　泽泻 40g

　　　　茯苓 30g　　　龙胆草 30g　　　鹤虱 40g　　　厚朴 35g

　　　　甘草 15g

用法：水煎，一次灌服。每天 1 剂，连用 2 ～ 3 剂。可先用处方 2 一次后续用本方。

二十六、牛球虫病

牛球虫病主要是由艾美耳属球虫寄生在肠道内引起，犊牛最易感，成年牛常呈隐性感染。临床表现为出血性肠炎，渐进性消瘦，贫血。

（一）诊断要点

（1）由艾美耳属球虫寄生在牛的小肠、盲肠和结肠引起。临床多取急性经过，病初主要表现为精神沉郁，减食，粪便表面附有数量不等的鲜红血液和血凝块，在肛门周围还残留新鲜血液。约 1 周后表现消瘦，食欲废绝，反刍停止，排恶臭带血稀便，其中混有纤维素性薄膜样物。末期高度贫血，粪便黑色，几乎全为血液，最后因高度衰弱死亡。慢性型一般在发病后 3 ～ 5d 逐渐好转，下痢和贫血症状可能持续数月，粪便中常带少量血液，如饲养管理不良，逐渐衰弱死亡。

（2）剖检可见小肠和大肠广泛性卡他性炎症，小肠后段、盲肠和结肠内充满半流动性的血样内容物，肠黏膜肥厚，有广泛性出血性炎症，淋巴滤泡肿胀突出，有白色和环白色的小病灶，同时常常可见直径 4 ～ 15 mm 的溃疡，其表面覆有凝乳样薄膜。直肠内容物呈褐色，恶臭，有纤维素性薄膜和黏膜碎片。

（3）在病变部刮取物中发现有大量裂殖体、裂殖子或卵囊具有诊断意义。仅根据粪便检查有无卵囊做出判断是不确切的。急性球虫病一般发生在球虫的无性繁殖阶段，此时尚无卵囊形成，反之粪便中存在少量卵囊常常是隐性感染带虫者的特征。

（二）治疗

处方 1：复方磺胺二甲嘧啶钠片 40g。

用法：一次口服，按 1kg 体重 100mg 用药，每天 1 次，连用 4d。

处方 2：磺胺二甲嘧啶钠注射液 20 ～ 40g。

用法：一次肌内注射，按 1kg 体重 50 ～ 100mg 用药，每天 1 次，连用 3d。

处方 3：复方盐酸氨丙啉 8 ～ 10g。

用法：一次口服，按 1kg 体重 20 ～ 25mg 用药，连用 4 ～ 5d。

处方 4：白头翁 45g　　黄连 25g　　广木香 25g　　黄芩 30g

　　　　　秦皮 30g　　　炒槐米 30g　　地榆炭 30g　　仙鹤草 30g

　　　　　炒枳壳 30g

用法：水煎取汁，一次灌服，每天 1 剂，连用 3d。

二十七、钩端螺旋体病

钩端螺旋体病是由致病性钩端螺旋体引起的传染病。以发热、贫血、黄疸、血红蛋白尿、出血性素质、流产、皮肤和黏膜坏死、水肿为特征。

（一）诊断要点

（1）几乎所有的温血动物都可感染钩端螺旋体，其中鼠类为最重要的贮存宿主。病畜和各种带菌动物的尿液是主要的传染源。本病主要通过皮肤、黏膜和消化道感染，也可通过公、母牛交配和人工授精感染。通过吸血昆虫、蜱、虻和蝇类传播感染此病。病牛可随尿液排出大量病原体污染饲草料、水源、土壤、厩舍、用具，成为传染源，甚至通过空气也能传播。

（2）急性病牛体温突然升高达 40.5 ～ 41.5℃，呈稽留热，精神萎靡，食欲废绝，反刍停止；心跳加快，呼吸困难；可视黏膜淡染或黄染，有出血斑点；出现血红蛋白尿和溶血性贫血等。1 ～ 2 个月龄的犊牛最易感，发病后 3 ～ 7d 死亡。

（3）亚急性病牛体温升高达 39 ～ 40.5℃，食欲不振，反刍减少；乳房松软，乳汁呈红色至褐黄色，常混有凝乳块；血红蛋白尿，可视黏膜有程度不同的黄染；有时口腔黏膜、耳、腋下和生殖道黏膜出现坏死；妊娠母牛流产。

（4）慢性病牛症状较轻，呈间歇热；食欲减少，呼吸浅表，泌乳性能降低，乳房炎，流产，逐渐消瘦，并呈现黄疸和贫血症状。

（二）治疗

处方 1：钩端螺旋体多价苗 3 ～ 10mL。

用法：1 岁以下用 3 ～ 5mL，1 岁以上用 10mL，一次皮下注射。第一年注射 2 次，间隔 1 周；第二年注射 1 次。

说明：预防用。

处方 2：注射用硫酸链霉素 4 ～ 6g，注射用水 20mL。

用法：一次肌内注射，每天 2 次，连用 3 ～ 5d。

处方 3：注射用盐酸四环素 3 ～ 4g，5% 葡萄糖生理盐水 2 000mL。

用法：一次静脉注射。

注：也可用金霉素、林可霉素、青霉素（大剂量）及磺胺类药物。配合静脉注射葡萄糖、维生素 C、维生素 K 及强心利尿剂。

参考文献

阿虹, 2009. 秋季肉牛快速育肥四法 [J]. 农村百事通 (19): 41.

包牧仁, 孙鹏举, 王景山, 2017. 肉牛养殖技术 [M]. 北京: 中国农业科学技术出版社.

陈传友, 2021. 夏季肉牛养殖注意事项 [J]. 现代畜牧科技 (7): 44-45.

崔京花, 2021. 冬季肉牛的饲养管理 [J]. 吉林畜牧兽医, 42 (8): 79.

冯国明, 2015. 肉牛秋季饲养管理与快速育肥 [J]. 饲料博览 (11): 53-54.

蒋秀杰, 王立杰, 2018. 浅谈冬季肉牛饲养管理技术 [J]. 中国畜禽种业, 14 (6): 82.

李连任, 2014. 轻松学养肉牛 [M]. 北京: 中国农业科学技术出版社.

李连任, 2018. 牛病中西医结合诊疗处方手册 [M]. 北京: 中国农业科学技术出版社.

刘霜云, 2019. 肉牛春季饲养管理技术要点探究 [J]. 畜禽业, 30 (4): 28.

柳光明, 傅祥伟, 陈同, 2022. 现代养牛技术大全 [M]. 北京: 中国农业科学技术出版社.

任晓峰, 2011. 秋季肉牛养殖要点 [J]. 农村养殖技术 (20): 13.

万发春, 刘晓牧, 2017. 肉牛标准化养殖技术 [M]. 北京: 中国科学技术出版社.

王宝龙, 贺凤红, 2019. 夏季肉牛饲喂方法 [J]. 甘肃畜牧兽医, 49 (1): 69-70.

王凤丽, 2016. 春季舍饲肉牛快速育肥要点 [J]. 现代畜牧科技 (6): 29.

韦祎, 杨坤猛, 2019. 肉牛春季饲养管理技术要点 [J]. 农家参谋 (21): 86.

杨泽霖, 2018. 肉牛饲养管理与疾病防治 [M]. 北京: 中国科学技术出版社.

尹绪贵, 2017. 新编肉牛饲养员培训教程 [M]. 北京: 中国农业科学技术出版社.

应淑兰, 丁秀琴, 2019. 冬季肉牛的饲养管理 [J]. 农民致富之友 (8): 59.